职业教育"岗课赛证"融通系列教材

施工图识读与实训

庞毅玲　罗献燕　周凯　主编

中国建筑工业出版社

图书在版编目（CIP）数据

施工图识读与实训 / 庞毅玲，罗献燕，周凯主编. 北京：中国建筑工业出版社，2025.3. --（职业教育"岗课赛证"融通系列教材）. -- ISBN 978-7-112-30391-5

Ⅰ. TU204.21

中国国家版本馆 CIP 数据核字第 2024YL7380 号

本书共有 3 个篇章 18 个任务，第一篇建筑施工图识读实训，包括投影的基础知识、建筑施工图常用符号识读、建筑总平面图识读、建筑首页图识读、建筑平面图识读、建筑立面图识读、建筑剖面图识读、建筑详图识读、建筑施工图综合实训；第二篇结构施工图识读实训，包括结构设计总说明识读、基础平法施工图识读、柱平法施工图识读、剪力墙平法施工图识读、梁平法施工图识读、板平法施工图识读、楼梯平法施工图识读、结构施工图综合实训；第三篇施工图实践，包括建筑模型制作实训。

本书以一个真实中型工程项目为载体，将土建施工图识读技能以模块化、任务化的方式进行全方位的训练，把职业工作过程的工作环节融入教材编写中，例如图纸会审、技术交底、图纸变更等真实工作情境。每个任务都有知识回顾、识读实训，大部分任务还有绘图实训，实训中包括多个任务模块，其中包含任务描述、知识清单、任务实施，后附项目土建施工图。

为了便于本课程教学，作者自制免费课件资源，索取方式为：QQ 服务群：768255992。

责任编辑：司　汉　李　阳
责任校对：赵　力

职业教育"岗课赛证"融通系列教材
施工图识读与实训
庞毅玲　罗献燕　周　凯　主编

*

中国建筑工业出版社出版、发行（北京海淀三里河路 9 号）
各地新华书店、建筑书店经销
霸州市顺浩图文科技发展有限公司制版
天津安泰印刷有限公司印刷

*

开本：787 毫米×1092 毫米　1/16　印张：20¼　字数：511 千字
2025 年 3 月第一版　2025 年 3 月第一次印刷
定价：**58.00 元**（赠教师课件，含配套图集）
ISBN 978-7-112-30391-5
（43712）

版权所有　翻印必究
如有内容及印装质量问题，请与本社读者服务中心联系
电话：（010）58337283　QQ：2885381756
（地址：北京海淀三里河路 9 号中国建筑工业出版社 604 室　邮政编码：100037）

出版说明

党和国家高度重视教材建设。2016年，中办国办印发了《关于加强和改进新形势下大中小学教材建设的意见》，提出要健全国家教材制度。2019年12月，教育部牵头制定了《普通高等学校教材管理办法》和《职业院校教材管理办法》，旨在全面加强党的领导，切实提高教材建设的科学化水平，打造精品教材。住房和城乡建设部历来重视土建类学科专业教材建设，从"九五"开始组织部级规划教材立项工作，经过近30年的不断建设，规划教材提升了住房和城乡建设行业教材质量和认可度，出版了一系列精品教材，有效促进了行业部门引导专业教育，推动了行业高质量发展。

为进一步加强高等教育、职业教育住房和城乡建设领域学科专业教材建设工作，提高住房和城乡建设行业人才培养质量，2020年12月，住房和城乡建设部办公厅印发《关于申报高等教育职业教育住房和城乡建设领域学科专业"十四五"规划教材的通知》（建办人函〔2020〕656号），开展了住房和城乡建设部"十四五"规划教材选题的申报工作。经过专家评审和部人事司审核，512项选题列入住房和城乡建设领域学科专业"十四五"规划教材（简称规划教材）。2021年9月，住房和城乡建设部印发了《高等教育职业教育住房和城乡建设领域学科专业"十四五"规划教材选题的通知》（建人函〔2021〕36号）。为做好"十四五"规划教材的编写、审核、出版等工作，《通知》要求：（1）规划教材的编著者应依据《住房和城乡建设领域学科专业"十四五"规划教材申请书》（简称《申请书》）中的立项目标、申报依据、工作安排及进度，按时编写出高质量的教材；（2）规划教材编著者所在单位应履行《申请书》中的学校保证计划实施的主要条件，支持编著者按计划完成书稿编写工作；（3）高等学校土建类专业课程教材与教学资源专家委员会、全国住房和城乡建设职业教育教学指导委员会、住房和城乡建设部中等职业教育专业指导委员会应做好规划教材的指导、协调和审稿等工作，保证编写质量；（4）规划教材出版单位应积极配合，做好编辑、出版、发行等工作；（5）规划教材封面和书脊应标注"住房和城乡建设部'十四五'规划教材"字样和统一标识；（6）规划教材应在"十四五"期间完成出版，逾期不能完成的，不再作为《住房和城乡建设领域学科专业"十四五"规划教材》。

住房和城乡建设领域学科专业"十四五"规划教材的特点，一是重点以修订教育部、住房和城乡建设部"十二五""十三五"规划教材为主；二是严格按照专业标准规范要求编写，体现新发展理念；三是系列教材具有明显特点，满足不同层次和类型的学校专业教学要求；四是配备了数字资源，适应现代化教学的要求。规划教材的出版凝聚了作者、主审及编辑的心血,得到了有关院校、出版单位的大力支持,教材建设管理过程有严格保障。希望广大院校及各专业师生在选用、使用过程中,对规划教材的编写、出版质量进行反馈,以促进规划教材建设质量不断提高。

住房和城乡建设部"十四五"规划教材办公室
2021 年 11 月

前言

本书是以《国家职业教育改革实施方案》《关于推动现代职业教育高质量发展的意见》为行动纲领，并落实"国家中长期教育改革和发展规划纲要"的精神进行编写，逐步落实"教、学、做"一体的教学模式改革，教材内容对接岗位标准，把提高学生职业技能的培养放在"教与学"的突出位置上，强化能力的培养。

本书是住房和城乡建设部"十四五"规划教材，是一本工作手册式实训教材。主要对施工图识读技能展开全面讲解，并以一个真实中型工程项目为载体，将土建施工图识读技能以模块化、任务化的方式进行全方位的训练，把职业工作过程的工作环节融入教材编写中，例如图纸会审、技术交底、图纸变更等真实工作情境。每个任务都有知识回顾、识读实训，大部分任务还有绘图实训，包含任务描述、知识清单、任务实施，实现了符合认知规律的三级递进，后附项目土建施工图。本书对施工图技能点精准定位，秉承施工图是工程的语言这一理念，着重培养学习者对施工图的熟练应用和批判性思维，看懂图纸的同时能及时发现图纸错误，并能够正确纠正等技能，能够直接胜任图纸会审、技术交底等岗位工作。

本书可用作职业教育土木建筑大类的土建施工类、建设工程管理类等相关专业识图类实训、技能训练等培训教材，也可用作"1+X"建筑工程识图职业技能等级证书培训教材，以及施工员、造价员等工程技术人员学习和培训参考资料。

本书由广西建设职业技术学院庞毅玲、罗献燕、周凯担任主编，广西建设职业技术学院梁鑫晓、方宇婷、李玫妍、彭黎珂担任副主编，闽西职业技术学院黄晓丽参编，广西壮族自治区城乡规划设计院潘利、黄铭婧参编，广西建设职业技术学院黄志、蒙文流参编，江西交通职业技术学院张明阳参编。广西建设职业技术学院姚琦、余连月担任主审。

编者团队建设的《混凝土结构平法施工图识读》课程获评2022年职业教育国家在线精品课程，已在国家职业教育智慧教育平台和智慧职教MOOC学院上线，《建筑构造》《工程制图》等省级课程思政示范课程、省级认定的东盟国际化资源课程也在学银在线等平台上线。

限于编者水平，书中错漏难免，恳请读者批评指正。

目录

第一篇

建筑施工图识读实训   1

任务一 投影的基础知识   2
  模块一 投影的知识回顾   2
  模块二 投影图识图实训   6
  模块三 投影图绘图实训   11

任务二 建筑施工图常用符号识读   15
  模块一 建筑施工图的通用知识回顾   15
  模块二 建筑施工图常用符号识读实训   16
  模块三 建筑施工图常用符号绘图实训   19

任务三 建筑总平面图识读   23
  模块一 建筑总平面图的知识回顾   23
  模块二 建筑总平面图识读实训   26

任务四 建筑首页图识读   28
  模块一 建筑首页图的知识回顾   28
  模块二 建筑首页图识读实训   30

任务五 建筑平面图识读   32
  模块一 建筑平面图的知识回顾   32
  模块二 建筑平面图识图实训   33
  模块三 建筑平面图绘图实训   36

任务六 建筑立面图识读   40
  模块一 建筑立面图的知识回顾   40
  模块二 建筑立面图识读实训   41
  模块三 建筑立面图绘图实训   44

任务七 建筑剖面图识读   46
  模块一 建筑剖面图的知识回顾   46
  模块二 建筑剖面图识读实训   47
  模块三 建筑剖面图绘图实训   50

任务八 建筑详图识读   52
  模块一 建筑详图的知识回顾   52
  模块二 建筑详图识读实训   54
  模块三 建筑详图绘图实训   58

  任务九 建筑施工图综合实训 64
    模块一 建筑施工图识读实训 64
    模块二 建筑施工图绘图实训 69

第二篇

结构施工图识读实训 73

  任务十 结构设计总说明识读 74
    模块一 平法施工图识读的通用知识回顾 74
    模块二 结构设计总说明识图实训 76
  任务十一 基础平法施工图识读 85
    模块一 基础平法施工图识读的知识回顾 85
    模块二 基础平法施工图识图实训 92
    模块三 基础平法施工图绘图实训 97
  任务十二 柱平法施工图识读 101
    模块一 柱平法施工图识读的知识回顾 101
    模块二 柱平法施工图识图实训 106
    模块三 柱平法施工图绘图实训 114
  任务十三 剪力墙平法施工图识读 121
    模块一 剪力墙平法施工图识读的知识回顾 121
    模块二 剪力墙平法施工图识图实训 132
    模块三 剪力墙平法施工图绘图实训 138
  任务十四 梁平法施工图识读 142
    模块一 梁平法施工图识读的知识回顾 142
    模块二 梁平法施工图识图实训 151
    模块三 梁平法施工图绘图实训 159
  任务十五 板平法施工图识读 166
    模块一 板平法施工图识读的知识回顾 166
    模块二 板平法施工图识图实训 174
    模块三 板平法施工图绘图实训 180
  任务十六 楼梯平法施工图识读 186
    模块一 楼梯平法施工图识读的知识回顾 186
    模块二 楼梯平法施工图识图实训 190
    模块三 楼梯平法施工图绘图实训 195
  任务十七 结构施工图综合实训 199
    模块一 结构施工图识图实训 199
    模块二 结构施工图绘图实训 206

第三篇

施工图实践 　　　　　　　　　　　　　　　　　　　　　209
　　任务十八　建筑模型制作实训　　　　　　　　　　　　210

参考文献 　　　　　　　　　　　　　　　　　　　　　　211

配套图集

第一篇　建筑施工图识读实训

引古喻今——日积月累

老子《道德经》中有云:"合抱之木,生于毫末;九层之台,起于累土;千里之行,始于足下。"意思是合抱的大树,生长于细小的萌芽;九层的高台,垒砌于一层层的泥土;千里的远行,起始于脚下的步伐。

上面的故事告诉了我们不断积累和坚持不懈的重要性,建筑工程正是靠一砖一瓦的积累而成的。作为一位建筑人,要能正确识读施工图,正确理解设计意图,按照规范施工才能建设出高质量的工程。而识读和绘制建筑施工图需要我们一步一个脚印地积累投影与制图的基本知识,融会贯通,正确运用施工图识图与绘图技能,从而掌握好这一工程界的通用语言。勤劳睿智的中国人民创造了一个又一个的工程奇迹:万里长城、中国高铁、中国天眼(500米口径球面射电望远镜)、港珠澳大桥、中国探月工程等,每一个成就都是日积月累、努力拼搏产生的结果。新时代的我们更要坚定自信、奋发图强、注重积累、开拓创新、重视细节、规范技术、提高工程质量,为成为一名优秀的建筑工匠不懈努力!

任务一　投影的基础知识

模块一　投影的知识回顾

1. 任务描述

【任务内容】

按照投影的基本概念、投影规律等基本知识对题目给出的图形进行识读、分析，完成投影图读图报告。

【任务目标】

(1) 熟悉三面投影图、正等轴测图的制图规则，能正确识读并分析空间形体的组成。

(2) 能够掌握三面投影图、正等轴测图的基本表达方法。

2. 任务要点及知识回顾

投影的基本知识是绘制建筑工程图纸的基础，内容包括：投影的形成及应用、三面投影图的形成、三面投影图的规律、基本体与组合体的三面投影、空间立体轴测图的产生、组合体的正等轴测图的绘制方法等。投影的基本知识主要内容见表 1-1-1，但不限于表中内容。

任务要点及知识回顾　　　　　　　　　　　　　　　　表 1-1-1

序号	投影的基本知识包含内容	识读要点
1	投影的形成及应用	投影的形成及应用内容主要包括： 1. 中心投影法和平行投影法。2. 投影法的应用。3. 平行投影法中正投影法与斜投影法 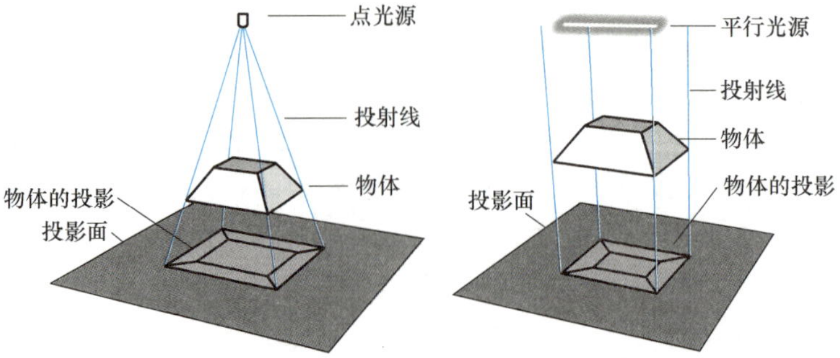 (a) 中心投影法　　(b) 平行投影法 图 1-1-1　投影的形成示意图

续表

序号	投影的基本知识包含内容	识读要点
2	三面投影图的形成	三面投影图的产生主要包括： 1. 空间中几何元素（如点、线、面、体等）在三个投影面（V、H、W）体系中的投影。 2. 建筑层数及高度、结构形式 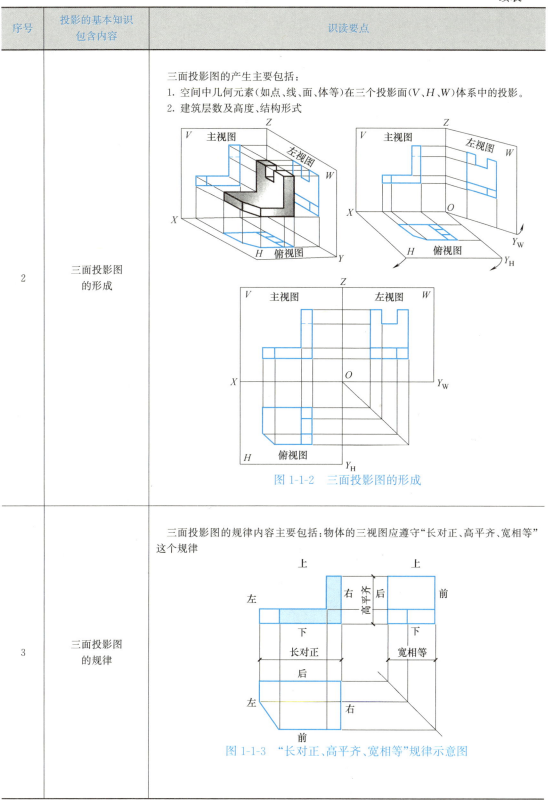 图 1-1-2　三面投影图的形成
3	三面投影图的规律	三面投影图的规律内容主要包括：物体的三视图应遵守"长对正、高平齐、宽相等"这个规律 图 1-1-3　"长对正、高平齐、宽相等"规律示意图

续表

序号	投影的基本知识包含内容	识读要点		
4	基本体与组合体的三面投影	基本体与组合体的三面投影内容主要包括： 1. 基本体的识读步骤		
		步骤一	观察三面投影图中的几何体是完整的基本体还是被截切过的截切体，并判断被截切前的几何体属于棱柱、圆柱、棱锥、圆锥、棱台、圆台、球体等哪种图形	
		步骤二	观察三面投影图基本体在投影体系中的摆放方式	
		步骤三	根据以上步骤的分析结果结合对应的基本体三面投影特征，可得知三面投影图中基本体的形状、方位以及尺寸信息	
		2. 组合体的识读步骤		
		步骤一	对三面投影图中组合体进行形体分析，判断组合体的组合方式采用的是叠加型、切割型还是混合型，将体块分解成方便理解的若干个小体块	
		步骤二	观察上一步分解的若干个小体块的空间位置关系以及尺寸大小的关系。利用"长对正、高平齐、宽相等"的投影规律，分清楚体块们彼此之间的前、后、左、右、上、下位置关系	
		步骤三	根据分解后体块间的位置关系判断各体块的可见性	
		步骤四	根据以上步骤的分析结果，可得知三面投影图中组合体的形状、组合方式、可见性以及尺寸信息	
5	空间立体轴测图的产生	空间立体轴测图的产生方法主要包括：正投影法、斜投影法 (a) 斜投影法　　　　　(b) 正投影法 图 1-1-4　轴测图的投影方法		

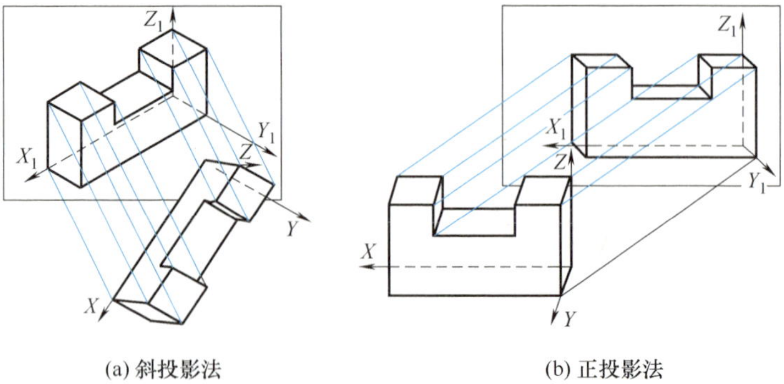

续表

序号	投影的基本知识包含内容	识读要点	
6	组合体的正等轴测图	组合体的正等轴测图内容主要包括： 1. 正等轴测图的识读	
		步骤一	对正等轴测图中组合体进行形体分析，判断组合体的组合方式采用的是叠加型、切割型还是混合型，将体块分解成方便理解的若干个小体块
		步骤二	确定物体主视图的方位，观察上一步分解的若干个小体块的空间位置关系以及尺寸大小的关系。分清楚体块们彼此之间的前、后、左、右、上、下位置关系
		步骤三	根据以上步骤的分析结果，可得出组合体正等轴测图所对应的三面投影图中图形的形状、尺寸大小以及可见性等信息
		2. 正等轴测图的绘制	
		步骤一	对组合体进行形体分析，确定选择切割法或叠加法来绘制
		步骤二	在给出的三面投影图中确定组合体的原点，在视图上定坐标轴
		步骤三	按正等轴测图的120°轴间角画出轴测轴，并将组合体三视图依据坐标轴的关系绘制到轴测投影体系中
		步骤四	利用三视图中的组合体位置关系对应轴测图，检查并补全图形
		步骤五	擦去多余图线，描深即完成作图

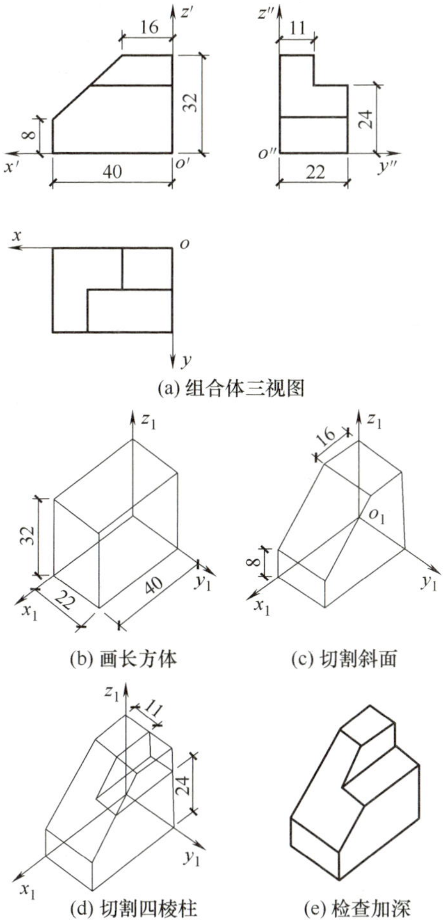

1-1-1 轴测图

(a) 组合体三视图

(b) 画长方体　　(c) 切割斜面

(d) 切割四棱柱　　(e) 检查加深

图 1-1-5　组合体正等轴测图的绘制示意图

模块二　投影图识图实训

1. 任务解析

【识图步骤】

仔细阅读题目，看清题目的已知条件，弄清题目提问的知识点。观察已知条件中的图样，分析所研究的基本体、组合体的体块构成、摆放位置。根据"长对正、高平齐、宽相等"的投影规律，分析选项中的图形。选择选项中符合的答案，完成投影图的识读与分析。

【样例与解析】

例 1-2-1　投影坐标轴 OZ 反映了形体的（　　）方向。　　　　　　　　　　难度：易

A. 左右　　　　　B. 上下　　　　　C. 前后　　　　　D. 中间

答案：B。

解析：三视图展开如图：因此坐标轴 OZ 反映形体的上下方向。

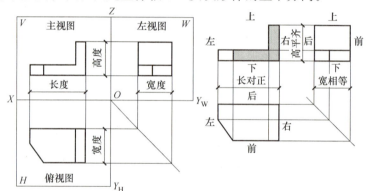

例 1-2-2　互相垂直的（　　）直角坐标轴在轴侧投影面的投影称为轴测轴。

A. 2 根　　　　　B. 3 根　　　　　C. 4 根　　　　　D. 6 根　　　　　难度：易

答案：B。

解析：三视图展开如图：

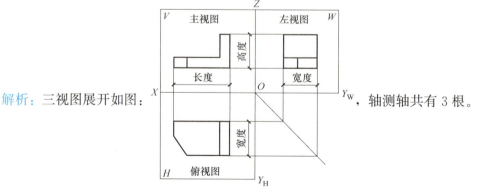

，轴测轴共有 3 根。

例 1-2-3 若一平面的 V 面投影为一斜线，则该平面一定为（　　）。

难度：中

A. 水平面　　　　　　B. 正平面
C. 正垂面　　　　　　D. 铅垂面

答案：C。

解析：根据空间垂直面的判定方法"两框一斜线，定是垂直面，斜在哪个面，垂直于哪个面"可知，斜线在正投影面，该平面为正垂面。

例 1-2-4 图中三棱锥的侧面投影是（　　）。

难度：易

答案：C。

解析：此形体为三棱锥，三视图为：

例 1-2-5 下图所示组合体的三面投影图中，正确的是（　　）。

难度：中

答案：D。

解析： A错； B错； C错；故选 D 选项。

例 1-2-6　下图是已知形体的三面投影图，与其吻合的轴测图是（　　）。　难度：中

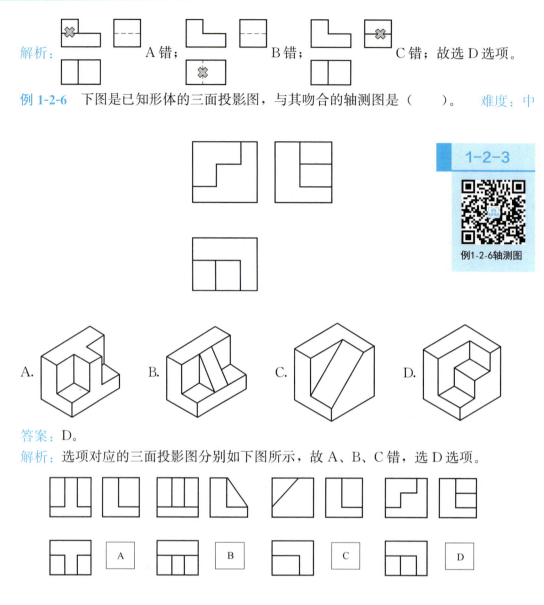

答案：D。

解析：选项对应的三面投影图分别如下图所示，故 A、B、C 错，选 D 选项。

2. 任务实施

投影图读图报告

一、三面投影图

1. P 平面＿＿于＿＿投影面，在正立投影面上的投影为类似形。（　　）

 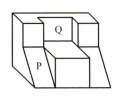

A. 倾斜 正立　　　B. 平行 正立　　　C. 垂直 侧立　　　D. 倾斜 侧立

2. 已知物体的俯、左视图，错误的主视图是（　　）。

 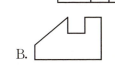  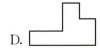

A.　　　　　　　B.　　　　　　　C.　　　　　　　D.

3. 根据物体的主、俯视图，其正确的左视图是（　　）。

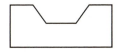

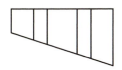

 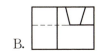 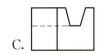 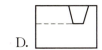

A.　　　　　　　B.　　　　　　　C.　　　　　　　D.

二、轴测图

1. 已知物体的三视图，其对应的轴测图为（   ）。

　　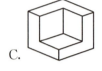　　

A.　　　　　　　B.　　　　　　　C.　　　　　　　D.

2. 已知物体的三视图，其正等轴测图为（   ）。

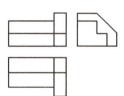

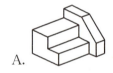　　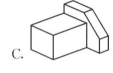　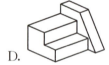

A.　　　　　　　B.　　　　　　　C.　　　　　　　D.

3. 根据物体的三视图选择其对应的轴测图为（   ）。

A.　　　　　　　B.　　　　　　　C.　　　　　　　D.

学校			成绩
专业		姓名	
班级		学号	

模块三　投影图绘图实训

1. 任务解析

【绘图步骤】

仔细阅读题目，看清题目的已知条件，弄清题目提问的知识点。观察已知条件中的图样，分析所研究的基本体、组合体的体块构成、摆放位置。根据题目提问的内容，绘制投影坐标轴。根据"长对正、高平齐、宽相等"投影规律，完成"二补三"或绘制正等轴测图的任务。将确定的形体轮廓线加粗，根据三等关系检查成图，完成作图。

【样例与解析】

例 1-3-1　根据已知形体的两面投影图，做出另一个投影图。　　　　难度：中

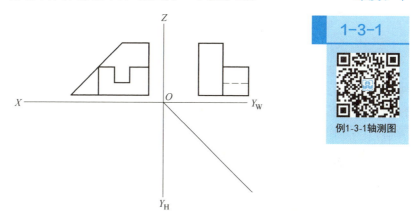

例1-3-1轴测图

答案：

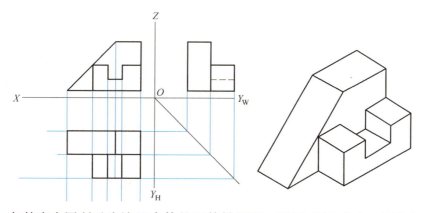

解析：如答案右图所示为该组合体的正等轴测图，通过"长对正、高平齐、宽相等"的规律，绘制辅助线将形体的长、宽、高在三面投影图中一一对应，利用数面法观察已知的两个投影，可得知需补绘的水平投影图共有 5 个可见面。

例 1-3-2　根据组合体的三视图，绘制正等轴测图。　　　　　　难度：中

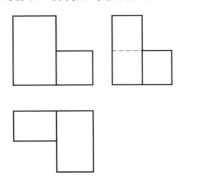

例1-3-2轴测图

答案：

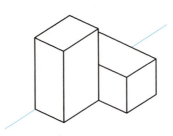

解析：如答案图所示，通过"长对正、高平齐、宽相等"的规律进行形体分析，得知组合体由两个四棱柱组成。给三面投影图中的形体设置一个原点 O，并套入各投影面的坐标轴。绘制正等轴测图的坐标轴，按照三面投影图中的 X、Y、Z 读数，将形体绘制到正等轴测图的坐标系里，并按照形体分析的结果逐个绘制体块。最后，利用数面法检查绘制完成的图形是否多线、漏线，并擦除不可见的线条。

2. 任务实施

投影图绘图练习

1. 按图中尺寸绘制三面投影图。

(1)

(2)

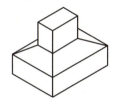

2. 根据已知的两个投影图，绘制第三个投影图。

(1) 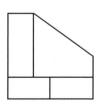 (2)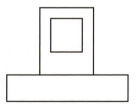

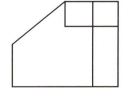 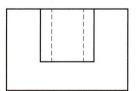

3. 根据给出组合体的三视图,绘制正等轴测图。

(1)

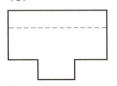

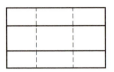

(2)

(3)

学校			成绩	
专业		姓名		
班级		学号		

任务二 建筑施工图常用符号识读

模块一 建筑施工图的通用知识回顾

1. 任务描述

【任务内容】

按照《房屋建筑制图统一标准》GB/T 50001—2017、《建筑制图标准》GB/T 50104—2010 有关建筑施工图制图规则的知识,对附录图纸"××××有限公司办公楼"的施工图常用符号进行识读,完成建筑施工图读图报告①。

【任务目标】

(1)熟悉建筑施工图制图规则,能正确识读标注、标高、轴号等常用符号。
(2)能够掌握建筑施工图常用材料图例和建筑图例。

2. 任务要点(表 2-1-1)

重要技能点 表 2-1-1

识读内容	任务点	具体技能要点
建筑施工图基础知识	1. 建筑施工图的形成过程	初步设计阶段图纸
		施工图设计阶段图纸
	2. 建筑施工图的内容	图纸目录内容
		施工图首页内容
		建筑总平面内容
		建筑平面图内容
		建筑立面图内容
		建筑剖面图内容
		建筑大样图内容
	3. 建筑施工图常用符号	定位轴线及编号
		索引符号和详图符号
		标高
		引出线
		指北针和风向玫瑰图
		连接符号和折断符号
		材料图例

模块二　建筑施工图常用符号识读实训

1. 任务解析

【识图步骤】

步骤1	步骤2	步骤3	步骤4	步骤5
阅读图纸目录，了解图纸整体情况。	翻阅图纸，了解项目总体内容，查看标题栏、会签栏信息。	观察图纸中出现的材料图例，分析其所在位置，填写读图报告内容。	阅读图纸中的各种类型符号，前后对照视看。	填写读图报告中施工图符号信息。

【样例与解析】

例 2-2-1　根据图例填写材料名称。　　　　　　　　　　　　　难度：易

(1) （　　　）　　(2) （　　　）　　(3) （　　　）

答案：（1）毛石；（2）泡沫材料；（3）木材。

解析：此题考查建筑工程常用材料图例，见表2-2-1。

建筑工程常用材料图例　　　　　　　　　表2-2-1

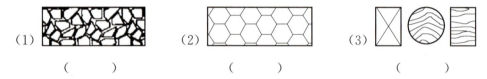

名称	图例	名称	图例
自然土壤		砂灰土及粉刷材料	
夯实素土			
毛石		砂砾石及碎砖三合土	
钢筋混凝土		瓷砖或类似材料	
毛石混凝土		多孔材料或耐火砖	
木材		混凝土	
玻璃		纤维材料或人造板	
		防水材料或防潮层	
普通砖、硬质砖		金属	
非承重的空心砖		水	

例 2-2-2 说明下列施工图中符号的含义。　　　　　　　　　　　　　难度：中

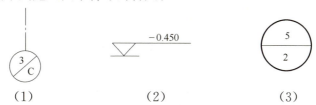

　　　　(1)　　　　　　　　(2)　　　　　　　　(3)

答案：(1) ⓒ号轴线后附加的第三根定位轴线；(2) 负 450mm 标高；(3) 编号为 5 的详图符号，索引位置位于 2 号图纸。

解析：此题考查建筑施工图常用符号。

(1) 附加轴线

附加轴线编号采用分数表示，其中分母表示前一轴线的编号，分子表示附加轴线的编号。

(2) 标高

当所注的标高低于±0.000 时为"负"，注写时需在标高数字前加注"一"号。标高符号以细实线绘制。标高数值以"米"为单位，通常精度为小数点后三位。

(3) 索引符号

索引符号用引出线指出需要绘制详图的位置，在引出线的另一端画一个直径为 10mm 的细实线圆。圆内过圆心画一条水平直线，上半圆中用数字注明该详图的编号，下半圆中用数字注明该详图所在图纸的图纸号。

例 2-2-3 详图符号应采用（　　）线型绘制。　　　　　　　　　　　难度：中

A. 细虚线

B. 细实线

C. 中粗单点长画线

D. 粗实线

答案：D。

解析：详图符号是用来表示详图编号和被索引图纸号的，通常用一条直径为 14mm 的粗实线圆绘制。

2. 任务实施

建筑施工图读图报告

一、图纸概览

本份建筑施工图图纸共____张，其中，工程做法表采用的图幅为_____，尺寸为_____ mm×_____ mm，一层平面图采用的图幅为_____，尺寸为_____ mm×_____ mm。图线基本线宽值为 b，则本项目图纸图框线线宽为_____，标题栏外框线线宽为_____，标题栏分格线线宽为_____。

二、材料图例

写出本份施工图中出现的材料图例的对应名称。

1.　　　　　2.　　　　　3.　　　　　4.
（　　）　　（　　）　　（　　）　　（　　）

5.　　　　　6.　　　　　7.　　　　　8.
（　　）　　（　　）　　（　　）　　（　　）

三、常用符号

写出本份施工图中出现的符号的含义。

1. ①/3　　2. 栏杆/15J403-1 PB1　　3. 3/15　　4. ▽4.200　　5. ③ 1:20

1. _____
2. _____
3. _____
4. _____
5. _____

学校			成绩	
专业		姓名		
班级		学号		

模块三　建筑施工图常用符号绘图实训

1. 任务描述

【任务内容】

按照《房屋建筑制图统一标准》GB/T 50001—2017、《建筑制图标准》GB/T 50104—2010 有关建筑施工图制图规则的知识，绘制施工图中的常用符号，完成建筑施工图绘图练习①。

【任务目标】

（1）正确应用制图规范知识，掌握不同类型图线的用法。
（2）掌握常用施工图符号的画法。
（3）在绘图过程中培养细心、耐心的职业素养。

2. 任务要点（表 2-3-1）

重要技能点　　　　　　　　　　　　　　　　　表 2-3-1

绘制内容	任务点	具体技能要点
建筑施工图绘图规则	1. 图线	线宽的绘制
		线型的绘制
	2. 字体	汉字的绘制
		数字和字母的绘制
	3. 尺寸标注	尺寸界线的绘制
		尺寸线的绘制
		尺寸起止符号的绘制
		尺寸数字的绘制
	4. 施工图常用符号	定位轴线及编号的绘制
		索引符号和详图符号的绘制
		标高的绘制
		引出线的绘制
		指北针和风向玫瑰图的绘制
		连接符号和折断符号的绘制
		材料图例的绘制

3. 任务解析

【绘图步骤】

步骤1：阅读建筑制图相关规范，熟悉制图图线、图例、符号等绘制要求。

步骤2：阅读施工图范例，了解平面图、立面图、剖面图常用符号及其表达方式。

步骤3：准备铅笔、尺子等绘图工具，清理桌面，保持清洁。

步骤4：根据题目要求，补绘材料图例以及标高、轴线符号等施工图符号。

步骤5：检查绘图内容是否符合规范，加深图线。

【样例与解析】

例 2-3-1 根据《房屋建筑制图统一标准》GB/T 50001—2017、《建筑制图标准》GB/T 50104—2010 补绘一层平面图以下符号，比例 1∶100，室外标高低于室内标高 150mm。具体内容：①轴线及其编号；②图名和比例；③标高。　　　　难度：中

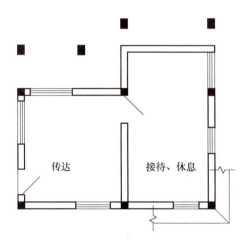

答案：

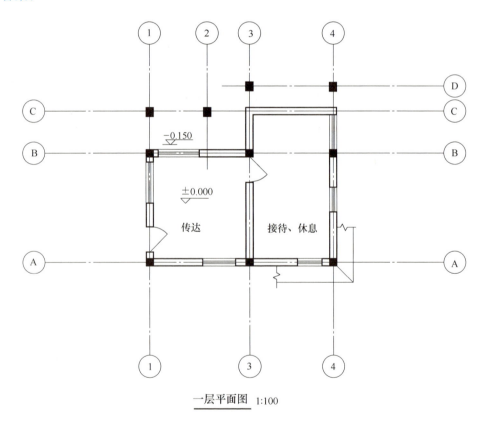

解析：见《房屋建筑制图统一标准》GB/T 50001—2017、《建筑制图标准》GB/T 50104—2010。

4. 任务实施

建筑施工图绘图练习①

一、画出以下施工图常用符号

1. 1号轴线前第一根轴线。

2. 索引符号：J103图集第四页第五个。

3. 空心砖、钢筋混凝土、夯实土壤、石材材料图例。

4. 编号为3的详图符号。

5. 4.8m绝对标高、3.2m相对标高。

学校			成绩	
专业		姓名		
班级		学号		

建筑施工图绘图练习②

二、根据要求补全下图

已知一层平面图比例 1∶100,室外标高低于室内标高 300mm,平台标高低于室内标高 150mm。补绘以下符号:①轴线及其编号;②图名和比例;③标高;④指北针。

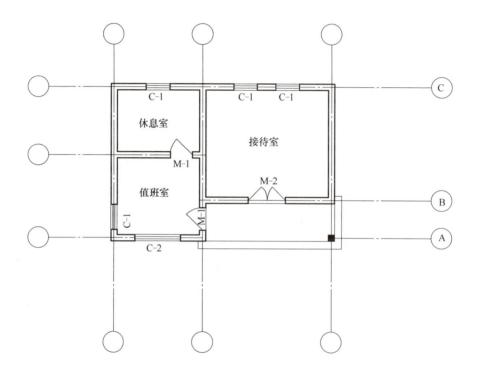

学校			成绩	
专业		姓名		
班级		学号		

任务三　建筑总平面图识读

模块一　建筑总平面图的知识回顾

1. 任务描述

【任务内容】

按照《房屋建筑制图统一标准》GB/T 50001—2017、《建筑制图标准》GB/T 50104—2010 有关建筑施工图制图规则的知识，对图 3-1-1 进行识读，完成建筑施工图读图报告②。

【任务目标】

（1）熟悉建筑总平面图的内容。
（2）能够从建筑总平面图中准确、完整读取相关的内容。

2. 任务要点及知识回顾

建筑总平面图（简称总图），是表明新建房屋及其周围环境的水平投影图。它主要反映新建房屋的平面形状、位置、朝向及与周围地形、地貌的关系等。建筑总平面图是新建房屋及其他设施定位、施工放线、土方施工及有关专业管线布置和施工总平面布置的依据。建筑总平面图常用的比例是 1∶500、1∶1000、1∶2000 等。建筑总平面图主要内容见表 3-1-1，但不限于表中内容。

任务要点及知识回顾　　　　　　　　　　　　　　　表 3-1-1

序号	建筑总平面图包含内容	识读要点
1	测量坐标网	标注测量坐标网(坐标代号宜用"X、Y"表示)或施工坐标网(坐标代号宜用"A、B"表示)
2	建筑定位	新建筑的定位坐标(或相互关系尺寸)、名称(或编号)、层数及室内外标高
3	相邻建筑	相邻有关建筑、拆除建筑的位置或范围。与原有建筑的相对位置定位，标注出与原有建筑的距离，以便确定新建筑的位置
4	附近地形地物	附近的地形地物,如等高线、道路、水沟、河流、池塘、土坡等
5	道路	道路(或铁路)和明沟等的起点、变坡道、转折点、终点的标高与坡向箭头
6	指北针或风向玫瑰图	通常情况下，新建房屋的朝向可由总平面图中的指北针或带有指北针的风玫瑰图来确定
7	编号表	建筑物使用编号时，应列出名称编号表
8	绿化、管道布置	相关的绿化规划、管道布置
9	相关指标表	—
10	图例	国家标准《总图制图标准》GB/T 50103—2010 中的部分图例见表 3-1-2，当绘制的总平面图中采用了非国家规定的自定图例时，则应在总图中绘出，并注明所用图例的含义

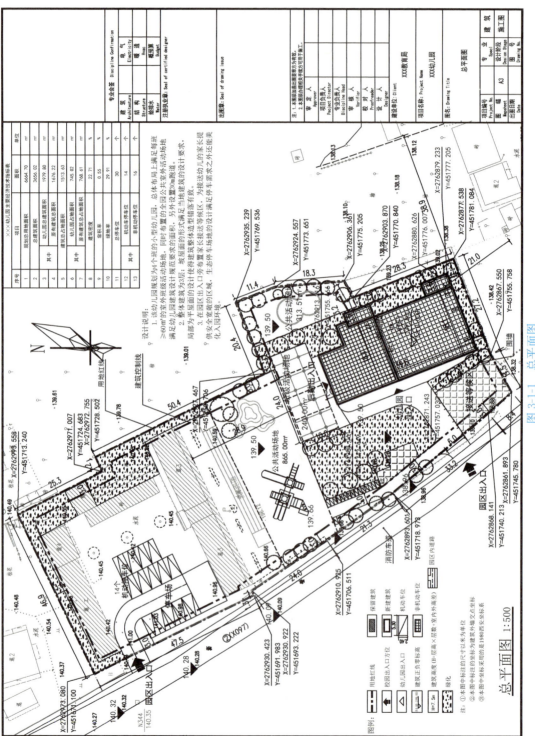

图 3-1-1 总平面图

总平面图常用图例　　　　　　　　　　　　　　　表 3-1-2

序号	名称	图例	备注
1	新建建筑物	（新建建筑物图例：标注 X=、Y=、①、12F/2D、H=59.00m；地下建筑物以粗虚线表示；上部外挑及连廊图例）	新建建筑物以粗实线表示与室外地坪相接处±0.00外墙定位轮廓线。 建筑物一般以±0.00高度处的外墙定位轴线交叉点坐标定位。轴线用细实线表示，并标明轴线号。 根据不同设计阶段标注建筑编号，地上、地下层数，建筑高度，建筑出入口位置（两种表示方法均可，但同一图纸采用一种表示方法）。 地下建筑物以粗虚线表示其轮廓。 建筑上部（±0.00以上）外挑建筑用细实线表示。 建筑物上部连廊用细虚线表示并标注位置
2	原有建筑物	（矩形细实线图例）	用细实线表示
3	计划扩建的预留地或建筑物	（矩形中粗虚线图例）	用中粗虚线表示
4	拆除的建筑物	（带叉号矩形图例）	用细实线表示
5	坐标	1. $X=105.00$，$Y=425.00$ 2. $A=105.00$，$B=425.00$	1. 表示地形测量坐标系。 2. 表示自设坐标系。 坐标数字平行于建筑标注
6	填挖边坡	（填挖边坡图例）	—
7	新建的道路	（新建道路图例：标注 0.30%、100.00、R=6.00、107.50）	"R=6.00"表示道路转弯半径；"107.50"为道路中心线交叉点设计标高，两种表示方式均可，同一图纸采用一种方式表示；"100.00"为变坡点之间距离，"0.30%"表示道路坡度，"→"表示坡向

续表

序号	名称	图例	备注
8	原有道路		—
9	计划扩建的道路		—
10	桥梁	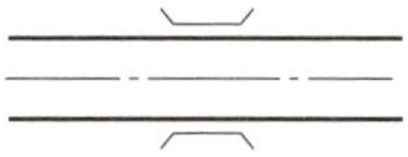 	用于旱桥时应注明。上图为公路桥,下图为铁路桥

模块二　建筑总平面图识读实训

1. 任务解析

【识图步骤】

按照建筑总平面图的内容顺序识读,从建筑整体内容到细部内容。

【样例与解析】

例 3-2-1　本工程规划总用地面积是(　　)。　　　　　　　　　　难度:易

答案:6664.7m^2。

解析:读建筑总平面图经济技术指标表。

例 3-2-2　本工程的坐标系采用(　　)。　　　　　　　　　　难度:易

答案:1980 西安。

解析:读建筑总平面图注说明。

例 3-2-3　本工程用地红线与建筑控制线之间的距离是(　　)。　　难度:易

答案:3m。

解析:在建筑总平面图中找到用地红线与建筑控制线,查看其标注距离。

例 3-2-4　本工程班级活动场地的面积是(　　)。　　　　　　　难度:中

答案:240m^2。

解析:在建筑总平面图中找到班级活动场地区域,查看其注写,或者按照设计说明中第一条进行计算。

例 3-2-5　本工程幼儿园主出入口的朝向是(　　)。　　　　　　难度:中

答案:东北向。

解析:在建筑总平面图中找到幼儿园主出入口,根据指北针的朝向得出答案。

2. 任务实施

建筑施工图读图报告②

一、工程指标

本工程总建筑面积为_____ m²，原有建筑占地面积为_____ m²。建筑密度为_____，容积率为_____，绿地率为_____。机动车停车位有_____个。

二、工程内容

1. 本工程室内±0.000 标高相当于绝对高程_____。
2. 本工程园区出入口有_____个。
3. 本工程幼儿园出入口有_____个。
4. 本工程标注的尺寸单位是_____。
5. 幼儿园建筑层数是_____；建筑高度是_____。
6. 本工程公共活动场地面积是_____。
7. ▨ 图例表示_____。
8. 根据总平面图显示，场地内共有_____栋原有建筑。
9. 拟建建筑与最近的原有建筑的距离是_____。
10. 从风向频率玫瑰图看出，该地区盛行什么风向？

11. 请罗列幼儿园四个角点的定位坐标。

学校			成绩	
专业		姓名		
班级		学号		

任务四　建筑首页图识读

模块一　建筑首页图的知识回顾

1. 任务描述

【任务内容】

按照《房屋建筑制图统一标准》GB/T 50001—2017、《建筑制图标准》GB/T 50104—2010 有关建筑施工图制图规则的知识，对附录图纸"××××有限公司办公楼"的建筑设计说明进行识读，完成建筑施工图读图报告③。

【任务目标】

（1）熟悉建筑设计说明图的内容。
（2）能够从建筑设计总说明中读取相关的内容。

2. 任务要点及知识回顾

一般而言，建筑设计说明或者建筑设计总说明会作为建筑设计图首页出现。建筑设计总说明主要用来说明建筑工程设计图纸的设计依据和施工要求，也包括对施工图中不便详细注写的用料、做法及使用部位等要求进行具体的文字说明。在某些常情况下，中小型的房屋建筑设计总说明可以与总平面图一起编制在建筑施工图内。建筑设计总说明主要内容见表 4-1-1，但不限于表中内容。

任务要点及知识回顾　　　　　　　　　　　　　　　表 4-1-1

序号	建筑总说明图包含内容	识读要点
1	设计依据	设计依据内容主要包括： 1. 相关行政管理部门对于本工程的批复、审批文件。 2. 本项目建筑设计的相关国家规范、规定和相关地方性规范、规定等
2	项目概况	项目概况内容主要包括： 1. 本项目的建设单位、建设地点。 2. 建筑物占地面积、建筑总面积。 3. 建筑层数及高度、结构形式。 4. 设计年限。 5. 建筑物耐火、抗震、防雷等级

续表

序号	建筑总说明图包含内容	识读要点
3	标高及尺寸	标高及尺寸内容主要包括： 1. 本项目图纸上的标高、尺寸单位。 2. 本项目高程的选用。 3. ±0.000 标高的位置
4	墙体工程	墙体工程内容主要包括： 1. 内、外墙的材料、做法。 2. 墙身防潮层的通用做法描述。 3. 墙体留洞及封堵要求。 4. 墙体抹灰的做法及要求
5	楼地面工程	楼地面工程内容主要包括： 1. 楼地面高差说明。 2. 楼地面防水、防滑的要求以及做法描述。 3. 不需要做结构层的地面做法要求。 4. 其他相关需要说明的内容
6	屋面工程	屋面工程内容主要包括： 1. 屋面防水等级，合理使用年限。 2. 屋面防水材料。 3. 屋面防水的相关通用做法以及注意事项。 4. 屋面保温材料。 5. 屋面保温的相关通用做法以及注意事项。某些工程会在建筑总说明中单独列表说明每一个部位的做法
7	门窗工程	门窗工程内容主要包括： 1. 门窗选用的相关图集和规范。 2. 门窗的相关性能指标和安全性能的要求。 3. 门窗尺寸的调整说明。一般而言，在建筑设计总说明中会单独绘制一张或者若干张门窗表，里面有详细的门窗材料、规格、尺寸、样式的说明
8	装修工程	装修工程内容主要包括： 1. 二次装修的范围和要求。 2. 外装修材料、规格、颜色的要求。 3. 外装修通用做法的要求。 4. 内装修的范围和要求。 5. 内装修材料、规格、颜色的要求。 6. 内装修通用做法的要求。 7. 吊顶高度、材料、做法及要求。某些工程会在建筑总说明中单独列表说明每一个部位的装修做法
9	楼梯及栏杆工程	楼梯及栏杆工程内容主要包括： 1. 不同部位栏杆高度的要求。 2. 楼梯梯段的细部做法要求。 3. 栏杆材料、颜色等要求
10	油漆涂料工程	油漆涂料工程内容主要包括： 1. 油漆、涂料的材料、颜色要求。 2. 相关构件、部位的防腐、防火、防虫的涂刷要求

续表

序号	建筑总说明图包含内容	识读要点
11	建筑防火工程	建筑防火工程内容主要包括： 1. 防火分区的划分。 2. 其他需要说明的内容
12	建筑设备工程	建筑设备工程内容主要包括： 1. 相关卫生间设备的要求。 2. 电梯型号、尺寸、性能的要求。 3. 其他相关需要说明的设备要求
13	建筑节能	建筑节能工程内容主要包括： 1. 建筑节能设计依据。 2. 本工程建筑节能计算的相关标准、数据。 3. 墙体、屋面节能材料的要求
14	其他事项	其他事项内容主要包括： 1. 相关工程的通用做法。 2. 需要说明的相关事项及做法

模块二　建筑首页图识读实训

1. 任务解析

【识图步骤】

按照建筑设计总说明的内容顺序识读，从建筑整体内容到细部内容。

【样例与解析】

例 4-2-1　本工程总建筑面积为（　　）m^2。　　　　　　　　　难度：易

A. 867.9　　　B. 7174.97　　　C. 27.9　　　D. 300

答案：B。

解析：读建筑设计说明图 2.2 条。

例 4-2-2　本工程的标高单位是（　　）。　　　　　　　　　　　难度：中

A. m　　　B. cm　　　C. mm　　　D. km

答案：A。

解析：读建筑设计说明图 3.1 条。

例 4-2-3　本工程各层的标注标高是（　　），屋面标高为（　　）。　难度：中

答案：完成面（建筑面）标高；结构标高。

解析：读建筑设计说明图 3.3 条。

例 4-2-4　本工程屋面防水等级是（　　），合理使用年限为（　　）。　难度：中

答案：二级；15 年。

解析：读建筑设计说明图 7.1 条。

2. 任务实施

建筑施工图读图报告③

一、工程概览

本工程总建筑面积为_____ m²，占地面积为_____ m²。本工程地上_____层，地下_____层，建筑总高度_____ m。本工程设计合理年限_____年。

二、工程内容

1. 本工程设计依据有哪些？

2. 本工程防火分区如何划分？耐火等级是多少？

3. 本工程各层标高的信息有哪些？

4. 本工程卫生间吊顶高度是多少？

5. 本工程防水等级是多少？防水材料是什么？

6. 本工程门窗水密性为几级？抗风压性能几级？隔声性能几级？

7. 本工程楼梯栏杆高度是多少？

8. 本工程上人保温屋面的做法是什么？

学校				成绩	
专业		姓名			
班级		学号			

任务五　建筑平面图识读

模块一　建筑平面图的知识回顾

1. 任务描述

【任务内容】

按照《房屋建筑制图统一标准》GB/T 50001—2017、《建筑制图标准》GB/T 50104—2010 有关建筑施工图制图规则的知识，对附录图纸"××××有限公司办公楼"的建筑平面施工图进行识读，完成建筑平面施工图读图报告。

【任务目标】

（1）熟悉建筑平面图制图规则，能正确识读建筑平面图内的主要内容。

（2）能够掌握建筑平面图常用图面表达方法。

5-1-1

一层平面图　二层平面图　三层平面图　四～六层平面图　七层平面图　顶层平面图　顶层框架平面图

2. 任务要点及知识回顾

建筑平面图表达的内容繁杂，因此学会识读与绘制建筑平面图就需要掌握：建筑平面图的形成、建筑平面图的主要内容、建筑平面图识读目标、各类建筑平面图的识读重点等。建筑平面图的基础知识主要内容见表 5-1-1，但不限于表中内容。

任务要点及知识回顾　　　　　表 5-1-1

序号	建筑平面图的基础知识包含内容	识读要点
1	建筑平面图的形成	建筑平面图的产生主要包括： 1. 平面图形成的方式。 2. 平面图形成的高度

续表

序号	建筑平面图的基础知识包含内容	识读要点
2	建筑平面图的主要内容	建筑平面图的主要内容包括： 1. 平面组成房间的名称、尺寸、定位轴线和墙厚等。 2. 建筑物内走廊、楼梯、电梯位置及尺寸、楼梯形式、上下方向。 3. 建筑物门窗位置、尺寸及编号。 4. 建筑室内外台阶、阳台、雨篷、散水、排水沟的位置、坡度及细部尺寸。 5. 建筑室内地面的高度。 6. 建筑物与室外环境的关系。 7. 生成剖面的位置
3	建筑平面图识读目标	建筑平面图识读目标主要包括： 1. 了解图名、绘图比例和建筑物朝向。 2. 了解定位轴线、轴线编号及尺寸。 3. 了解墙柱配置。 4. 了解建筑物内各房间名称及用途。 5. 了解台阶、坡道、楼梯、电梯配置。 6. 了解剖切符号、竖井、烟囱、散水、明沟、暗沟、天沟、雨水管、坡度、雨篷、门窗、卫生器具、预留孔洞、检查井、屋面检修孔和索引符号等
4	各类建筑平面图的识读重点	各类建筑平面图的识读重点主要包括： 1. 一层平面图(首层平面图)：建筑物朝向、台阶、坡道、散水、明沟、暗沟、无障碍设计、剖面图生成位置及剖视方向。 2. 地下室平面图：地下室用途、集水井、排水沟、疏散设计、人防设计、防火分区等消防设计。 3. 中间层、标准层平面图：标高、雨篷、门窗、阳台、卫生间布置、预留孔洞、护窗栏杆、核心筒设计、房间分布、疏散设计及防火分区。 4. 顶层平面图：电梯机房、楼梯间出屋面设计、女儿墙、烟囱、天沟、雨水管、排水方式、排水坡度、屋面检修孔等。 5. 其他平面图：以上类型平面图没能表达到的部位的内容

模块二　建筑平面图识图实训

1. 任务解析

【识图步骤】

概览建筑平面图轮廓，了解建筑功能、规模、平面形状等情况。翻阅题目提及的平面图图纸，了解该层的具体情况，如标高、房间名称、楼梯位置等。找到题目提及内容的所在位置，提取有效信息填写读图报告。阅读图纸中平面图的各部位构造图样、符号，做出判断。根据自己的判断填写读图报告内容。

【样例与解析】

例 5-2-1　根据图样填写建筑平面图中的图样名称。　　　　　　　　　　难度：易

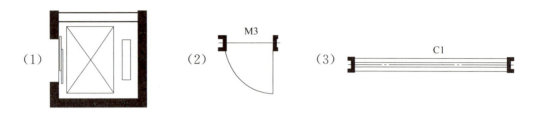

答案：(1) 电梯；(2) 编号为 M3 的单扇平开门；(3) 编号为 C1 的窗。

解析：(1) 图中所示图样位于建施-05 "一层平面图"中ⓒ轴交⑦~⑧轴区间，根据《房屋建筑制图统一标准》GB/T 50001—2017 中规定，电梯图例中包含电梯井道、电梯门、电梯轿厢与平衡木。(2) 图中所示的图样位于建施-05 "一层平面图"中Ⓑ轴，根据规范规定，该图样为编号为 M3 的"单扇平开门"。(3) 图中所示的图样位于建施-05 "一层平面图"中Ⓐ轴，根据规范规定，该图样为编号为 C1 的"窗"。

例 5-2-2 说明下列平面图中符号的含义。　　　　　　　　　　　　　　　　难度：中

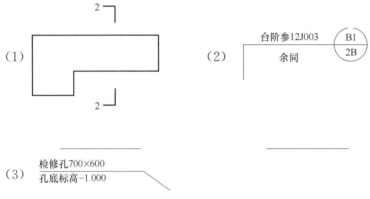

答案：(1) 图中所示符号为剖切符号，对应 2-2 剖面图的剖切位置。(2) 台阶做法参照 B1 图，该做法索引位置位于图集 12J003 的 2B 页。(3) 预留检修孔尺寸为宽 700mm，高 600mm，孔底标高为－1.000m。

解析：(1) 根据《房屋建筑制图统一标准》GB/T 50001—2017 中规定，剖切符号由剖切位置线、剖视方向线、剖切符号的编号三部分组成，图示符号含义为编号 2-2 的剖面图。(2) 图中所示的符号位于建施-05 中南侧主入口处台阶部位，为该台阶提供做法索引，告诉施工方该部位的做法参照图集 12J003 的 2B 页的 B1 做法。(3) 图中所示的符号位于建施-04 "地下一层平面图"中消防水池与水泵房之间的隔墙上，表示该部位预留孔洞的具体尺寸以及预留高度。

例 5-2-3 地下室水泵房内的集水井深度为（　　）mm。　　　　　　　　难度：难

　　A. 1000　　　　B. 1200　　　　C. 1500　　　　D. 1700

答案：C。

解析：题干提及的集水井位于建施-04 "地下一层平面图"中水泵房内，编号为 KD3，通过观察可知，该部位并没有直接表示井道深度。仔细识读该平面图其他内容后可发现，位于①轴上的集水井 KD1 有一处做法索引，注明了该井道尺寸为长 1500mm、宽 1500mm、深 1500mm，并且深度 1500 后写着"余同"，因此我们可知，其余集水井与该集水井的深度一致，均为 1500mm。

2. 任务实施

建筑平面施工图读图报告

一、图纸识读

本建筑共有_____层，平面图图纸共_____张，其中，二层平面图中的最长的轻钢雨篷尺寸为_____ mm×_____ mm。本建筑楼梯共有_____部，电梯共有_____部，五层的楼面建筑标高为_____，五层卫生间楼面建筑标高为_____，门 M3 的宽度为_____ mm，女卫生间厕位共有_____个，电梯厅与门厅之间采用_____作为分隔。

二、平面图图样

写出本份平面图中出现的材料图例的对应名称。

1. 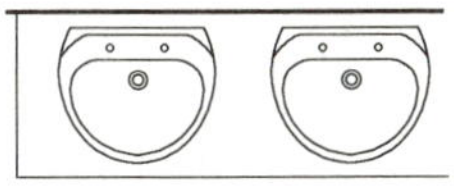 (　　)　　2. 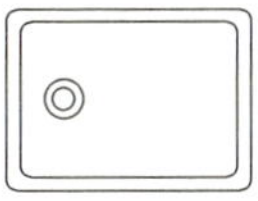 (　　)　　3. 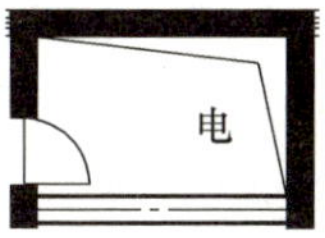 电 (　　)　　4. 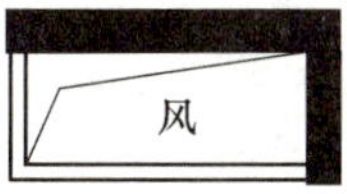 风 (　　)

5.  C4 (　　)　　6.  (　　)　　7. 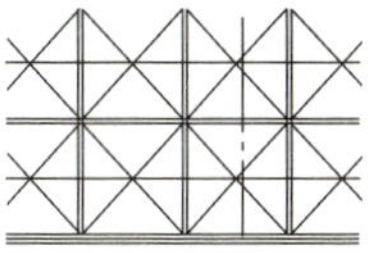 (　　)　　8. 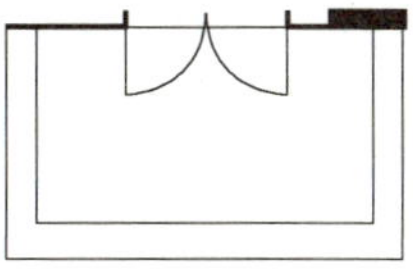 (　　)

三、常用图样

写出本份平面图中出现的符号的对应名称。

1. 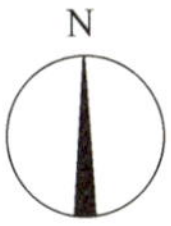 N　　2.  1　　3.  上　　4. 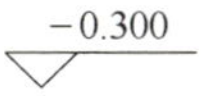 −0.300　　5. 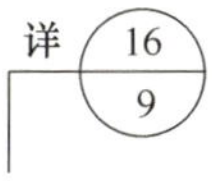 详 16/9　　6. 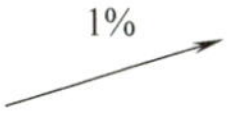 1%

1. _____　　4. _____

2. _____　　5. _____

3. _____　　6. _____

学校			成绩	
专业		姓名		
班级		学号		

模块三　建筑平面图绘图实训

1. 任务解析

【绘图步骤】

阅读建筑制图相关规范，熟读施工图范例，了解平面图的基本表达方式。备好绘图工具使桌面保持干净整洁，制图过程中绘图工具应及时收纳避免丢失。根据题目要求参考施工图范例，将绘制要求的各个成果逐项达成。检查绘图内容是否规范，是否缺项、漏项，加深图线。

【样例与解析】

例 5-3-1　根据《房屋建筑制图统一标准》GB/T 50001—2017、《建筑制图标准》GB/T 50104—2010 及已知的轴网及房间名称，补绘某小区门卫室一层平面图，比例 1：100，其他绘制要求：①补全轴号编号；②标注图名和比例；③标注标高，室外标高低于室内标高 150mm；④补全墙体并开窗，墙体居中轴线布置，材料为烧结页岩多孔砖，厚 200mm，窗编号为 C2，于两轴线间居中布置，宽度为 1200m；⑤于门卫室南侧布置双扇平开门，门编号为 M3，于两轴线间居中布置，门向外开，宽度为 1800mm；⑥在Ⓐ～Ⓑ轴间绘制剖视方向向东的剖切符号（需剖切到门窗）；⑦室内外高差用坡道过渡，标注入口坡道的上下方向。

难度：中

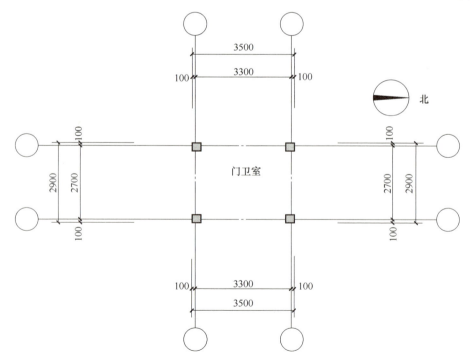

答案：

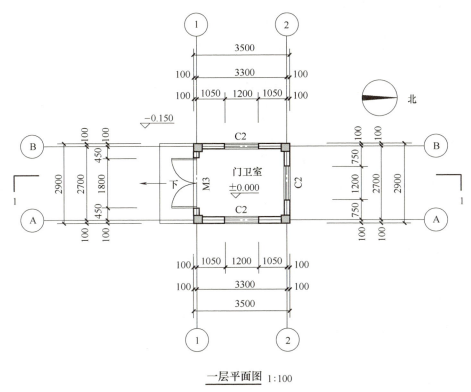

一层平面图 1:100

解析：根据《房屋建筑制图统一标准》GB/T 50001—2017、《建筑制图标准》GB/T 50104—2010 中的制图要求，参考建施-05 的"一层平面图"的表达方法来绘制。

2. 任务实施

建筑平面图绘制练习

1. 画出以下平面图常出现的符号与图样。

（1）对应 3-3 剖面图的剖切符号。

（2）带双侧门口线、宽 1500mm 的双扇平开门。

（3）指北针。

（4）宽 1200mm 的铝合金推拉窗。

（5）正负零标高。

（6）长 1200mm、宽 800mm 的集水井。

（7）镂空符号。

（8）自由排水坡度为 1%，长 1000mm、宽 1100mm 的钢筋混凝土雨篷。

2. 根据以下内容补绘一层平面图，比例 1∶200。

(1) 补全轴号编号；(2) 标注图名和比例；(3) 标注标高，室外标高低于室内标高 300mm；(4) 补全外墙并开窗，墙体居中轴线布置，墙厚 200mm，外窗编号为 C1，于两轴线间居中布置，宽度 1500m；(5) 补全业务室于走廊一侧的墙体，并布置单扇平开门，门编号为 M1，于两轴线间居中布置，门开向走廊，宽度 1100mm；(6) 在③～④轴间绘制剖视方向向西的剖切符号（需剖切到窗）；(7) 标注入口台阶的上下方向。

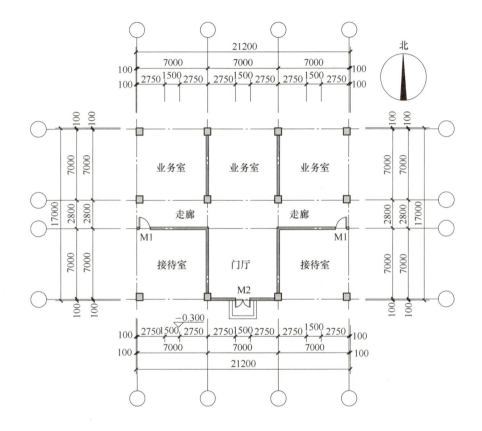

学校			成绩	
专业		姓名		
班级		学号		

任务六　建筑立面图识读

模块一　建筑立面图的知识回顾

1. 任务描述

【任务内容】

按照《房屋建筑制图统一标准》GB/T 50001—2017、《建筑制图标准》GB/T 50104—2010 有关建筑施工图制图规则的知识，对附录图纸"××××有限公司办公楼"的建筑立面图进行识读，完成建筑施工图读图报告④。

【任务目标】

（1）熟悉建筑立面图的内容。
（2）能够从建筑立面中准确读取相关的内容。

2. 任务要点及知识回顾

在与房屋立面平行的投影面上作的房屋正投影图，称为立面图。立面图是反映房屋的外观形状、高度、层数、屋顶和门窗的形式以及位置、外墙立面装修做法等的重要图纸。

立面图可以分为正立面图、侧立面图和背立面图。通常我们把能反映建筑物主要出入口或比较显著地反映出房屋外貌特征的那一面的立面图，称为正立面图；相应的正立面图左右两侧的立面图称之为侧立面图；正立面图背面的立面图称之为背立面图。如果建筑物的朝向位于正向，则立面图还可以按照房屋建筑的朝向命名，如南立面图、东立面图、西立面图、北立面图。然而目前建筑立面图命名更多的是按照建筑物轴线的编号从左至右来命名，如图 6-1-1 所示，南立面图可命名为①-⑤立面图。建筑立面图主要内容见

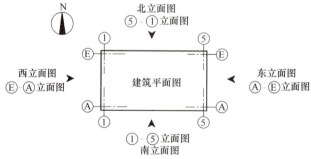

图 6-1-1　建筑立面图命名

表6-1-1，但不限于表中内容。

任务要点及知识回顾　　　　　　　　　　　　　表 6-1-1

序号	建筑立面图包含内容	识读要点
1	图纸名称	看立面图的图名是识读立面图的首要工作，根据图名来判断立面图的朝向，反映建筑物那一个立面的特性
2	轴线	立面图的定位轴线与平面图中的定位轴线对应一致。通常情况下，立面图的轴线仅标注房屋建筑的端部轴线，以便能够清晰地反映立面图与平面图的投影关系
3	线型	在建筑立面图中，通常用特粗实线表示该建筑的室外地坪线，用粗实线表示该建筑物的主要外形轮廓线，用中粗实线绘制门窗洞口、阳台、雨篷、台阶、檐口等构造的主要轮廓，用细实线描绘各处细部、门窗分隔线及装饰线等
4	绘图比例	通常情况下，建筑立面图与该建筑的平面图采用相同的绘图比例，通常为1∶100
5	立面外形特性	建筑物的外立面形状、屋顶造型等外立面特性都会在立面图中展示出来。例如平屋面还是坡屋面、窗户形状、窗户开启方向、门的形状、门的开启方式、雨篷造型及位置、室外台阶等
6	标高	建筑立面图一般会标明外墙各主要部位的标高以及相应的高度尺寸。一般标注在室内外地面、楼面、阳台、檐口及门窗等。如有需要，还可标注一些局部尺寸，如补充建筑构造、设施或构配件的定位尺寸和定形尺寸等。 在立面图中注写的标高一般都是建筑标高，即建筑完成面的标高，需要与结构图中的结构标高区分开来。为了标注得清楚、整齐，一般立面图各层相同构造的标高注写在一起，排列在同一铅垂线上
7	部分构造、装饰节点详图的索引	一般立面图上会展示建筑外立面上的构造、装饰节点做法。部分构造、装饰节点详图也可能采用图集的通用做法，因此会在立面图上出现构造、装饰节点详图的索引，识图者需要根据索引的图集查看其具体做法
8	用图例、文字或列表说明外墙面的装饰材料及装修做法	立面图上会对外墙以及部分装饰材料、装修做法补充图例、文字或者列表说明，识图者需要认真阅读相关的图示文字

模块二　建筑立面图识读实训

1. 任务解析

【识图步骤】
按照建筑正立面、侧立面、背立面图的顺序识读，从建筑整体内容到细部内容。

【样例与解析】

例 6-2-1　本工程最高标高是（　　）。　　　　　　　　　　　　　　　难度：易

答案：29.600m。

解析：读任意①~⑫轴立面图，看最顶面标高。

例 6-2-2　本工程的屋面女儿墙标高是（　　）。　　　　　　　　　　　难度：中

答案：26.100m。

解析：读建筑Ⓐ~Ⓓ轴或Ⓓ~Ⓐ轴立面图女儿墙位置上的标注标高。

例 6-2-3　本工程一共有（　　）个雨篷。　　　　　　　　　　　　　　难度：中

答案：3。

解析：读建筑①~⑫、⑫~①、Ⓐ~Ⓓ、Ⓓ~Ⓐ轴立面图中雨篷的示意。

例 6-2-4　本工程的一层在哪些地方设置有出入口？　　　　　　　　　　难度：难

答案：在①~⑫轴立面、⑫~①轴立面、Ⓐ~Ⓓ轴立面设置有出入口。

解析：读建筑①~⑫、⑫~①、Ⓐ~Ⓓ、Ⓓ~Ⓐ轴立面图中的出口示意。

2. 任务实施

建筑施工图读图报告④

一、识读填空

1. 本工程大门台阶一共有_____级。
2. 本工程屋面标高是_____ m。
3. 本工程正立面 4 层以上窗户高度是_____ m。
4. 本工程一层层高是_____ m。
5. 本工程标准层层高是_____ m。
6. 本工程 3 层以上窗台高度是_____ m。
7. 本工程正门装饰线条标高是_____ m。
8. 本工程屋顶装饰构架高度是_____ m。
9. 本工程大门雨篷标高是_____ m。
10. 本工程大门雨篷拉杆的最高标高是_____ m。
11. 本工程总高度是_____ m。
12. 本工程卫生间窗高是_____ m。

二、识读问答

1. 本工程窗户的开启方式是什么？

2. 本工程外立面使用的材料是什么？

3. 本工程立面图是否有误？如有请指出。

学校			成绩	
专业		姓名		
班级		学号		

模块三　建筑立面图绘图实训

1. 任务描述

【任务内容】

按照《房屋建筑制图统一标准》GB/T 50001—2017、《建筑制图标准》GB/T 50104—2010 有关建筑施工图制图规则的知识，绘制建筑立面图。

【任务目标】

（1）正确应用制图规范知识，掌握不同类型图线的用法。

（2）能熟练绘制建筑立面图。

（3）在绘图过程中培养细心、耐心的职业素养。

2. 任务要点（表 6-3-1）

重要技能点　　　　　　　　　　　　　　　　　表 6-3-1

绘制内容	任务点	具体技能要点
建筑立面图绘制	1. 图名和比例	图名、比例及下划粗实线绘制。 比例的设置
	2. 图线	地坪线的绘制。 立面外轮廓线绘制
	3. 字体	汉字、数字的注写。 汉字、数字的格式
	4. 尺寸标注	尺寸界线、尺寸线、起止符号、数字的绘制。 尺寸是否标错、漏标
	5. 施工图常用符号	定位轴线及编号的绘制。 索引符号和详图符号的绘制。 室内地坪、室外地坪、各层层高的标注是否有错漏。 连接符号和折断符号的绘制。 装饰材料做法和图例的绘制

3. 任务解析

【绘图步骤】

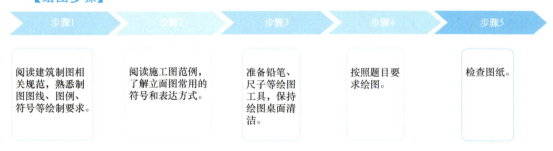

步骤1　阅读建筑制图相关规范，熟悉制图图线、图例、符号等绘制要求。

步骤2　阅读施工图范例，了解立面图常用的符号和表达方式。

步骤3　准备铅笔、尺子等绘图工具，保持绘图桌面清洁。

步骤4　按照题目要求绘图。

步骤5　检查图纸。

4. 任务实施

用 1∶100 比例绘制以下立面图（图 6-3-1）。

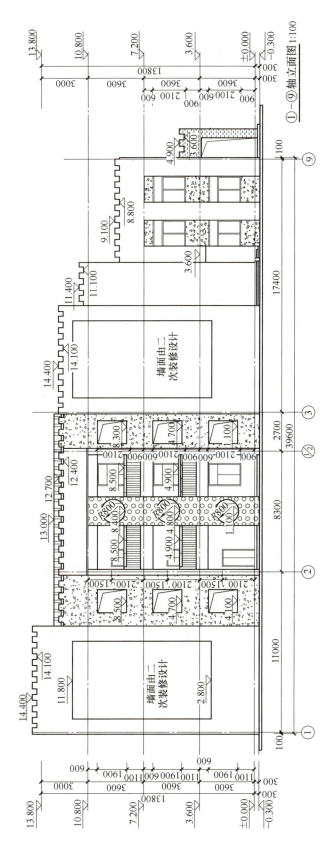

图 6-3-1 ①～⑨轴立面图

任务七　建筑剖面图识读

模块一　建筑剖面图的知识回顾

1. 任务描述

【任务内容】

按照《房屋建筑制图统一标准》GB/T 50001—2017、《建筑制图标准》GB/T 50104—2010 有关建筑施工图制图规则的知识，对附录图纸"××××有限公司办公楼"的建筑剖面图进行识读，完成建筑施工图读图报告⑤。

【任务目标】

（1）熟悉建筑剖面图的内容。
（2）能够从建筑剖面中准确读取相关的内容。

2. 任务要点及知识回顾

7-1-1
楼梯剖面图

7-1-2
大厅门口剖面图

建筑立面图只能看到建筑物的外观形状、高度、层数、屋顶和门窗的形式以及位置、外墙立面装修做法，但是看不到建筑物内部的结构或构造形式、分层情况和各部位的联系、材料及其高度等信息，因此我们可以假想用一个或多个垂直于外墙轴线的铅垂剖切面将建筑物剖开，移去剖切平面与观察者之间的房屋内容，对余下部分房屋进行投影所得到的正投影图，就可以清晰地看到建筑物内部的构造形式、分层情况和各部位的联系、材料及其高度等信息，这个正投影图称为剖面图。剖面图是与平、立面图相互配合的不可缺少的重要图样之一。

建筑剖面图主要用来表示房屋内部的分层、结构形式、构造方式，材料做法及各部位间的联系及高度等，图中应包括被剖切到的断面（或用构配件的图例表达）和按投射方向可见的构配件，以及必要的尺寸、标高等。剖面图中的断面图样，其材料图例与粉刷面层线和楼、地面面层线的表示原则及方法，与平面图的表示方法相同。

剖面图的数量可根据房屋的具体情况和施工实际需要确定。剖切面通常横向设置，必要时也可纵向设置，其位置应该尽量选择在能反映房屋全貌、内部构造特征或较具有代表性的部位，并应该尽量通过门窗洞口的位置。多层房屋的剖切面应尽量选择在楼梯间或层高不同、层数不同的部位，尽量体现多层房屋内部的水平交通路线或垂直交通路线的部位。剖面图的图名应与平面图上剖切符号的编号一致，如 1-1 剖面图、2-2 剖面图、A-A 剖面图等。绘制剖面图时，通常用一个剖切平面剖切，需要时也可采用阶梯剖面的方法，即当房屋内部的形状复杂,且又分布在不同的层次上时,采用几个相互平行的剖切面对房屋进行剖切,将各剖切平面所截到的形状同时画在一个剖面图中。剖面图一般不绘制地面以下的基础部分,基础部分将由结构施工图中的基础图来表达,通常只画一条加粗实线来表示室内外地面线。建筑剖面图主要内容见表 7-1-1,但不限于表中内容。

任务要点及知识回顾　　　　　　　　　　　　　　　　　　　　　　　　　　表 7-1-1

序号	建筑剖面图主要包含内容	识读要点
1	图纸名称	剖面图的图名应与平面图上剖切符号的编号一致,如 1-1 剖面图、2-2 剖面图、A-A 剖面图等
2	轴线	剖面图的定位轴线与平面图以及立面图中的定位轴线对应一致
3	绘图比例	通常情况下,建筑立面图与该建筑的平面图采用相同的绘图比例,通常为 1∶100
4	剖切内容	室内底层地面、各层楼面、顶棚、屋顶、门窗、楼梯、阳台、雨篷、留洞、墙裙、踢脚、防潮层、室外地面、散水、排水沟等剖切到或能见到的内容
5	标高	室内外地面、各层楼面与楼梯平台、檐口或女儿墙顶面、高出屋面的水池顶面、楼梯间顶面、电梯间顶面等处的标高
6	高度尺寸	外部尺寸:门、窗洞口高度,层间高度及总高度(室外地面至檐口或女儿墙顶)。内部尺寸:隔断、平台及室内门、窗等的高度
7	楼、地面各层构造	采用引出线进行说明,引出线指向所说明的部位,并按其构造的层次顺序,逐层加以文字说明。若另画有详图,一般在详图中说明
8	部分构造大样点详图或者索引	一般剖面图上会展示建筑内部的节点做法,也可能采用图集的通用做法,因此会在剖面图上出现构造节点详图的索引,识图者需要根据索引的图集查看其具体做法

模块二　建筑剖面图识读实训

1. 任务解析

【识图步骤】
结合建筑平面图、立面图的内容,再识读建筑剖面图。
【样例与解析】
例 7-2-1　本工程室内外高差是(　　)。　　　　　　　　　　　　　难度:易
答案:0.3m。
解析:读 1-1 剖面图室外标高。
例 7-2-2　本工程地上(　　)层,地下(　　)层。　　　　　　　　　难度:易
答案:7;1。

解析：读 1-1 剖面图层数标注。

例 7-2-3 本工程地下室高度是（　　）。　　　　　　　　　　难度：易

答案：3.8m。

解析：读 1-1 剖面图－1F 到 1F 的高差。

例 7-2-4 本工程电梯门洞的高度是（　　）。　　　　　　　　难度：中

答案：2200mm。

解析：读电梯剖面图中门洞的标注。

例 7-2-5 本工程电梯井道地坑与相邻部分地面的高差是（　　）。　难度：难

答案：－1.5m。

解析：读电梯剖面图中电梯井道标高与 1-1 剖面图地面标高，两者相减。

2. 任务实施

建筑施工图读图报告⑤

一、识读填空

1. 本工程室外台阶一共有_____级。
2. 本工程屋面出口的雨篷标高是_____ m。
3. 本工程屋面出入口台阶的大样做法是_____图_____号大样。
4. 本工程电梯井净高是_____ m。
5. 本工程屋面女儿墙高度是_____ m。
6. 本工程屋面装饰构架标高是_____ m。
7. 本工程 1-1 剖面图Ⓒ～Ⓓ轴显示的窗户代号为_____。
8. 本工程电井门洞高度是_____ m。
9. 本工程使用电梯型号是_____。
10. 本工程 1-1 剖面图Ⓒ～Ⓓ轴显示的门代号为_____。
11. 本工程电梯预埋件和预留孔洞详见_____。
12. 本工程电梯机房地面的标高与主体屋面板标高的差值是_____ m。

二、识读问答

1. 本工程电梯吊钩的位置在哪？

2. 本工程Ⓓ轴交①～⑫轴在标高 7.600m 处的做法大样是什么？

3. 简述本工程室外台阶的做法。

学校				成绩	
专业		姓名			
班级		学号			

模块三　建筑剖面图绘图实训

1. 任务描述

【任务内容】

按照《房屋建筑制图统一标准》GB/T 50001—2017、《建筑制图标准》GB/T 50104—2010 有关建筑施工图制图规则的知识，绘制建筑剖面图。

【任务目标】

（1）正确应用制图规范知识，掌握不同类型图线的用法。
（2）能熟练绘制建筑剖面图。
（3）在绘图过程中培养细心、耐心的职业素养。

2. 任务要点

重要技能点　　　　　　　　　　　　　　　　　表 7-3-1

绘制内容	任务点	具体技能要点
建筑剖面图绘制	1. 图名和比例	图名、比例及下划粗实线绘制
		比例的设置
	2. 图线	地坪线的绘制
		立面外轮廓线绘制
	3. 字体	汉字、数字的注写
		汉字、数字的格式
	4. 尺寸标注	尺寸界线、尺寸线、起止符号、数字的绘制
		尺寸是否标错、漏标
	5. 施工图常用符号	定位轴线及编号的绘制
		索引符号和详图符号的绘制
		室内地坪、室外地坪、各层层高的标注是否有错漏
		连接符号和折断符号的绘制
		装饰材料做法和图例的绘制

3. 任务解析

【绘图步骤】

步骤1	步骤2	步骤3	步骤4	步骤5
阅读建筑制图相关规范，熟悉制图图线、图例、符号等绘制要求。	阅读施工图范例，了解剖面图常用的符号和表达方式。	准备铅笔、尺子等绘图工具，保持绘图桌面清洁。	按照题目要求绘图。	检查图纸。

4. 任务实施

用 1∶100 比例绘制以下剖面图（图 7-3-1）。

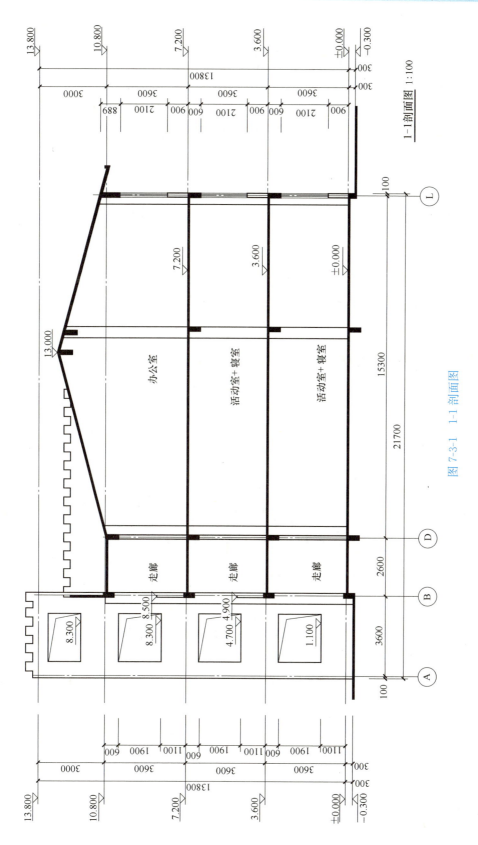

图7-3-1 1-1剖面图

任务八　建筑详图识读

模块一　建筑详图的知识回顾

1. 任务描述

【任务内容】

按照《房屋建筑制图统一标准》GB/T 50001—2017、《建筑制图标准》GB/T 50104—2010 有关建筑施工图制图规则的知识，对附录图纸"××××有限公司办公楼"的建筑详图进行识读，完成建筑详图读图报告。

【任务目标】

（1）熟悉建筑详图制图规则，了解不同类型详图的设计深度要求，能正确找出索引符号和详图符号的对应关系。

（2）掌握常见构造详图的做法，熟悉构配件常用图例。

2. 知识清单

建筑详图指的是根据施工的需要，以较大的比例，将某些建筑构配件（如门、窗、楼梯等）及一些构造节点（如檐口、勒脚等）的形状、尺寸、建筑材料、做法详细表达出来的图样（表 8-1-1），其特点有：

（1）采用较大比例；
（2）内容详尽、尺寸标注齐全；
（3）可采用标准图或通用图。

建筑详图常见类型：

（1）局部构造详图（如外墙剖面详图、楼梯详图、门窗详图等）；
（2）房间设备详图（如厕所详图、实验室详图等）；
（3）内外装修详图（如顶棚详图、花饰详图等）。

建筑详图知识清单　　　　　表 8-1-1

地下室构造	地下室的防水构造
墙体构造	外墙的细部构造
	防潮层的做法和位置
	踢脚线的构造
	散水坡与外墙接缝处的构造
	散水坡的构造层次

续表

墙体构造		散水坡砂垫层的作用
		外墙的装饰构造
		内墙的装饰构造
		应用的外墙板材
		应用的外墙涂料
		外墙周边的回填土范围与构造
楼地面构造		地面面层材料与构造
		顶棚的装饰构造
屋面构造		女儿墙泛水构造
		女儿墙细部构造
		外檐沟细部构造
		屋面防水层的构造
		屋面隔汽层的位置与构造
		上人屋面构造
		不上人屋面构造
楼梯与电梯构造		楼梯栏杆与梯段的连接构造
		楼梯踏步前檐的细部尺寸
		楼梯踏步的防滑措施
		电梯井道的细部构造
		电梯间门槛的构造
卫生间构造		卫生间地面防水构造
		无障碍卫生间的布局与构造
		卫生间布局与构造
幕墙构造		玻璃幕墙与墙体的连接构造
		玻璃幕墙的支撑构造
		幕墙玻璃与支撑的连接构造
		幕墙玻璃之间的连接构造
其他构配件构造		轮椅坡道侧面挡墙的尺寸及构造
		轮椅坡道面层的防滑构造
		室外台阶的构造
详图表示方法		外墙详图轴线的标注
		外墙详图所包含的技术信息
		外墙详图对细部构造做法的描述深度与内容
		节点详图的常用比例
		节点详图的命名规则
		节点详图比例与材料图例应用的关系
		卫生间详图的设计深度要求
		楼梯详图的设计深度要求
		门窗详图的设计深度要求
		门窗开启方式的图例
		无障碍设施的图例
		电梯的图例
		常见设备箱的图例

模块二 建筑详图识读实训

1. 任务解析

【识图步骤】

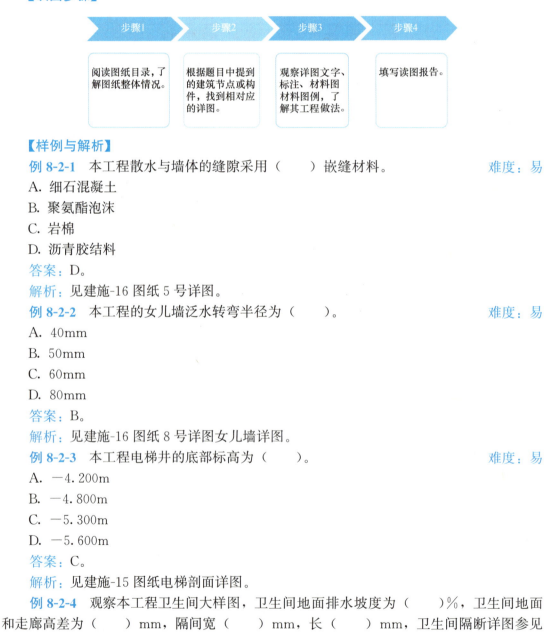

【样例与解析】

例 8-2-1 本工程散水与墙体的缝隙采用（　　）嵌缝材料。　　　　　难度：易

A. 细石混凝土

B. 聚氨酯泡沫

C. 岩棉

D. 沥青胶结料

答案：D。

解析：见建施-16 图纸 5 号详图。

例 8-2-2 本工程的女儿墙泛水转弯半径为（　　）。　　　　　　　　难度：易

A. 40mm

B. 50mm

C. 60mm

D. 80mm

答案：B。

解析：见建施-16 图纸 8 号详图女儿墙详图。

例 8-2-3 本工程电梯井的底部标高为（　　）。　　　　　　　　　　难度：易

A. －4.200m

B. －4.800m

C. －5.300m

D. －5.600m

答案：C。

解析：见建施-15 图纸电梯剖面详图。

例 8-2-4 观察本工程卫生间大样图，卫生间地面排水坡度为（　　）‰，卫生间地面和走廊高差为（　　）mm，隔间宽（　　）mm，长（　　）mm，卫生间隔断详图参见（　　）图集第（　　）页第（　　）个大样图。

难度：中

答案：1；30；900；1200；02J901；40；1。

解析：见建施-15图纸卫生间详图。

例 8-2-5 以下关于本工程屋顶泛水说法不正确的是（　　）。　　　　　　难度：难

A. 女儿墙泛水均采用高分子密封材料密封

B. 低女儿墙泛水收头采用压入压顶底部做法

C. 出屋顶楼梯间门槛需做泛水

D. 高女儿墙泛水高度为 600mm

答案：D。

解析：见建施-16 图纸 8 号详图女儿墙详图。

2. 任务实施

建筑详图读图报告①

一、选择题

1. 本工程窗户开启方式共（　　）种。
   A. 2　　　　　B. 3　　　　　C. 4　　　　　D. 5
2. 本工程窗 C20 的尺寸为（　　）。
   A. 1800mm×2970mm　　　　　B. 1800mm×2100mm
   C. 1500mm×3400mm　　　　　D. 1800mm×2400mm
3. 本工程 5 层⑥号轴线处的外墙金属装饰构件尺寸为（　　）。
   A. 100mm×200mm　　　　　B. 50mm×200mm
   C. 100mm×300mm　　　　　D. 50mm×300mm
4. 本工程非上人屋顶檐沟详图位于（　　）。
   A. 建施-10　　B. 建施-12　　C. 12J201 图集　　D. 未说明
5. 本工程幕墙和梁之间的缝隙采用（　　）填充。
   A. 60mm 厚聚苯乙烯泡沫塑料　　B. 100mm 厚岩棉
   C. 100mm 厚聚氨酯泡沫　　　　D. 40mm 厚沥青麻丝
6. 本工程女儿墙压顶高度为（　　）mm。
   A. 60　　　　B. 70　　　　C. 80　　　　D. 100
7. 本工程①~⑫立面一层幕墙外采用 60mm×60mm 彩色方钢进行装饰，其间距为（　　）mm。
   A. 160　　　　B. 180　　　　C. 200　　　　D. 240
8. 岩棉材料在本工程中的作用为（　　）。
   A. 保温　　　　B. 防水　　　　C. 隔声　　　　D. 防火
9. 本工程汽车坡道坡度共有（　　）种。
   A. 2　　　　　B. 3　　　　　C. 4　　　　　D. 5
10. 本工程电梯载质量为（　　）kg。
    A. 900　　　　B. 1000　　　　C. 1200　　　　D. 1500

学校				成绩	
专业		姓名			
班级		学号			

建筑详图读图报告②

11. 本工程楼梯 T1 楼梯剖面详图中，负一层梯井处 ▨ 表示（　　）。
   A. 砖材料图例　　　　　　　B. 此处有孔洞
   C. 防火隔墙　　　　　　　　D. 此处有待施工单位确认

12. 设备上方的雨篷出挑长度为（　　）mm。
   A. 1380　　　　B. 1500　　　　C. 1620　　　　D. 1740

13. 以下关于本工程的雨篷说法正确的是（　　）。
   A. 均为轻钢结构雨篷
   B. 本份施工图中已给出详细设计做法
   C. 主入口雨篷顶部标高为 4.200m
   D. 部分采用钢筋混凝凝土结构雨篷

14. 本工程坡道挡水沟最深处为（　　）mm。
   A. 300　　　　B. 450　　　　C. 500　　　　D. 600

15. 屋顶构架采用的材料为（　　）。
   A. 钢筋混凝土　　　　　　　B. 铝合金
   C. 轻钢　　　　　　　　　　D. 高分子合成塑料板

二、填空题

1. 栏杆构造

B 号轴线处的栏杆防护高度为（　　）mm，端部立柱直径为（　　）mm，中部钢管直径为（　　）mm，壁厚（　　）mm，钢管扶手直径为（　　）mm，栏杆与地面采用（　　）形式连接，预埋构件做法参照（　　）图集第（　　）页第（　　）个做法。

2. 楼梯构造

T2 楼梯二层到三层共（　　）个踏步，踏步高（　　）mm，踏步宽（　　）mm，梯段宽（　　）mm，梯段水平投影长（　　）mm，楼层平台深（　　）mm，中间平台深（　　）mm，梯井宽（　　）mm，栏杆高度（　　）mm，二层楼层平台标高（　　）m，三层楼层平台标高（　　）m，中间平台标高（　　）mm。

T2 楼梯六层到七层共（　　）个踏步，平直段扶手高度为（　　）mm。

学校			成绩	
专业		姓名		
班级		学号		

模块三　建筑详图绘图实训

1. 任务描述

【任务内容】

两人为一组，按照《房屋建筑制图统一标准》GB/T 50001—2017、《建筑制图标准》GB/T 50104—2010 有关建筑施工图制图的知识，绘制建筑详图，完成建筑详图绘图练习。

【任务目标】

（1）正确应用制图规范知识，掌握不同类型详图制图规则和表达深度。

（2）掌握屋顶、楼地面、楼梯等常见构件构造做法。

（3）在绘图过程中培养细心、耐心的职业素养。

2. 任务解析

【绘图步骤】

步骤1	步骤2	步骤3	步骤4	步骤5
阅读建筑制图详图相关规范，熟悉制图图线、图例、符号等绘制要求。	按题目要求，绘制梁、相关墙柱及楼板等构件轮廓。	绘制细部构件或构造层。	绘制材料图例。	标注构件尺寸、标高、文字、图名及比例。

【样例与解析】

例 8-3-1　根据提供的工程文件，综合识读后，完成屋面结构板面标高 29.000m 处女儿墙的节点详图。绘图比例 1∶1，出图比例 1∶20。绘制要求如下，其余未明确部分按现行制图标准绘制。

难度：中

1. 图层设置见表 8-3-1。

图层设置　　　　　　　　　　　表 8-3-1

图层名称	颜色	线型	线宽（mm）
构件轮廓线	2	连续	0.5
材料层次线	6	连续	0.25
填充	8	连续	0.15
尺寸及标高	3	连续	0.25
文字	7	连续	0.25

2. 详图绘制要求

按屋面构造做法完成详图绘制。绘出材料层次、规格、连接方式等构造；标注必要的尺寸、标高及文字；完成材料图例填充。

3. 保存要求

完成绘制任务后，将绘制好的试题1图纸保存在指定文件夹中，文件名为"试题1-×××.dwg"，×××为姓名。

答案：

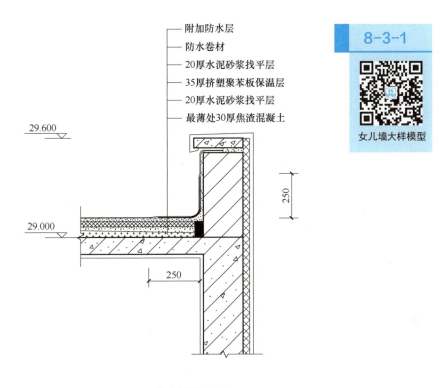

泛水详图 1:20

解析：（1）先绘制屋面板、梁和女儿墙主体、压顶。（2）根据屋面构造做法绘制屋面各材料层和女儿墙找平层。（3）绘制附加防水层和屋面防水层，注意附加防水层高和长需在250mm以上。（4）填充材料图例，进行标注，注写文字。

例 8-3-2 根据提供的工程文件，按照工程变更单"建筑变更单01"的内容，完成T2楼梯地下一层和一层平面图的绘制。绘图比例1∶1，出图比例1∶50。绘制要求如下，其余未明确部分按现行制图标准绘制。

难度：中

1. 图层设置见表8-3-2。

图层设置　　　　　　　　　　　　　　　　表8-3-2

图层	颜色	线型	线宽（mm）
剖切到的构件	2	连续	0.5
剖切到的门窗	4	连续	0.25
其余投影线	6	连续	0.25

2. 详图绘制要求

材料图例、尺寸、标高、轴线及其符号需要进行标注，柱子尺寸为400mm×400mm，门采用单线绘制。窗采用四条平行线绘制，间隔80mm。

3. 保存要求

完成绘制任务后，将绘制好的试题2图纸保存在指定文件夹中，文件名为"试题2-×××.dwg"，×××为姓名。

建筑变更单01							
建设单位		设计号		页数	共1页	页次	1	附图	共1页
工程名称		变更原因				日期	
主送单位		抄送单位					
1. 地下一层层高改为4200mm，－1F地面标高改为－4.200m,其余层高不变。							
审核		项目负责人		专业负责人		校对		设计	
签复意见：							
主送单位签收人：　　　年　月　日							

答案：

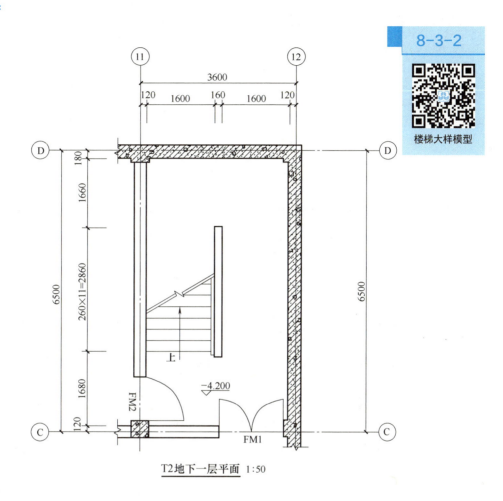

解析：(1) 根据变更要求计算楼梯踏步数目，确定踏步高、宽和梯段水平投影长、平台宽。(2) 绘制楼梯间墙体、门窗。(3) 绘制两个平台及梯段中间的墙体。(4) 绘制踏步。(5) 标注尺寸、标高及文字。

3. 任务实施

试题1：根据提供的工程文件和建筑工程变更单的内容，综合识读后，完成屋面结构板面标高 24.600m 处女儿墙的节点详图。绘图比例 1∶1，出图比例 1∶20。绘制要求如下，其余未明确部分按现行制图标准绘制。

绘制要求：

1. 图层设置见表 8-3-3。
2. 构造做法。
墙体厚度 240mm，屋面板厚 120mm。
3. 需标注必要的汉字注释及尺寸标高。汉字采用 3.5 号字。设置要求如下：

图层要求　　　　　　　　　　　　　　　　　表 8-3-3

图层	颜色	线型	线宽（mm）
剖切到的结构轮廓	2	连续	0.7
材料图例	8	连续	0.25
其余	151	连续	0.35
标注	3	连续	0.35

（1）文字样式设置：汉字样式名为"汉字"，字体名为"仿宋"，宽高比为 0.7；数字英文样式名为"非汉字"，字体名为"Simplex"，宽高比为 0.7。

（2）尺寸标注样式设置：尺寸标注样式名为"尺寸"。文字样式选用"非汉字"。箭头大小为 1.2mm，基线间距为 8mm，尺寸界线偏移尺寸线 2mm，尺寸界线偏移原点 5mm，文字高度 3mm，使用全局比例。

4. 绘制准确的构造层次，并进行材料图案填充。绘图比例 1∶1，出图比例 1∶20。其余未明确部分按现行制图标准绘制。

5. 完成绘制任务后，将绘制好的答案卷保存在指定文件夹中，文件名为"试题 1-×××.dwg"。

试题 2：根据提供的工程文件，按照工程变更单的内容，完成 T2 楼梯 B-B 剖面图的绘制，绘制范围为负一层地面至二层地面。绘图比例 1∶1，出图比例 1∶50。绘制要求如下，其余未明确部分按现行制图标准绘制。

1. 图层设置（表 8-3-4）

图层要求　　　　　　　　　　　　　　　　　表 8-3-4

图层	颜色	线型	线宽（mm）
剖切到的构件	2	连续	0.5
剖切到的门窗	4	连续	0.25
其余投影线	6	连续	0.25

2. 详图绘制要求

尺寸和文字要求见试题 1，材料图例、尺寸、标高、轴线及其符号需要进行标注，楼板厚度 100mm，平台梁尺寸 200mm×350mm，其余梁高 700mm，宽 240mm。台阶、护窗栏杆、彩钢装饰条、抹灰线无需绘制。

3. 保存要求

完成绘制任务后，将绘制好的试题 2 图纸保存在指定文件夹中，文件名为"试题 2-×××.dwg"，×××为姓名。

建筑变更单 01							
建设单位		设计号		页数	共1页	页次	1	附图	共1页
工程名称		变更原因						日期	
主送单位		抄送单位							

1. 上人屋面构造做法变更如下：

1	300～400mm 厚种植土
2	土工布过滤层
3	30mm 高凹凸型板排水层
4	20mm 厚 1：2 水泥砂浆保护层
5	土工布隔离层
6	4mm 厚耐根穿刺防水层
7	3mm 厚卷材防水层
8	20mm 厚 1：3 水泥砂浆找平
9	最薄处 30mm 厚 LC5.0 轻集料混凝土 2％找坡
10	80mm 厚憎水型珍珠岩板
11	钢筋混凝土屋面板
12	20mm 厚涂料饰面

2. 地下一层层高改为 4200mm，－1F 地面标高改为－4.200m，其余层高不变。

审核		项目负责人		专业负责人		校对		设计	

签复意见：

主送单位签收人：　　　　年　月　日

任务九　建筑施工图综合实训

模块一　建筑施工图识读实训

1. 任务描述

请根据附录提供的建筑工程施工图独立回答以下问题。

2. 任务实施

建筑施工图识读

一、单选题（共 45 题）

1. 详图符号圆圈一般应用（　　）绘制。
   A. 细实线　　　　　　　　　　　　B. 中实线
   C. 中粗实线　　　　　　　　　　　D. 粗实线

2. 本工程屋面分仓缝间距为（　　）mm。
   A. 2000　　　　　　　　　　　　　B. 4000
   C. 80000　　　　　　　　　　　　 D. 未标注

3. 垂直于 W 面的线称为（　　）线。
   A. 正垂　　　　　　　　　　　　　B. 铅垂
   C. 侧垂　　　　　　　　　　　　　D. 正平

4. 本工程护窗栏杆高度为（　　）mm。
   A. 900　　　　　　　　　　　　　 B. 1000
   C. 1050　　　　　　　　　　　　　D. 1200

5. 关于外墙装修说法正确的是（　　）。
   A. 女儿墙部分为天蓝色涂料饰面
   B. 采用涂料和金属板饰面
   C. 外墙采用 20mm 厚胶粉聚苯颗粒进行保温
   D. 热镀锌电焊网的功能为抗裂

6. 本工程电梯机房开间是（　　）mm。
   A. 3500　　　　　　　　　　　　　B. 3600
   C. 6500　　　　　　　　　　　　　D. 未说明

7. 本工程的 T2 楼梯梯段宽为（　　）mm。
   A. 1500　　　　　　　　　　　B. 1600
   C. 1660　　　　　　　　　　　D. 1720
8. 本工程①～⑫轴立面图也可以称为（　　）立面图。
   A. 东　　　　　　　　　　　　B. 西
   C. 南　　　　　　　　　　　　D. 北
9. 本工程一层至二层的楼梯踏步数为（　　）步。
   A. 12　　　　　　　　　　　　B. 21
   C. 25　　　　　　　　　　　　D. 46
10. 本工程建筑高度为（　　）m。
    A. 24.600　　　　　　　　　　B. 24.900
    C. 26.100　　　　　　　　　　D. 29.600
11. 本工程屋顶属于（　　）。
    A. 平屋顶　　　　　　　　　　B. 坡屋顶
    C. 曲面屋顶　　　　　　　　　D. 未说明
12. 1-1 剖面图的剖视方向为（　　）。
    A. 向西　　　　　　　　　　　B. 向南
    C. 向东　　　　　　　　　　　D. 向北
13. 通常剖面图的剖切投射方向线绘制成粗实线，长度宜为（　　）mm。
    A. 2～4　　　　　　　　　　　B. 4～6
    C. 6～10　　　　　　　　　　 D. 10～12
14. 已知物体的三视图，其对应的轴测图为（　　）。

A.

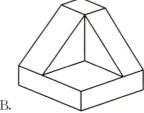

B.

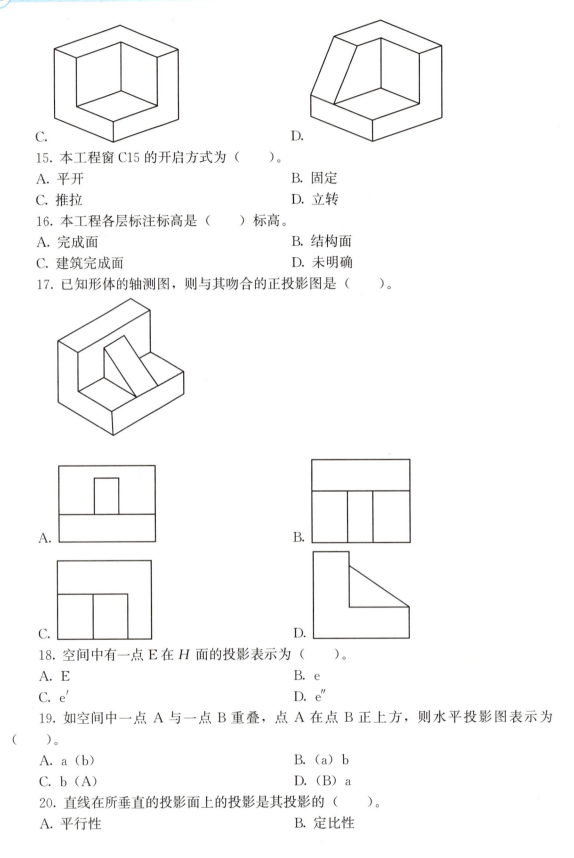

15. 本工程窗 C15 的开启方式为（　　）。
    A. 平开　　　　　　　　　　　B. 固定
    C. 推拉　　　　　　　　　　　D. 立转

16. 本工程各层标注标高是（　　）标高。
    A. 完成面　　　　　　　　　　B. 结构面
    C. 建筑完成面　　　　　　　　D. 未明确

17. 已知形体的轴测图，则与其吻合的正投影图是（　　）。

18. 空间中有一点 E 在 H 面的投影表示为（　　）。
    A. E　　　　　　　　　　　　B. e
    C. e'　　　　　　　　　　　　D. e″

19. 如空间中一点 A 与一点 B 重叠，点 A 在点 B 正上方，则水平投影图表示为（　　）。
    A. a（b）　　　　　　　　　　B. （a）b
    C. b（A）　　　　　　　　　　D. （B）a

20. 直线在所垂直的投影面上的投影是其投影的（　　）。
    A. 平行性　　　　　　　　　　B. 定比性

C. 积聚性	D. 类似性

21. 关于比例描述不正确的一项是（   ）。

A. 比例的大小是指比值的大小

B. 建筑工程多用放大的比例

C. 1：100 表示图纸所画物体比实体缩小 100 倍

D. 比例应用阿拉伯数字表示

22. 圆台的侧投影是（   ）。

A. 正方形	B. 长方形
C. 梯形	D. 圆形

23. 关于侧垂线的投影规律，下列说法错误的是（   ）。

A. 在 W 面的投影具有积聚性	B. 在 V 面的投影反映实长
C. 在 H 面的投影反映实长	D. 在 V 面投影与 Z 轴平行

24. 下列属于本工程屋面构造做法的是（   ）。

A. 卷材防水屋面、正置式保温屋面	B. 刚性防水屋面、倒置式保温屋面
C. 构件自防水屋面、正置式保温屋面	D. 刚性防水屋面、倒置式保温屋面

25. 物体在侧投影面上反映的方向是（   ）。

A. 上下、左右	B. 前后、左右
C. 上下、前后	D. 上下、前右

26. 正投影面的表示符号是（   ）。

A. W	B. H
C. V	D. Z

27. 定位轴线应用（   ）绘制。

A. 中粗点画线	B. 中点画线
C. 细单点画线	D. 细双点画线

28. 本工程屋面部分防水等级为（   ）。

A. 一级	B. 二级
C. 三级	D. 一级、二级均有

29. 本工程屋面排水方式是（   ）。

A. 无组织排水	B. 挑檐沟排水
C. 有组织排水	D. 不清楚

30. p 是（   ）平面。

A. 正平面   B. 侧平面
C. 正垂面   D. 侧垂面

31. 本工程顶层雨水管有（   ）根。
A. 2   B. 3
C. 5   D. 6

32. 本工程一层的层高为（   ）mm。
A. 3300   B. 3400
C. 3500   D. 4200

33. 本工程外墙的墙厚为（   ）mm。
A. 120   B. 200
C. 240   D. 300

34. 按照民用建筑对高度的分类，本工程是（   ）建筑。
A. 一类高层   B. 二类高层
C. 三类高层   D. 超高层

35. C3 的洞口尺寸是（   ）。
A. 高 6600mm、宽 2500mm   B. 高 6600mm、宽 2540mm
C. 高 6600mm、宽 2840mm   D. 高 6600mm、宽 2900mm

36. A1 图纸幅面尺寸为（   ）。
A. 841mm×1189mm   B. 594mm×841mm
C. 420mm×594mm   D. 297mm×420mm

37. 一层平面图共（   ）对外出入口。
A. 2   B. 3
C. 4   D. 1

38. 以下不属于立面图中内容的是（   ）。
A. 标高   B. 门窗
C. 墙面装饰   D. 指北针

39. 本工程楼板留洞，待管道安装完毕后，应采用（   ）封堵。
A. 沥青橡胶   B. 聚氨酯
C. 细石混凝土   D. 密封膏

40. 一层平面图 M2 的数量是（   ）个。
A. 1   B. 2
C. 3   D. 4

41. 本工程设计使用年限为（   ）年。
A. 15   B. 30
C. 50   D. 100

42. 正等测的轴间角是（   ）。
A. 120°   B. 135°
C. 150°   D. 90°

43. 金属的建筑图例是（   ）。

A. [图] B. [图]
C. [图] D. [图]

44. 本工程卫生间找坡坡度为（   ）%。
A. 1 B. 2
C. 3 D. 4

45. 线段的正投影显实性要求线段（   ）于投影面。
A. 平行 B. 垂直
C. 相交 D. 从属

二、多选题（共 5 题）

1. 以下关于定位轴线的说法中，正确的有（   ）。
A. 当图面比例为 1∶100 时，定位轴圈的直径可为 10mm
B. 横向定位轴线用阿拉伯数字编号
C. 纵向定位轴线用大写的拉丁字母编号
D. ①/③ 分轴线表示的是③轴前面第一条分轴线
E. 定位轴线应用细点画线标注

2. 本工程办公室的开间有（   ）mm。
A. 6000 B. 7500
C. 7800 D. 15700
E. 16200

3. 下列说法正确的是（   ）。
A. 1∶500 可作为总平面图的比例 B. 每层平面图中应标明相对标高
C. 剖切符号应绘制在每层平面图中 D. 构造详图比例一般为 1∶100
E. 首层平面图应绘制指北针

4. 以下关于平行正投影的描述中，正确的有（   ）。
A. 物体位于投影面之后 B. 投影中心距离投影面无限远
C. 投影中心为一个点 D. 投影线与投影面垂直
E. 投影线与投影面倾斜

5. 关于本工程说法正确的是（   ）。
A. 平开防火门无需设闭门器 B. 建筑外门窗抗风压性能分为三级
C. 卫生间地面比楼地面低 30mm D. 外露铁件无需做防锈处理
E. 檐口外挑部分下部做水泥砂浆滴水线

模块二　建筑施工图绘图实训

1. 任务描述

两个同学为一组，根据附录施工图和题目要求，合作完成建筑施工图绘图部分，将绘制好的 5 个 ".dwg" 文件存放在一个文件夹内，且该文件夹内仅保留 5 个文件。

2. 任务实施

建筑综合绘图
第一部分　物体投影图绘制

试题 1：物体三视图和正等轴测图绘制

打开样板图"试题 2.dwg"，在给出的样板文件基础上，补充绘制图样的俯视图（含虚线）并完成组合体正等轴测图的绘制，无需标注尺寸。

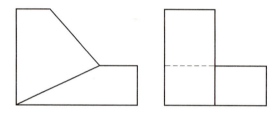

第二部分　建筑施工图绘制

变更内容：

1. 主入口台阶平台深度由 3600mm 改为 4000mm，南侧雨篷出挑长度改为 4200mm。

2. 沿⑤号轴线增加一堵内墙，长度为Ⓐ～Ⓑ号轴线。沿Ⓑ号轴线增加一堵内墙，长度为②/③～⑤号轴线，在该墙上增设向房间内开门 M3，距离⑤号轴线 240mm。

3. 取消原值班室和办公室之间的隔墙以及值班室的门 M3，将办公室靠近③号轴线的门 M3 移至距离②/③轴线 240mm 处。

4. 将Ⓐ号轴线上⑩～⑪轴线间的 C1 窗户改为 C2，洞口边缘距离⑩号轴线 860mm，距离⑪号轴线 500mm。

5. 一层层高调整为 4500mm，其余楼层层高不变，二层至七层、屋顶层标高均在原有基础上增加 300mm，东侧雨篷标高增加 300mm。

试题 2：建筑平面图绘制

打开样板图"试题 2.dwg"，在给出的样板文件基础上，根据设计变更，抄绘完成一层平面图，完成绘制任务后，另存为"试题 2-xxx.dwg"，xxx 为姓名。绘图比例 1∶1，出图比例 1∶100。绘制要求如下，其余未明确部分按现行制图标准绘制。

1. 图层设置

按表 9-2-1 进行图层设置。

2. 文字样式设置

设置汉字样式名为"汉字"，字体名为"仿宋"，宽高比为 0.7；设置数字样式名为"非汉字"，字体名为"Simplex"，宽高比为 0.7。

平面图图层　　　　　　　　　　　　　　　表 9-2-1

图层	颜色	线型	线宽(mm)
轴线	1	Center	0.15
墙	2	连续	0.5
门窗	4	连续	0.25
柱子	5	连续	0.5
其他	8	连续	0.25

3. 尺寸标注样式设置

尺寸标注样式名为"尺寸"。文字样式选用"非汉字"。箭头大小为 1.2mm，基线间距为 8mm，尺寸界线偏移尺寸线 2mm，尺寸界线偏移原点 5mm，文字高度 2.5mm，使用全局比例为 100。

4. 其他绘图要求

楼梯、汽车坡道、散水无需绘制；各房间名称、注释、图名、门窗编号无需注写；图形内部尺寸均无需标注；防火栓、家具、卫生器具无需绘制；所有门均采用单线绘制。

试题 3：建筑立面图绘制

打开样板图"试题 3.dwg"，在给出的样板文件基础上，根据设计变更，补绘完成①～⑫立面图。绘图比例 1∶1，出图比例 1∶100。绘制要求如下，其余未明确部分按现行制图标准绘制。完成绘制任务后，另存为"试题 3-×××.dwg"，×××为姓名。

1. 图层设置

按表 9-2-2 进行设置。

立面图图层　　　　　　　　　　　　　　　表 9-2-2

图层	颜色	线型	线宽(mm)
立面线	33	连续	0.25
门窗	4	连续	0.15
轮廓线	6	连续	0.5
其他	7	连续	0.15

2. 其他绘图要求

材料图例、尺寸无需标注；立面装饰材料分格线无需绘制；门窗开启线无需绘制。图名字高为 7.5mm。

试题 4：建筑剖面图绘制

打开样板图"试题 4.dwg"，在给出的样板文件基础上，根据设计变更，完成 1-1 剖面图（折断线范围以上无需绘制）。绘图比例 1∶1，出图比例 1∶100。绘制要求如下，其余未明确部分按现行制图标准绘制。完成绘制任务后，另存为"试题 4-×××.dwg"，×××为姓名。

1. 图层设置

按表 9-2-3 进行设置。

剖面图图层　　　　　　　　　　　　　　　　　表 9-2-3

图层	颜色	线型	线宽(mm)
剖切到的构件	2	连续	0.5
剖切到的门窗	4	连续	0.25
其余投影线	5	连续	0.25
轴线	1	Center	0.15
标注	3	连续	0.15

2. 其他绘图要求

材料图例、图名无需绘制；投影可见门窗均用单线绘制；除建施图明确外，梁（宽×高）均为 240mm×700mm，梁、柱子投影可见线无需绘制；楼板厚度均为 100mm；粉刷层无需绘制（除面层厚度大于 100mm 外）；玻璃幕墙以三线图例绘制，总厚度为 240mm，线间距为 80mm。

试题 5：建筑详图绘制

打开样板图"试题 5.dwg"，在给出的样板文件基础上，根据设计变更，完成 T1 楼梯 A-A 剖面图（折断线范围外无需绘制）。绘图比例 1∶1，出图比例 1∶50。绘制要求如下，其余未明确部分按现行制图标准绘制。完成绘制任务后，另存为"试题 5-×××.dwg"，×××为姓名。

1. 图层设置

按表 9-2-4 进行设置。

大样图图层　　　　　　　　　　　　　　　　　表 9-2-4

图层	颜色	线型	线宽(mm)
剖切到的构件	2	连续	0.5
剖切到的门窗	4	连续	0.25
其余投影线	6	连续	0.25

2. 其他绘图要求

材料图例、图名、标注无需绘制；栏杆扶手无需绘制；平台梁（宽×高）均为 200mm×350mm，梁、柱子投影可见线无需绘制；板厚度均为 100mm；投影可见门窗均用单线绘制；不可见梯断投影绘制于"其余投影线"图层，设置对象线型为虚线；粉刷层无需绘制。

第二篇　结构施工图识读实训

引古喻今——规矩意识

《孟子·离娄上》有云:"离娄之明,公输子之巧,不以规矩,不能成方圆;师旷之聪,不以六律,不能正五音。"意思是离娄眼神好,公输班技巧高,但如果不使用圆规曲尺,也不能画出方、圆;师旷耳力聪敏,但如果不依据六律,也不能校正五音。这说明了规矩的重要性。

正如"国有国法、家有家规"。平法施工图也是要按照国家建筑标准设计图集《混凝土结构施工图平面整体表示方法制图规则和构造详图》22G101中的制图规则进行设计的。施工、监理、造价等人员要依据平法制图规则来识读图纸,并依据标准构造详图结合图纸进行钢筋翻样、钢筋绑扎、现场安装等工作。只有严格按照国家建筑标准设计图集进行设计、施工、监理等工作,才能更好地规范设计和施工、提高效率并确保工程质量。

可见,树立规矩意识、法治意识是我们每一位工程师应具备的素质,规矩可以造就人的行为,使人更具有魅力,不断推动社会和谐和人类发展进步。

任务十　结构设计总说明识读

模块一　平法施工图识读的通用知识回顾

1. 结构设计总说明知识回顾

混凝土结构施工图的结构设计总说明主要介绍工程的概况和总的结构要求，是结构施工图的纲领性文件，也是施工的重要依据。它一般包括工程概况、结构设计主要依据、图纸说明、工程主要技术指标、地基与基础、结构主要材料、结构构件和非结构构件的构造措施及施工要求等内容。

识读结构设计总说明应重点关注结构所采用的标准图集、工程地质及环境情况、结构主要材料要求、构件措施等信息。通过识读结构设计总说明，可以了解到工程的抗震等级，环境类别，构件的混凝土最小保护层厚度要求，钢筋规格、钢筋锚固及钢筋连接方式，构造措施例如构造柱、圈梁设置标准、不同材料交接处的补强措施大样图等，将其中的重要知识点进行总结见表 10-1-1。

结构设计总说明知识点回顾　　　　表 10-1-1

识读内容	任务点	技能要点	要点简述
结构设计总说明	1. 工程概况	项目概况	项目名称、位置，建筑物总体情况信息 建筑物所在场地的岩土工程勘察报告、初步设计的审查、批复等文件等
		主要设计依据	设计使用年限 主要部位荷载取值 项目执行的国家标准、行业标准及设计规范规程文件等
		图纸说明	图纸标高、尺寸单位 项目±0.000 相对标高与绝对标高的关系 图纸采用的国家标准图集 图纸按工程分区编号时的图纸编号说明等
		建筑分类等级	抗震等级 抗震设防类别、抗震设防烈度、环境类别 结构安全等级、耐火等级等
	2. 主要结构材料	混凝土	部位及构件的混凝土强度等级、保护层厚度 混凝土其他特殊性能要求
		钢筋	钢筋种类及符号 钢筋锚固长度、受力钢筋的锚固构造要求 钢筋搭接长度 钢筋连接方式及要求 梁柱节点箍筋或附加箍筋构造要求 钢筋其他性能要求

续表

识读内容	任务点	技能要点	要点简述
结构设计总说明	3. 构造措施大样图	附加筋构造	洞口补强筋构造 楼(屋)面板转角放射筋构造
		节点区构造	梁柱节点构造 梁与墙肢节点连接构造
		过梁、圈梁	配筋及构造要求
		构造柱	配筋及构造要求
		拉筋构造	填充墙与混凝土柱、墙拉筋构造 框架平面外填充墙拉筋构造 墙体转角未设构造柱拉筋构造
		其他构造	配筋及构造要求

2. 钢筋工程量的计算方法

（1）钢筋计算业务

在实际工程中，工程造价的钢筋计算业务主要为计算钢筋工程量。计算钢筋工程量要根据设计图纸、标准图集、工程量清单或定额的工程量计算规则要求等计算出每根钢筋的设计长度及根数，最后计算出钢筋工程量，确定工程造价。手工计算钢筋工程量可通过钢筋计算表来完成，见表10-1-2。

（2）钢筋工程量计算方法

$$钢筋工程量=\sum(各规格钢筋设计长度 l \times 各规格钢筋每米质量)/1000 \quad (10\text{-}1\text{-}1)$$

其中，钢筋设计长度 l 的计算单位为米（m）；钢筋每米质量（kg/m）$=0.00617d^2$；d 为钢筋直径，单位为毫米（mm）。

例：2Φ10的钢筋，设计长度为1m，则其钢筋工程量为：$1 \times 2 \times 0.00617 \times 10^2 = 1.234$ kg。

钢筋计算表填写示例　　　　　表10-1-2

构件名称	编号	简图(mm)	直径(mm)	单根长度(m)	数量(根)		质量		备注
					每个构件	合计	每米质量(kg/m)	总质量(kg)	
J4(5)	①	2120	C12	2.12	19	95	0.888	178.84	
	②	2720	C12	2.72	2	10	0.888	24.15	
	③	2520	C12	2.52	13	65	0.888	145.45	
……									

模块二　结构设计总说明识图实训

1. 结构设计总说明识图实训任务描述

【任务内容】

按照 22G101 系列图集的知识，对附录图纸"××××有限公司办公楼"的结构设计总说明进行识读，正确理解结构设计总说明的设计意图，完成结构设计总说明、图纸会审纪要、设计变更单等资料的相关技能、知识答题。

【任务目标】

（1）熟悉结构设计总说明内容，了解结构设计总说明在图纸中的作用，认识图纸会审纪要、设计变更单等资料文件。

（2）理解结构设计总说明的技术信息，发现图纸中存在的错误、缺陷和疏漏内容。

2. 结构设计总说明识图知识清单

【识图步骤】

步骤1	步骤2	步骤3	步骤4	步骤5	步骤6
阅读结构施工图图纸目录，了解本项目包含的结构施工图图纸名称及对应图号。	阅读"结构设计总说明(一)"和"结构设计总说明(二)"。	阅读工程概况，了解工程设计信息，采用的图集规范等。	识读本工程项目的混凝土材料信息，掌握项目各部位及构件混凝土材料要求。	识读本工程项目的钢筋材料信息，掌握项目各部位及构件钢筋材料要求。	阅读本工程项目其他部分设计要求，包括钢筋布置大样等。

【样例与解析】

根据 22G101 系列图集及附录图纸"××××有限公司办公楼"的结构设计总说明（一）（二）完成以下题目。

(1) 填空题

例 10-2-1　本工程项目采用平面整体表示方法，参考的图集系列是_____，现浇混凝土框架、剪力墙、梁、板应采用的图集代号为_____，现浇混凝土板式楼梯应采用的图集代号为_____，独立基础、条形基础、筏形基础及桩基承台应采用的图集代号为_____。

答案：22G101 系列图集；22G101-1；22G101-2；22G101-3。

解析：本题考查对项目施工图纸的图集使用，通过结构设计总说明（一）中第三项图纸说明部分可以找到对应信息。

例 10-2-2　在同一连接区段内的受拉钢筋，其机械连接接头面积百分率_____，受压钢筋的接头面积百分率_____。

答案：不宜大于50%；可不受限制。

解析：根据22G101系列图集规定，同一连接区段内的受拉钢筋机械连接接头面积百分率不宜大于50%，受压钢筋的接头面积百分率可不受限制。在结构设计总说明（一）中第九项钢筋混凝土部分也做出相关要求。

例10-2-3 钢筋180°弯钩常用于_____钢筋末端，弯后平直段长度不宜小于_____，并且需在锚固长度基础上增加长度_____。

答案：光圆钢筋；$3d$；$6.25d$。

解析：根据22G101-1图集规定，光圆钢筋作受拉钢筋时末端应做180°弯钩。但作受压钢筋，板的分布筋（不作为抗温度收缩钢筋使用）以及按构造详图已经设有直钩时可不设180°弯钩。在结构设计总说明（一）中第八项钢筋混凝土部分也做出相关要求。

（2）单选题

例10-2-4 本工程KZ2在标高10.970m处的混凝土强度等级为（　　）。

A. C15

B. C25

C. C30

D. C35

答案：C。

解析：根据结构设计总说明（一）第六项主要结构材料的混凝土强度等级表格，墙、柱部位在标高4.170～14.370m处的混凝土强度等级为C30。

例10-2-5 下列关于本工程建筑分类等级的说法中，说法正确的是（　　）。

A. 建筑抗震设防类别为乙级

B. 地基基础设计等级为丙级，桩基础设计等级为乙级

C. 建筑结构安全等级为二级，建筑耐火等级为一级

D. 框架抗震等级为四级，剪力墙抗震等级为三级

答案：D。

解析：结构设计总说明（一）第四项建筑分类等级表格描述了建筑各分类等级。

例10-2-6 本工程中，楼面板的支座负筋分布筋的配置应为（　　）。

A. $\Phi 8@150$　　B. $\Phi 8@100$　　C. $\Phi 10@150$　　D. $\Phi 10@200$

答案：A。

解析：根据结构设计总说明（二）第八项钢筋混凝土部分规定：单向板受力筋、双向板支座负筋必须配置分布筋，图中未注明的分布筋均为$\Phi 8@150$。

（3）多选题

例10-2-7 下列关于本工程的说法中，正确的是（　　）。

A. 基础部分混凝土强度等级均采用C35

B. 框架梁和框架柱的保护层厚度均为20mm

C. 室内卫生间、厨房部位混凝土环境类别为二a类

D. 本工程钢筋连接方式优先采用焊接连接

答案：BC。

解析：根据结构设计总说明（一）可知，混凝土强度等级在基础垫层为C20，地下室部分承台、地梁、底板、侧墙及顶板为C35；保护层厚度在上部结构梁为20mm，柱为20mm；环境类别在厨房、卫生间、雨篷等潮湿环境及基础梁、板侧面顶面为二a类；钢筋接头形式及要求为梁柱钢筋宜优先采用机械接头，钢筋直径 $d \geqslant 28$mm 时应采用机械连接，$d=25$mm 时宜采用机械连接。

例 10-2-8 下列关于本工程过梁设置的说法，正确的是（　　）。

A. 砌体内门窗洞口顶部无梁时，需要设置钢筋混凝土过梁

B. 砌体填充墙内水平圈梁遇过梁时，水平圈梁可兼作过梁并按水平圈梁钢筋设置

C. 洞口净跨尺寸为1200mm时，需设置梁高180mm过梁，支撑长度240mm

D. 过梁的箍筋配置为Φ6@200

答案：AD。

解析：根据结构设计总说明（二）第九项砌体工程可知，砌体内门窗洞口顶部无梁时，需要设置钢筋混凝土过梁；若水平圈梁遇过梁，则兼作过梁并按过梁增配钢筋；通过"钢筋混凝土过梁截面配筋表"可知，洞口净跨在 $1000 < l_0 \leqslant 1500$ 范围内，过梁高为150mm，支撑长度为240mm；通过钢筋混凝土过梁A-A剖面图可知，过梁的箍筋配置为Φ6@200。

(4) 问答题

例 10-2-9 识读本工程结施-01"结构设计总说明（一）"第六项主要结构材料中混凝土强度等级表和混凝土环境类别及耐久性要求的信息，完成识图报告。

_____

_____

_____

_____

答案：混凝土强度等级根据部位及构件分别采用：基础垫层C20；过梁、构造柱、圈梁C25；地下室部分承台、地梁、底板、侧墙及顶板为C35；墙、柱在标高4.170m及以下为C35，标高4.170~14.370m为C30，标高14.370m以上为C25；梁、板在标高14.370m及以下为C30，标高14.370m以上为C25。

混凝土环境类别及耐久性部位及构件分别采用：地上正常室内房间环境类别为一类，最大水胶比0.6，最低强度等级C20，最大氯离子含量0.3%，最大碱含量不限制；厨房、卫生间、雨篷等潮湿环境及基础梁、板侧面顶面环境类别为二a类，最大水胶比0.55，最低强度等级C25，最大氯离子含量0.2%，最大碱含量3kg/m³；地下直接与土壤接触的构件环境类别为二b类，最大水胶比0.50（0.55），最低强度等级C30（C25），最大氯离子含量0.15%，最大碱含量3kg/m³。

(5) 图纸会审题

例 10-2-10 识读附录图纸"××××有限公司办公楼"结构设计总说明（一）（二）中的信息，查找其中出现的问题，并将发现的问题填写在"图纸会审记录表"中"设计图纸存在问题"处（答复意见无需施工方填写）。

任务十 结构设计总说明识读

图纸会审记录表　　　　　　　　　　　　　　　　　　表 10-2-1

		设计交底图纸会审记录	
		工程名称:××××有限公司办公楼	
序号	图号	设计图纸存在问题	设计院或业主答复意见
		结构部分	
1			
2			
建设单位		设计单位	监理单位	施工单位

答案：详见表 10-2-2。

图纸会审记录表　　　　　　　　　　　　　　　　　　表 10-2-2

		设计交底图纸会审记录	
		工程名称:××××有限公司办公楼	
序号	图号	设计图纸存在问题	设计院或业主答复意见
		结构部分	
1	结施-01	本项目使用的热轧钢筋种类为 HRB335，而根据最新混凝土结构通用规范、设计规范及 22G101 系列图集要求，应取消此类材料的使用，请设计复核	
2	结施-01	本项目纵向钢筋最小锚固长度为 300mm，而根据 22G101 系列图集要求，受拉钢筋的锚固长度计算值不应小于 200mm，是否按图集执行，请设计复核	
建设单位		设计单位	监理单位	施工单位

3. 结构设计总说明识图实训任务实施

根据 22G101 系列图集及附录图纸"××××有限公司办公楼"的结构设计总说明（一）（二）完成以下练习。

（1）填空题

题 10-2-1　　按照本工程要求，双向板钢筋的放置，_____方向钢筋置于外层，_____方向钢筋置于内层。现浇板施工时，应采取措施保证钢筋位置正确。

题 10-2-2　　按照本工程要求，砌体填充墙应沿框架柱（包括构造柱）或钢筋混凝土墙全高设置拉筋配置为_____，拉筋伸入填充墙内的长度不小于填充墙长的_____。

题 10-2-3　　按照本工程要求，地下室外墙周围_____范围以内宜用灰土、黏土或粉质黏土回填，其中不得含有石块、碎砖和有机物等，也不得有冻土。回填施工应_____。人工夯实时，每层厚度不大于_____ mm，机械夯实时不大于_____ mm。

题 10-2-4　　按照本工程要求，构造柱的尺寸及配置要求为_____。

题 10-2-5　　按照本工程结施-02 中图 6 要求，墙体转角未设构造柱时，应沿墙高每隔

_____ mm 设置转角拉筋，外侧拉筋距离墙边_____ mm，内侧拉筋距离墙边_____ mm，拉筋自墙边伸出长度为_____ mm。

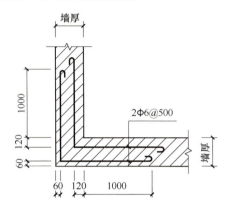

图6 墙体转角未设构造柱时拉筋构造

图 10-2-1　结构设计总说明图 6

(2) 单选题

题 10-2-6　任何情况下，受拉钢筋搭接长度不得小于（　　）。

A. 200mm　　　　B. 250mm　　　　C. 300mm　　　　D. 350mm

题 10-2-7　对于本工程地下室外墙，说法错误的是（　　）。

A. 迎水面混凝土保护层厚度为 40mm

B. 混凝土采用 C35

C. 混凝土抗渗等级为 P6

D. 混凝土环境类别为二 a 类

题 10-2-8　对于本工程纵筋的连接接头，说法正确的是（　　）。

A. 优先采用焊接连接

B. 直径不小于 28mm 时，应采用机械连接

C. 宜采用机械连接或焊接

D. 应采用机械连接或焊接

题 10-2-9　抗震箍筋的弯钩构造要求采用 135°弯钩，弯钩的平直段取值为（　　）。

A. $10d$　85mm 中取大值　　　　B. $10d$　75mm 中取大值

C. $12d$　85mm 中取大值　　　　D. $12d$　75mm 中取大值

题 10-2-10　标高在 14.370m 以上的框架梁，采用 HRB400 级钢筋，若施工过程中易受扰动时，其锚固长度 l_{aE} 应为（　　）。

A. $40d$　　　　B. $42d$　　　　C. $44d$　　　　D. $46d$

题 10-2-11　按照本工程要求，以下做法正确的是（　　）。

A. 本工程外墙迎水面应做建筑防水层

B. Q345-B 钢材应采用 E43 型焊条焊接

C. 地下室内墙采用 M5 专用砂浆砌筑

D. 承台、地梁的底面采用砖胎膜，1∶2 水泥砂浆抹面

题 10-2-12 按照本工程要求，砌体填充墙内构造柱设置原则错误的是（　　）。
A. 填充墙长度大于 5m 时，沿墙长度方向每隔 4m 设置一根构造柱
B. 内墙及楼梯间墙转角处设置构造柱
C. 填充墙端部无翼墙或混凝土柱（墙）时，在端部增设构造柱
D. 超过 2m 门窗洞口两侧

题 10-2-13 按照本工程要求，砌体内窗洞宽度为 2100mm，以下关于窗洞顶部做法错误的是（　　）。
A. 设置过梁，截面高度为 240mm
B. 设置过梁，箍筋间距为 200mm
C. 设置的过梁长度为 820mm
D. 当窗洞顶部遇水平圈梁时，过梁纵筋配筋应为 4⌀12

题 10-2-14 按照本工程要求，以下关于放射筋布置错误的是（　　）。
A. 楼板仅外墙四个转角部应配置放射筋
B. 放射筋应布置于板面
C. 放射筋单侧布置范围 L 不应小于 1.3m
D. 最短一根放射筋的长度为 500mm

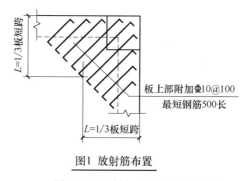

图1　放射筋布置

图 10-2-2　结构设计总说明图 1

题 10-2-15 对于本工程一层结构，说法正确的是（　　）。
A. 一层楼面活荷载为 4.0kN
B. 外墙采用页岩空心砖砌块
C. 混凝土环境类别为一类
D. 最大碱含量不受限制

题 10-2-16 以下楼（屋）面板做法与本工程设计要求不符的是（　　）。
A. 板面负筋纵横两个方向应交叉重叠设置成网格状
B. 板内钢筋如遇洞口，需在洞口处增设加强钢筋
C. 施工时若需要临时在板上开洞、剔凿需经设计人员同意
D. 跨度大于 4m 的板施工支模时应起拱

题 10-2-17 关于框架平面外填充墙拉筋说法错误的是（　　）。
A. 拉筋规格为 ⌀6@500
B. 若填充墙长度为 5m，则拉筋在填充墙内的水平弯折长度为 1m

C. 拉筋伸入混凝土柱、墙内的长度为 150mm

D. 拉筋末端需设置 180°弯钩

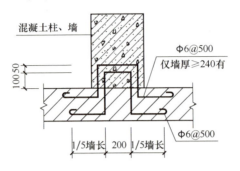

图 10-2-3　结构设计总说明图 5

题 10-2-18　本工程地下室内墙砌筑材料是（　　）。

A. 页岩实心砖

B. 空心混凝土砌块

C. 加气混凝土砌块

D. 混凝土实心砖

题 10-2-19　下列关于本工程建筑分类等级的说法正确的是（　　）。

A. 混凝土结构构件裂缝控制等级为二级

B. 建筑耐火等级为一级

C. 建筑结构安全等级为二级

D. 抗震等级为四级

(3) 多选题

题 10-2-20　以下关于本工程的说法正确的是（　　）。

A. 本工程设计使用年限为 50 年

B. 本工程抗震设防烈度为 6 度

C. 本工程结构为框架-剪力墙结构

D. 本工程基础形式为独立基础

题 10-2-21　以下关于本工程基础工程的说法正确的是（　　）。

A. 承台底部应做 150mm 厚的素混凝土垫层

B. 回填土压实系数不小于 0.94

C. 挖土时，坑底应保留 200mm 厚度层用人工开挖

D. 可用作回填土的材料有淤泥、耕土、冻土、膨胀性土、建筑垃圾等

题 10-2-22　按照本工程要求，关于梁柱节点区说法正确的是（　　）。

A. 梁柱节点区应设置梁加密箍筋

B. 节点区的混凝土强度等级相差 1 个等级时，混凝土可随梁一起浇筑

C. 当框架梁截面与墙肢宽度相同时，梁四角纵筋可弯折伸入墙内

D. 柱高强度混凝土与梁低强度混凝土应距离柱边 500mm 按 45°划分

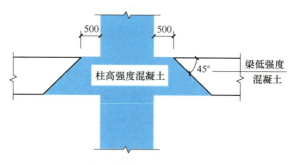

图2 梁柱节点混凝土浇灌

图 10-2-4　结构设计总说明图 2

题 10-2-23　按照本工程要求，Φ20 的钢筋连接方式可采用（　　）。
A. 机械连接　　　B. 焊接连接　　　C. 手工连接　　　D. 绑扎搭接

题 10-2-24　按照本工程要求，以下部位需要设置预埋件的有（　　）。
A. 雨篷　　　　　B. 楼梯栏杆　　　C. 管道支架　　　D. 建筑幕墙

（4）问答题

题 10-2-25　识读本工程结施-01 中"墙体材料"的信息，完成识图报告。

构件部位		砌块材料	砌块强度等级	砂浆材料	砂浆强度等级
±0.000 以下	地下室内	页岩实心砖	MU10	水泥砂浆	M10
	地下室外	混凝土实心砖	MU10	水泥砂浆	M10
±0.000 以上	外墙	页岩空心砖	MU10	混合砂浆	M7.5
	内墙	加气混凝土砌块	A5.0	专用砂浆	Mb5.0

题 10-2-26　识读本工程结施-02 中"图 4 填充墙与混凝土、墙间拉筋构造"的信息，完成识图报告。

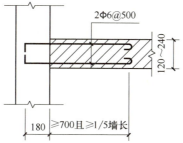

图4 填充墙与混凝土柱、墙间拉筋构造

图 10-2-5　结构设计总说明图 4

(5) 图纸会审题

根据 22G101-1 图集及附录图纸"××××有限公司办公楼"的结构设计总说明（一）（二）完成以下题目。

题 10-2-27　识读附录图纸"××××有限公司办公楼"结构设计总说明（一）（二）中"八、钢筋混凝土部分"信息，查找其中出现的问题，并将发现的问题填写在"图纸会审记录表"中"设计图纸存在问题"处（答复意见无需施工方填写）。

图纸会审记录表　　　　　　　　　表 10-2-3

序号	图号	设计图纸存在问题	设计院或业主答复意见
		设计交底图纸会审记录 工程名称：××××有限公司办公楼	
		结构部分	
1	结施-01		
2	结施-01		
3	结施-02		

建设单位	设计单位	监理单位	施工单位

任务十一　基础平法施工图识读

模块一　基础平法施工图识读的知识回顾

1. 基础平法施工图制图规则

基础平法施工图是按平法制图规则，在基础平面布置图上直接表示构件的尺寸、配筋，以平面注写为主、截面注写为辅进行表达。

基础平法施工图制图规则知识回顾　　　　表 11-1-1

识读内容	要点简述
1. 独立基础施工图制图规则——集中标注及原位标注 集中标注： 1 基础编号　2 截面竖向尺寸 DJj08　500/400　　3项必注值 B:X&Y: Φ12@150　　配筋信息 T:9Φ12@100/Φ10@200 (−1.800)　4 基础底标高 　　　　　 5 文字注解　2项选注值 原位标注： 500 750 2000 750 500 4500 2500 (500 750 750 500)	基础编号： 由代号和序号构成。阶形普通独立基础、锥形普通独立基础、阶形杯口独立基础、锥形杯口独立基础的代号分别为 DJj、DJz、BJj、BJz
	截面竖向尺寸： 注写截面竖向尺寸（自下而上用"/"分隔顺写），常用格式如下： ①阶形普通独立基础：$h_1/h_2/\cdots\cdots$ ②锥形普通独立基础：h_1/h_2
	底板的配筋表达： ①基础底板配筋：以 B 代表底部配筋；X 向配筋以 X 打头，Y 向配筋以 Y 打头注写；当两向配筋相同时，则以 X&Y 打头注写。 ②双柱独立基础底板顶部配筋：以大写字母"T"打头，注写为"双柱间纵向受力钢筋/分布钢筋"
	底板的标高： ①在基础图纸说明中表达基础底面基准标高。 ②当底面标高与基础底面基准标高不同时，将基础底面标高直接注写在集中标注的"（　）"内
	平面尺寸标注： 在基础平面布置图上标注独立基础的平面尺寸，对相同编号的基础，可选择一个进行原位标注

续表

识读内容	要点简述
2. 梁板式筏形基础基础梁——集中标注 JL1(3) 400×800 8⌽10@100/150(4) B6⌽25;T6⌽25 G4⌽14 (−1.800) 1梁编号 2梁截面尺寸 3梁箍筋 4梁底部贯通纵筋；顶部贯通纵筋 5梁侧面构造纵筋或受扭纵筋 6梁顶面标高高差	基础梁的编号由代号、序号、跨数及有无外伸组成。基础主梁与基础次梁的代号分别为 JL 与 JCL
	基础梁的截面尺寸表达： ① $b×h$ 表示梁截面宽度与高度。 ② $b×Yc_1×c_2$，表示竖向加腋，其中 c_1 为腋长，c_2 为腋高
	基础梁的箍筋表达： ①当采用一种箍筋间距时，表达方式示例：⌽8@150(2)。 ②当采用两种箍筋间距时，表达方式示例：9⌽8@100/200(2)
	基础梁的纵筋表达： 以"B"打头，注写梁底部贯通纵筋；以"T"打头，注写梁顶部贯通纵筋；以"G"打头，注写梁侧面纵向构造纵筋；以"N"打头，注写梁侧面抗扭纵向纵筋。 当同排的顶部或底部贯通纵筋采用两种及以上钢筋直径时，不同直径钢筋用"+"相连。 当顶部或底部贯通纵筋多于一排时，用斜线"/"将各排纵筋自上而下分开
	梁底面标高高差： 指相对筏形基础平板底面标高的高差值，为选注值
3. 梁板式筏形基础基础梁——原位标注 原位标注顶部贯通纵筋修正值 6⌽25 4/2 6⌽25 2/4 底部纵筋(含贯通筋)原位标注	梁支座的底部纵筋，包含贯通纵筋与非贯通纵筋在内的所有纵筋。 ①当钢筋多于一排时，用"/"将各排纵筋自上而下分开。 ②当同排纵筋有两种直径时，用"+"将两种直径的纵筋相连。 ③当梁中间支座两边的底部纵筋配置不同时，需在支座两边分别标注；当梁中间支座两边底部纵筋相同时，可仅在支座的一边标注配筋值。 ④竖向加腋梁加腋钢筋，需在设置加腋的支座处以 Y 打头注写在括号内
	基础梁的附加箍筋或(反扣)吊筋： 附加箍筋或吊筋在平面图中的主梁上直接表达，用线引注总配筋值。当多数配筋相同时，可在基础施工图的说明中统一注写，少数与统一注写值不同的，再原位引注
	其他修正内容： 当集中标注的某项内容不适用于某跨或外伸部分时，则将修正内容原位标注在该跨或外伸部位，施工以原位标注取值优先
4. 梁板式筏形基础基础平板——集中标注 LPB3 $h=500$ 1编号 2平板厚度尺寸 X:B⌽10@150;T⌽10@150;(2B) 3X向板底部贯通纵筋；顶部贯通纵筋；(纵筋长度范围) Y:B⌽12@150;T⌽12@150;(2B) 4Y向板底部贯通纵筋；顶部贯通纵筋；(纵筋长度范围)	基础平板的编号：由代号和序号组成。基础平板的代号为 LPB
	基础平板厚度在集中标注中表达，形式为：$h=×××$
	底板的配筋表达： 在集中标注写底板的底部与顶部贯通纵筋及其跨数。如： X:B⌽22@150;T⌽20@150;(5B) Y:B⌽20@200;T⌽18@200;(7A) 当贯通筋采用两种规格钢筋"隔一布一"时，表达为 Axx/yy@×××
	底板的标高：在基础图纸说明中表达基础底面基准标高
5. 基础平板的原位标注 基础平板底部附加非贯通纵筋配筋（布置跨数或外伸） ①⌽10@150(2B) 1500 自支座中线向两边跨内的伸出长度	板底部非贯通纵筋：在原位标注中表达板底部附加非贯通纵筋，表达如图所示
	注写修正内容：当集中标注的某项内容不适用于某板跨时，则将修正内容原位标注在该板跨，施工以原位标注取值优先

2. 基础标准构造详图

基础标准构造详图知识点回顾

表 11-1-2

标准构造详图	构造要点
	底板钢筋放置位置： ①单柱普通独立基础底板双向交叉钢筋长向设置在下，短向设置在上。 ②双柱普通独立基础底板双向交叉钢筋，根据基础两个方向从柱外缘至基础底板外缘的伸出长度 e_x 和 e_y 的大小，较大者方向的钢筋设置在下，较小者方向的钢筋设置在上。 ③第一根板底钢筋距基础底板边缘取 $\min(75mm, s/2)$，s 为板底钢筋同距。 底板钢筋长度要求： ①当对称底板长度大于或等于 2500mm 时，除外侧钢筋外，底板配筋长度可取相应方向底板长度的 0.9 倍，交错放置，四边最外侧钢筋长度不缩短。 ②当非对称底板长度大于或等于 2500mm，但该基础某侧从柱中心至基础底板边缘的距离小于 1250mm 时，钢筋在该侧不应减短。

续表

构造要点
内跨贯通纵筋连接构造： ①顶部贯通纵筋连接区：在中间支座两侧 $l_n/4$ 及支座范围内，不宜在端跨支座负筋连接。 ②底部贯通纵筋连接区：在跨中 $l_n/3$ 范围内。 ③钢筋直径>25mm 时，不宜采用绑扎搭接，钢筋直径>28mm 时不宜采用焊接连接。 ④同一连接区段内钢筋接头百分率不宜大于50%。同一连接区段同一跨内接头个数宜小于2个。 l_n 为相邻两跨净跨长度的较大值。
内跨非贯通纵筋构造： 底部第一排、第二排非贯通纵筋自柱（墙）边向跨内的延伸长度为 $l_n/3$。当底部纵筋多于两排时，从第三排起非贯通纵筋向跨内的伸出长度值应由设计者注明。 l_n 为相邻两跨净跨长度的较大值

标准构造详图
基础梁JL纵向钢筋构造

续表

构造要点	标准构造详图
端部外伸部位钢筋构造： ①下部第一排钢筋伸至外伸尽端后弯折，当从柱内边算起水平段长度≥l_a，且≥0.6l_{ab}时，弯折12d；当从柱内边算起水平段长度<l_a，时，弯折15d。 ②下部第二排贯通筋伸至外伸尽端不弯折。 ③下部非贯通筋从柱边向跨内伸入长度为$l_n/3$且≥l_n'，l_n为端部跨净跨长度，l_n'为端部外伸长度。 ④需连续通过外伸部位的上部钢筋从柱内侧起平段长度≥l_a，在支座处截断的钢筋从柱内侧起水平段长度≥12d，且≥l_a	
端部无外伸部位钢筋构造： ①下部钢筋均伸至端尽端内侧后弯折15d，且从柱内边缘算起水平段长度≥0.6l_{ab}。 ②下部贯通筋伸至边尽端不弯折。 ③上部钢筋伸至端尽端内侧弯折15d，当从柱内边算起水平段长度≥l_a时可不弯折	

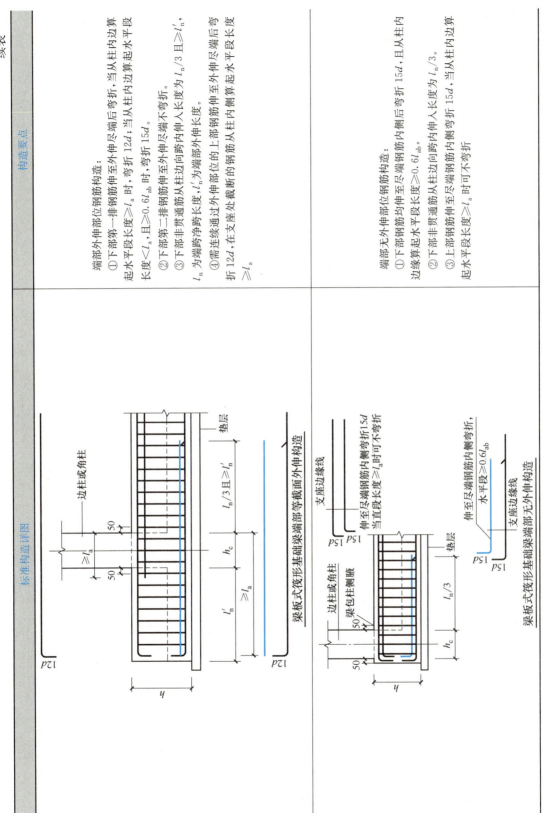

续表

构造要点	标准构造详图
基础平板内跨纵筋构造： ①顶部贯通纵筋连接区：柱下区域在柱两侧 $l_n/4$ 及柱范围内；跨中区域纵筋连接区在基础梁两侧 $l_n/4$ 及基础梁范围内。 底部贯通纵筋连接区：在跨中 $l_n/3$ 范围内，l_n 为相邻两跨净跨长度的较大值。 ②钢筋直径>25mm 时不宜采用绑扎搭接，钢筋直径>28mm 时不宜采用焊接连接。 ③同一连接区段内钢筋接头面积百分率不宜大于50%。 ④同一连接区内一跨钢筋接头个数宜小于2个。 ④基础平板内的第一根钢筋，距基础梁边为 1/2 板筋间距且≤75mm。 ⑤底部非贯通纵筋从梁中伸出长度按设计标注。	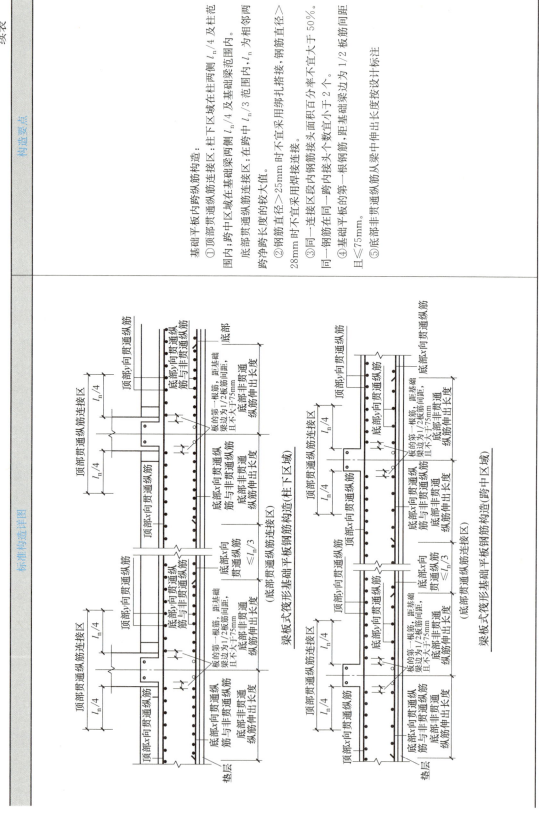

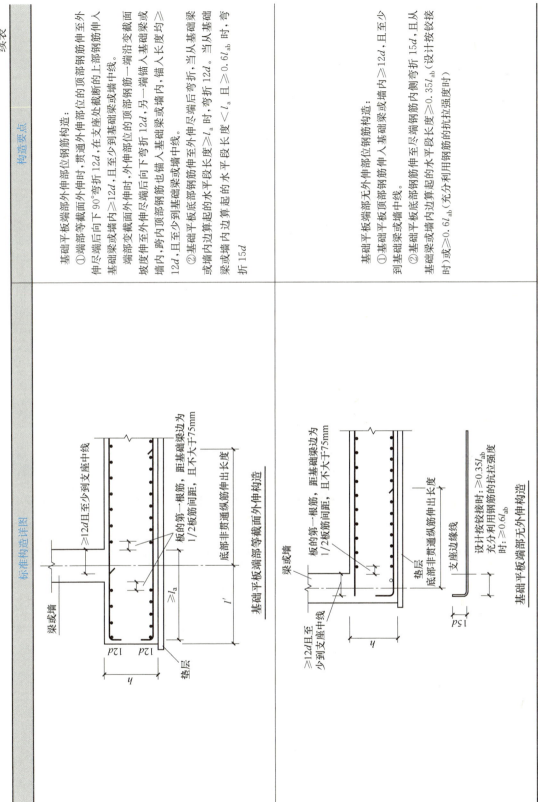

模块二　基础平法施工图识图实训

1. 基础识图实训任务描述

【任务内容】

按照 22G101-3 图集有关基础平法施工图制图规则的知识,对附录图纸"××××有限公司办公楼"的基础平法施工图、图纸会审纪要、设计变更单等资料进行识读,正确理解基础平法施工图等设计资料的设计意图,完成基础平法施工图识图相关技能、知识答题。

【任务目标】

(1) 熟悉基础平法施工图制图规则,能正确识读基础平法施工图、图纸会审纪要、设计变更单等资料。

(2) 能够领会基础平法施工图的技术信息,发现图纸中存在的不正确、缺陷和疏漏内容。

2. 基础识图知识清单

【识图步骤】

步骤1	步骤2	步骤3	步骤4	步骤5	步骤6
查看图号、图名和比例。	校核轴线编号及其间距尺寸,确保与上部墙柱施工图保持一致。	明确基础的编号、数量和布置。	阅读结构设计总说明或有关说明,明确基础的混凝土强度等级及其他要求。	根据基础的编号,查阅平面注写或列表注写或截面注写,配合相应大样,明确截面尺寸、配筋和标高。	根据抗震等级、设计要求和标准构造详图确定基础中各类钢筋及墙柱插筋的构造要求。

【样例与解析】

(1) 填空题

根据 22G101-3 图集完成以下题目。

例 11-2-1　普通独立基础和杯口独立基础的集中标注必注项是哪几项内容:_____、_____、_____。

答案:基础编号;截面竖向尺寸;配筋。

解析:详见 22G101-3 图集第 1-3 页。

例 11-2-2　DJj08 400/300/300 表示_____。

答案:8 号阶形普通独立基础,三阶,自下而上第一阶竖向尺寸 400mm,第二阶竖向尺寸 300mm,第三阶竖向尺寸 300mm。

解析：详见 22G101-3 图集第 1-3 页。阶形普通独立基础各阶竖向尺寸自下而上用"/"分隔顺写。

例 11-2-3　在基础梁的集中标注中，以 B 打头，注写_____，以 T 打头，注写_____。

答案：梁底部贯通纵筋；梁顶部贯通纵筋。

解析：详见 22G101-3 图集第 1-24 页。

例 11-2-4　在梁板式筏形基础梁端部等截面外伸构造中，下部第一排钢筋伸至外伸尽端后弯折，当从柱内边算起水平段长度 $\geq l_a$ 时，弯折_____；当从柱内边算起水平段长度 $< l_a$，且 $\geq 0.6 l_{ab}$ 时，弯折_____。下部非贯通筋从柱边向跨内伸入长度为_____，l_n 为端跨净跨长度，l'_n 为端部外伸长度。

答案：$12d$；$15d$；$l_n/3$ 且 $\geq l'_n$。

解析：详见 22G101-3 图集第 1-25 页。

11-2-1

梁板式筏形基础梁端部等截面外伸构造

(2) 单选题

根据 22G101-3 图集及附录图纸"××××有限公司办公楼"的基础施工图完成以下题目。

例 11-2-5　在本工程结施-07 中，ⓒ～Ⓓ轴交⑦～⑧轴处的基础底板板厚为（　　）。

A. 300mm　　B. 400mm　　C. 500mm　　D. 600mm

答案：A。

解析：详见结施-07 中图纸说明，网格填充区域的板厚为 300mm。

例 11-2-6　在本工程结施-06 中，Ⓐ轴交⑤～⑧轴处基础梁跨的底部贯通筋配筋为（　　）。

A. 7⌀25 2/5　　B. 7⌀25　　C. 5⌀25＋2⌀20 5/2　　D. 5⌀25

答案：D。

解析：详见结施-07 中 JL4（7）在⑤～⑧轴处梁跨的集中标注，因该跨无底部贯通筋的原位标注，因此以集中标注为准，以 B 打头的即为底部贯通筋。

例 11-2-7　在本工程结施-06 中，ⓒ轴交⑨轴处基础梁 JL5（9）中直径为 25mm 的底部非贯通筋从柱边算起伸入跨内的最经济长度为（　　）（基础梁净跨按柱或剪力墙内侧边缘计算）。

A. 2475mm　　B. 2434mm
C. 1857mm　　D. 1825mm

答案：A。

解析：根据 22G202-3 图集，基础主梁底部非贯通筋最下两排从竖向构件边缘算起伸入跨内长度取 $l_n/3$。JL5（9）在⑨轴左侧和右侧的净跨分别为 7425mm 和 7300mm，则位于底部第一排的 25mm 非贯通筋伸入跨内长度为 7425/3＝2475mm，故选 A。

11-2-2

基础梁 JL 纵向钢筋构造

(3) 多选题

根据 22G101-3 图集及附录图纸"××××有限公司办公楼"的基础施工图完成以下题目。

例 11-2-8 在本工程结施-06 中,关于Ⓐ轴处 JL4(7)说法正确的是(   )。

A. JL4 表示 4 号基础主梁

B. 混凝土强度等级为 C30

C. 梁面标高为－3.830m

D. 各跨截面尺寸均为 350mm×900mm

E. 无需配置侧面受扭纵筋

答案:ACDE

解析:由 22G101-3 图集第 1-24 页可知,选项 A 正确。根据结施-01 第七条"主要结构材料"中混凝土强度等级查得,基础部分地梁,混凝土强度等级为 C35,选项 B 不正确。由结施-06 的图纸说明可知,选项 C 正确。由结施-06 中 JL4(7)的集中标注和原位标注可知,选项 D 正确。由结施-06 JL4(7)的集中标注和原位标注可知,JL4(7)无侧面受扭纵筋。

例 11-2-9 在本工程结施-07 中,关于地下室底板下列说法不正确的是(   )。

A. 底板厚度均为 400mm

B. 底板混凝土强度等级为 C35

C. 集水坑处底板放坡角度为 45°

D. 板面标高均为－3.830m

E. 集水坑位置的底板厚度均为 300mm

答案:ADE。

解析:由结施-07 说明可知,平面带填充区域板厚为 300mm,未注明区域板厚为 400mm,故选项 A 不正确。由结施-01 总说明可知,底板混凝土强度等级为 C35,故选项 B 正确。由结施-04 集水坑大样可知,该处底板放坡角度为 45°,集水坑处底板厚度为 350mm 或 450mm,故选项 C 正确,选项 E 不正确。由结施-07 平面标注及结施-04 大样图可知,局部区域的板面标高非－3.830m,故选项 D 不正确。

(4) 问答题

例 11-2-10 识读本工程结施-06 中 JL4(7)的集中标注的信息,完成识图报告。

_____

答案:JL4(7):第 4 号基础主梁,7 跨;梁宽 350mm,梁高 900mm;箍筋为 HPB300 钢筋,直径 8mm,间距为 150mm,为四肢箍;下部通长筋为 HRB400 钢筋,直径 25mm,共 5 根;梁的两个侧面共配置 4Φ12 的纵向构造钢筋,每侧各配置 2Φ12。

解析:对结施-06 中 JL4(7)的集中标注各项注写进行解读。

(5) 图纸会审题

根据 22G101-3 图集及附录图纸"××××有限公司办公楼"的基础平法施工图完成以下题目。

例 11-2-11 识读本工程结施-06 中 JL4(7)的各项标注,查找其中出现的问题,并将发现问题填写在"图纸会审记录表"中"设计图纸存在问题"处。(答复意见无需施工方填写)

任务十一　基础平法施工图识读

图纸会审记录表　　　　　　　　　　　表 11-2-1

序号	图号	设计交底图纸会审记录 工程名称：××××有限公司办公楼	
		设计图纸存在问题	设计院或业主答复意见
结构部分			
1	结施-06		
建设单位		设计单位　　　监理单位　　　施工单位	

答案：

图纸会审记录表　　　　　　　　　　　表 11-2-2

序号	图号	设计交底图纸会审记录 工程名称：××××有限公司办公楼	
		设计图纸存在问题	设计院或业主答复意见
结构部分			
1	结施-06	梁 JL4(7)在Ⓐ轴交⑩轴处上部标注的原位标注"5⊕25+2⊕20 5/2"位置有误，非贯通纵筋应设置在梁底，则该标注放在梁线以下	
建设单位		设计单位　　　监理单位　　　施工单位	

解析：根据 22G101-3 图集第 1-30 页所示，基础梁在支座处设置的包括贯通筋与非贯通筋在内的全部纵筋，其标注应放置在梁线以下。所发现的问题应反馈设计进行复核修改。

3. 基础识图实训任务实施

根据 22G101 系列图集及附录图纸"××××有限公司办公楼"的基础平法施工图完成以下练习。

（1）填空题

根据 22G101-3 图集完成以下题目。

题 11-2-1　基础梁包含的钢筋种类有：_____、_____、_____、_____、_____、_____、_____。

题 11-2-2　基础主梁是框架柱（或剪力墙）的支座，基础主梁是基础次梁的支座，_____和_____是基础平板的支座，基础主梁的箍筋必须连续通过_____。

题 11-2-3　某独立基础的平面标注如图 11-2-1 所示，该独立基础的类型是_____，由下往上每阶高度分别是_____ mm 和_____ mm，X 向的第一根底筋距离最近的基础边缘_____ mm 开始布置，Y 向的第一根底筋距离最近的基础边缘_____ mm 开始布置。

11-2-3
独立基础
钢筋构造

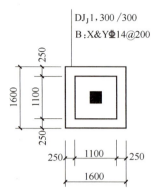

图 11-2-1 独立基础平面标注

题 11-2-4　当双柱独立基础配置基础底板顶部钢筋时，其标注的"T：9⌀14@100/⌀12@150"表示：_____。

题 11-2-5　当基础梁 JL 无外伸时，其下部钢筋均应伸至尽端钢筋内侧后弯折_____，且从柱内边算起水平段长度_____。

（2）单选题

根据 22G101-3 图集及附录图纸"××××有限公司办公楼"的基础平法施工图完成以下题目。

题 11-2-6　在本工程结施-06 中，Ⓒ轴交⑩～⑪轴处 JL5（9）梁跨的截面尺寸为（　　）。

　　A．200mm×700mm　　　　　　B．250mm×700mm
　　C．350mm×700mm　　　　　　D．350mm×900mm

题 11-2-7　在本工程结施-06 中，Ⓒ轴处 JL5（9）的梁面标高为（　　）。

　　A．−3.140m　　B．−3.830m　　C．−0.030m　　D．4.170m

题 11-2-8　在本工程结施-06 中，Ⓒ轴交⑩～⑪轴处 JL5（9）的上部通长筋为（　　）。

　　A．4⌀25　　　B．5⌀25　　　C．2⌀12　　　D．4⌀12

题 11-2-9　在本工程结施-06 中，Ⓒ轴交③～④轴处 JL5（9）的箍筋为（　　）。

　　A．⌀8@200（2）　B．φ8@200（4）　C．⌀8@150（2）　D．φ8@150（4）

题 11-2-10　在本工程结施-06 中，Ⓒ轴交⑨轴处 JL5（9）的直径 20mm 底部非贯通筋从柱边算起向梁跨内伸出的长度为（　　）。

　　A．1825mm　　B．1856mm　　C．2433mm　　D．2475mm

（3）多选题

题 11-2-11　在本工程结施-07 中，关于⑩/A～Ⓐ轴交⑧～⑨轴处底板，以下表述不正确的是（　　）。

　　A．板厚为 300mm
　　B．板顶 Y 向配置通长筋⌀12@150
　　C．板底 Y 向配置通长筋⌀12@100
　　D．板顶及板底 X 向配置通长筋⌀12@150

E. 混凝土强度等级为 C35

题 11-2-12 在本工程结施-06 中，关于Ⓒ轴位置处的 J5（9），以下表述正确的是（　）。

A. 梁截面尺寸均为 350mm×900mm

B. 箍筋均为 ϕ 8@150（4）

C. 梁端下部非通长筋均配置 6 ϕ 20 4/2

D. 梁侧面无需配置侧面抗扭纵筋

E. 各跨下部通长筋均配置 5 ϕ 25

（4）问答题

题 11-2-13 识读本工程结施-06 中 JL2（2）的集中标注的信息，完成识图报告。

（5）图纸会审题

根据 22G101-1 图集及附录图纸"××××有限公司办公楼"的基础平法施工图完成以下题目。

题 11-2-14 识读本工程结施-06 中 JL5（9）的各项标注，查找其中出现的问题，并将发现问题填写在"图纸会审记录表"中"设计图纸存在问题"处。（答复意见无需施工方填写）

图纸会审记录表　　　　　　　　　　表 11-2-3

设计交底图纸会审记录			
工程名称：××××有限公司办公楼			
序号	图号	设计图纸存在问题	设计院或业主答复意见
结构部分			
1	结施-06		
2	结施-06		
3	结施-06		
建设单位	设计单位	监理单位	施工单位

模块三　基础平法施工图绘图实训

1. 基础绘图实训任务描述

【任务内容】

按照 22G101-3 图集有关基础平法施工图制图规则及标准构造详图的知识，对附录图纸"××××有限公司办公楼"的基础施工图、图纸会审纪要、设计变更单等资料进行识读,正确理解基础平法施工图等设计资料的设计意图,理解任务意图,掌握题目要求及绘图细则,应用 CAD 软件进行结构施工图绘图。

【任务目标】

熟悉 22G101-3 图集中基础标准构造详图,同时能准确识读建筑工程施工图纸、图纸会审纪要、设计变更单等资料,按题目要求及绘图细则,绘制基础构造详图。

【任务分组】

学生任务分配表　　　　表 11-3-1

班级		组号		指导老师		
组长		学号				
组员	姓名	学号	姓名	学号	姓名	学号
任务分工						

2. 基础绘图知识清单

【绘图步骤】

步骤1	步骤2	步骤3	步骤4	步骤5	步骤6
识读所绘基础施工图、相关墙柱施工图及结构设计总说明,明确构件尺寸、配筋、混凝土强度及抗震等级等信息。	按题目要求,绘制基础及相关墙柱等构件轮廓。	绘制基础钢筋。	标注基础钢筋配筋信息。	标注基础钢筋的构造尺寸。	标注构件尺寸、标高、图名及比例。

【样例与解析】

根据 22G101-3 图集完成以下题目。

基础施工图绘制要求:

1. 钢筋线用多段线命令绘制,并设置线宽,出图后粗线线宽为 0.5mm;矩形箍筋弯钩无需绘制。

2. 结构构造按现行平法图集中最经济的构造标准要求;构造尺寸按最低限值取值,不得人为放大调整,且小数点后数字进位。例:计算值 99 则取值 99,计算值 99.2 则取值 100。

3. 文字标注:采用样板文件中已设置的字体"钢筋注写"。

4. 尺寸标注:根据出图比例要求,选用样板文件中已设置的标注样式"比例 25"或"比例 50"标注。

5. 图层设置不作要求。

例 11-3-1　打开样板图"样板文件例 11-3-1.dwg",根据提供的结施-06 等工程图纸,

请在答案卷中完成⑤轴处 JL2（2）的构造详图。（注：该基础梁的净跨计算及锚固计算均从竖向构件边缘起算）

绘制要求：

1. 在样板图的"样板文件例 11-3-1.dwg"纵剖面图中补绘基础梁纵筋及箍筋，并标注配筋信息。同时，标注纵剖面中基础梁非通长筋的截断点长度、基础梁纵筋在变截面处及端部的构造长度（水平及竖向投影长度）、第一道箍筋位置、箍筋布置范围。

2. 按指定位置，绘制 1-1 及 2-2 基础梁截面配筋详图，要求绘制基础梁截面轮廓、底板翼缘，并标注基础梁截面尺寸、梁面标高。同时，绘制基础梁截面图中钢筋（纵筋、箍筋、侧向钢筋等），标注配筋信息。

3. 绘制比例 1∶1，纵剖面出图比例 1∶50，横截面出图比例为 1∶25。

保存要求：

绘制完成后，将答案卷单独保存，文件命名为"例 11-3-1.dwg"。

【样板文件】

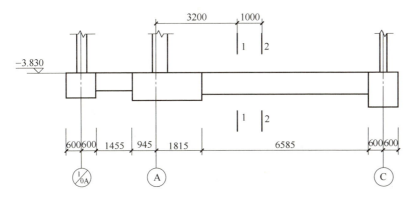

图 11-3-1 例 11-3-1 样板文件

【参考答案】

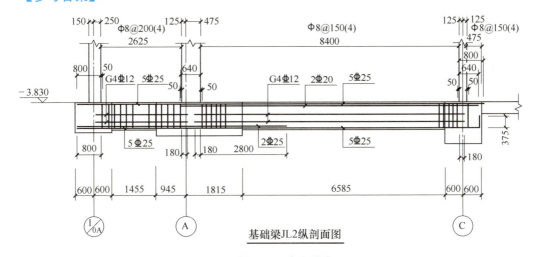

图 11-3-2 例 11-3-1 参考答案（一）

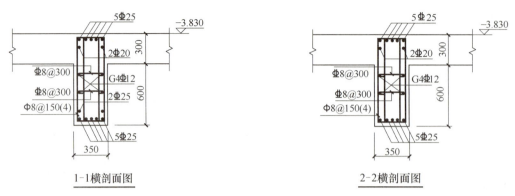

图 11-3-2 例 11-3-1 参考答案（二）

3. 基础绘图实训任务实施

题 11-3-1 打开样板图"样板文件题 11-3-1.dwg"，根据提供的结施-06 等工程图纸，请在答案卷中完成②轴处 JL1（3）的构造详图。（注：该基础梁的净跨计算及锚固计算均从竖向构件边缘起算）

绘制要求：

1. 在样板图的"样板文件题 11-3-1.dwg"纵剖面图中补绘基础梁纵筋及箍筋，并标注配筋信息。同时，标注纵剖面中非通长筋的截断点长度、纵筋在变截面处及端部的构造长度（水平及竖向投影长度）、第一道箍筋位置、箍筋布置范围。

2. 按指定位置，绘制 1-1 及 2-2 基础梁截面配筋详图，要求绘制基础梁截面轮廓、底板翼缘，并标注基础梁截面尺寸、梁面标高。同时，绘制基础梁截面图中钢筋（纵筋、箍筋、侧向钢筋等），标注配筋信息。

3. 绘制比例 1∶1，纵剖面出图比例 1∶50，横截面出图比例为 1∶25。

保存要求：

绘制完成后，将答案卷单独保存，文件命名为"题 11-3-1.dwg"。

任务十二　柱平法施工图识读

模块一　柱平法施工图识读的知识回顾

1. 柱平法施工图制图规则

柱平法施工图是表达建筑物竖向承重构件的平面布置、配筋以及构造等结构信息的施工图纸，它通过在柱平面布置图上采用列表注写方式和（或）截面注写方式来表达。柱的平面布置图可以采用适当比例单独绘制，也可以与剪力墙平面布置图合并绘制。无论是采用列表注写方式还是截面注写方式表达的柱施工图，都需要用表格或者其他方式注明包括地上和地下各层的结构层楼（地）面标高、结构层高及相应结构层号，还应注明上结构嵌固部位所在位置。

柱平法施工图制图规则知识点回顾　　　　　　　　　表12-1-1

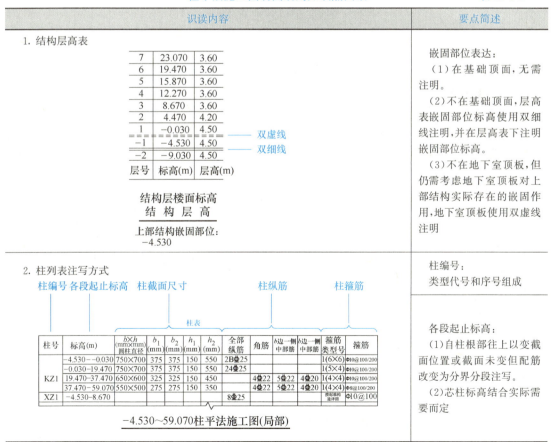

续表

识读内容	要点简述
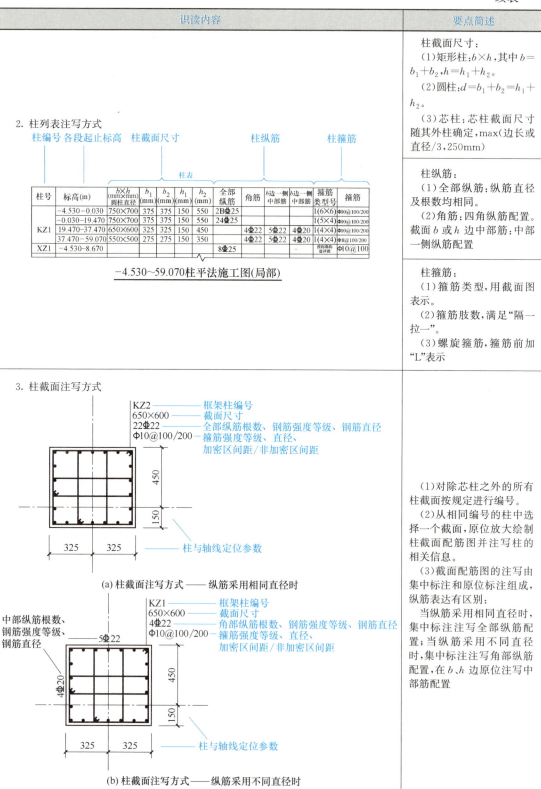	柱截面尺寸： (1)矩形柱：$b \times h$，其中 $b = b_1 + b_2$，$h = h_1 + h_2$。 (2)圆柱：$d = b_1 + b_2 = h_1 + h_2$。 (3)芯柱：芯柱截面尺寸随其外柱确定，max{边长或直径/3,250mm} 柱纵筋： (1)全部纵筋：纵筋直径及根数均相同。 (2)角筋：四角纵筋配置。截面 b 或 h 边中部筋：中部一侧纵筋配置 柱箍筋： (1)箍筋类型，用截面图表示。 (2)箍筋肢数，满足"隔一拉一"。 (3)螺旋箍筋，箍筋前加"L"表示 (1)对除芯柱之外的所有柱截面按规定进行编号。 (2)从相同编号的柱中选择一个截面，原位放大绘制柱截面配筋图并注写柱的相关信息。 (3)截面配筋图的注写由集中标注和原位标注组成，纵筋表达有区别：当纵筋采用相同直径时，集中标注写全部纵筋配置；当纵筋采用不同直径时，集中标注写角部纵筋配置，在 b、h 边原位注写中部筋配置

2. 柱标准构造详图

| 柱标准构造详图知识点回顾 | 表 12-1-2 |

标准构造详图	构造要点
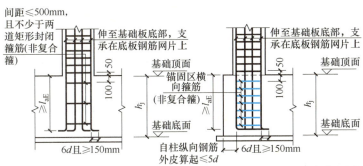 (a) 保护层厚度＞$5d$；基础高度满足直锚　(b) 保护层厚度≤$5d$；基础高度满足直锚 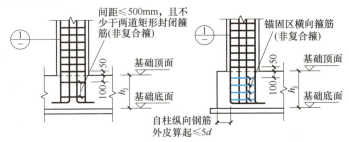 (c) 保护层厚度＞$5d$；基础高度不满足直锚　(d) 保护层厚度≤$5d$；基础高度不满足直锚 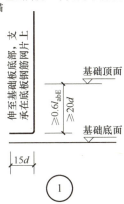 柱纵向钢筋在基础中的构造	判断柱纵筋在基础内的锚固形式的两个条件： ①侧向保护层厚度与$5d$的大小关系。 ②基础高度h_j与锚固长度l_{aE}的长度关系。 侧面保护层厚度决定了基础内箍筋构造形式，基础高度决定了纵筋在基础内直锚或弯锚。 仅四角纵筋伸至底板钢筋网片或筏形基础中间层钢筋网片上，其余锚入基础顶面下l_{aE}的情况： ①轴心受压或小偏心受压，基础高度或基础顶面至中间层钢筋网片顶面距离≥1200mm。 ②大偏心受压，基础高度或基础顶面至中间层钢筋网片顶面距离≥1400mm

12-1-1
柱子纵筋在基础中的构造

续表

标准构造详图	构造要点
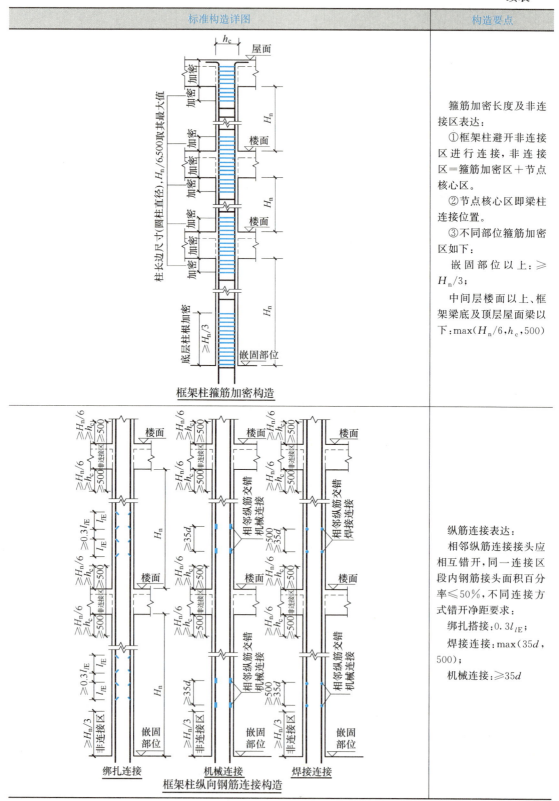 框架柱箍筋加密构造 框架柱纵向钢筋连接构造	箍筋加密长度及非连接区表达： ①框架柱避开非连接区进行连接，非连接区＝箍筋加密区＋节点核心区。 ②节点核心区即梁柱连接位置。 ③不同部位箍筋加密区如下： 嵌固部位以上：$\geqslant H_n/3$； 中间层楼面以上、框架梁底及顶层屋面梁以下：$\max(H_n/6, h_c, 500)$ 纵筋连接表达： 相邻纵筋连接接头应相互错开，同一连接区段内钢筋接头面积百分率$\leqslant 50\%$，不同连接方式错开净距要求： 绑扎搭接：$0.3l_{lE}$； 焊接连接：$\max(35d, 500)$； 机械连接：$\geqslant 35d$

续表

标准构造详图	构造要点
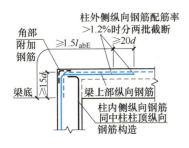 (a) 梁宽范围内钢筋 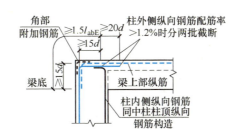 (b) 梁宽范围内钢筋 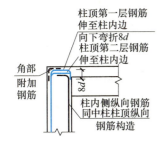 (c) 梁宽范围外钢筋在节点内锚固 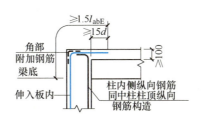 (d) 梁宽范围外钢筋伸入现浇板内锚固 框架柱边柱、角柱柱顶外侧纵向钢筋构造 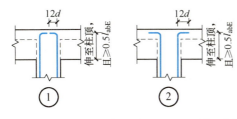 (当柱顶有不小于100厚的现浇板时) 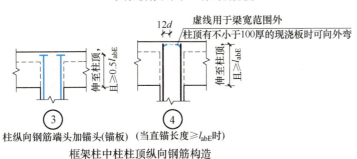 柱纵向钢筋端头加锚头(锚板)（当直锚长度≥l_{abE}时） 框架柱中柱柱顶纵向钢筋构造	根据柱与梁的不同位置关系，顶层柱纵筋应分别区分、边柱、角柱和中柱进行计算。 (1)边柱、角柱：首先，将纵筋依据位置划分为外侧纵筋与内侧纵筋，其中内侧纵筋的构造与中柱构造一致；随后，外侧纵筋需根据是否在梁宽范围内（范围内纵筋占外侧全部纵筋面积的65%）选择合适的构造图，而梁宽范围外的纵筋也需相应选定构造图，最终将这两部分纵筋构造组合使用。值得注意的是，梁宽范围外构造图(c)(d)不单独使用。 (2)中柱：根据顶层梁高与抗震锚固长度 l_{aE} 的关系确定采用直锚或弯锚，当直锚时采用④号构造图；当弯锚或端头加锚头时，选用①号、②号或③号构造，四侧构造相同

续表

标准构造详图	构造要点
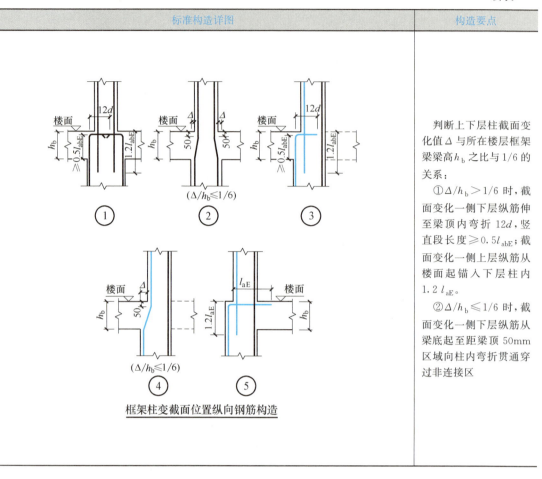 框架柱变截面位置纵向钢筋构造	判断上下层柱截面变化值 Δ 与所在楼层框架梁梁高 h_b 之比与 1/6 的关系： ① $\Delta/h_b > 1/6$ 时，截面变化一侧下层纵筋伸至梁顶内弯折 $12d$，竖直段长度 $\geq 0.5 l_{abE}$；截面变化一侧上层纵筋从楼面起锚入下层柱内 $1.2 l_{aE}$。 ② $\Delta/h_b \leq 1/6$ 时，截面变化一侧下层纵筋从梁底起至距梁顶 50mm 区域向柱内弯折贯通穿过非连接区

模块二　柱平法施工图识图实训

1. 柱识图实训任务描述

【任务内容】

按照 22G101-1 图集的知识，对附录图纸"××××有限公司办公楼"的柱平法施工图进行识读，正确理解柱平法施工图的设计意图，完成柱平法施工图、图纸会审纪要、设计变更单等资料的相关技能、知识答题。

【任务目标】

（1）熟悉柱平法施工图制图规则，能正确识读柱平法施工图、图纸会审纪要、设计变更单等资料。

（2）能够领会柱平法施工图的技术信息，发现图纸中存在的错误、缺陷和疏漏内容。

2. 柱识图知识清单

【识图步骤】

【样例与解析】

根据 22G101-1 图集及附录图纸"××××有限公司办公楼"的柱平法施工图完成以下题目。

（1）填空题

例 12-2-1　当基础高度满足直锚且保护层厚度 $>5d$ 时，基础内距离基础顶面 _____ mm 处设置第一道柱箍筋，通常为 _____，基础内箍筋间距 _____ mm 且不少于 _____ 道矩形封闭箍筋。

答案：100；非复合箍筋；≤500；两。

解析：根据 22G101-3 图集"柱纵向钢筋在基础中构造图"要求，当基础高度满足直锚且保护层厚度 $>5d$ 时，在基础内距离基础顶面 100mm 处设置第一道箍筋，基础内箍筋间距≤500mm，且不少于两道矩形封闭箍筋（非复合箍筋）。

例 12-2-2　如图 12-2-1 所示，框架柱 KZ-3 的箍筋加密区钢筋规格是 _____。

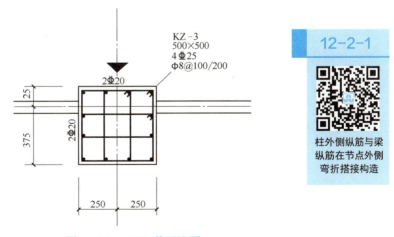

图 12-2-1　KZ-3 截面注写

答案：$\phi 8@100$。

解析：由图 12-2-1 可知，KZ-3 的箍筋配置为 $\phi 8@100/200$，按柱的制图规则要求加密区钢筋规格为 $\phi 8@100$。

例 12-2-3 已知本工程的混凝土强度等级为 C25，框架抗震等级为四级，框架柱边柱柱顶梁宽范围内构造如图 12-2-2（a）所示，则在 29.000m 标高③轴交Ⓓ轴处（结施-12）KZ-3 [图 12-2-2（b）]的柱外侧纵筋伸入梁内的设计长度自梁底算起至少为_____ mm。

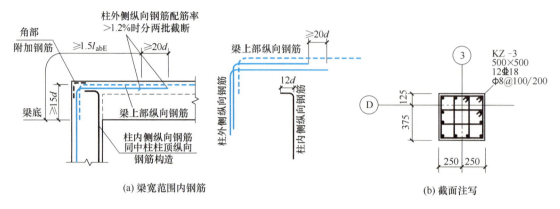

图 12-2-2　KZ-3 钢筋构造做法

答案：1080。

解析：由图 12-2-2（a）可知，柱外侧纵筋伸入梁内的设计长度自梁底算起应不小于 $1.5l_{abE}$，根据已知条件查 22G101-1 图集第 2-2 页表格得 $l_{abE}=40d$，则 $1.5l_{abE}=1.5×40×18=1080$mm。

(2) 单选题

例 12-2-4 上层柱和下层柱纵向钢筋根数相同，当上层柱配置的钢筋直径比下层柱钢筋直径大时，柱的纵筋搭接区域应在（　　）。

A. 上层柱　　　　　　　　B. 柱和梁的相交处

C. 下层柱　　　　　　　　D. 不受限制

答案：C。

解析：根据 22G101-1 图集第 2-9 页构造规定，上柱钢筋直径比下柱钢筋直径大时，上柱钢筋可在下层柱内连接，但应在非连接区以外进行连接，且接头百分率不宜大于 50%。

例 12-2-5 梁上起柱的纵筋插入梁内，应在梁内设（　　）箍筋。

A. 两道　　　　　　　　　B. 三道

C. 一道　　　　　　　　　D. 不受限制

答案：A。

解析：根据 22G101-1 图集第 2-12 页构造规定，梁上起柱应在梁内设置间距小于等于 500mm，且不少于两道柱箍筋，梁顶面以上箍筋按设计要求。

例 12-2-6 本工程中，嵌固部位标高应为（　　）m。

A. ±0.000　　　　　　　　B. −0.030

C. −3.830　　　　　　　　D. 4.170

答案：B。

解析：根据本工程结构层高表可知，在 −0.030m 标高下使用双细线注明，故嵌固部

位标高为 -0.030m。

(3) 多选题

例 12-2-7 抗震框架柱箍筋加密区范围包括（　　）。
A. 节点范围
B. 底层刚性地面上下 500mm
C. 楼层框架梁顶面向上 $H_n/3$
D. 嵌固部位向上 $H_n/3$

答案：ABD。

解析：根据 22G101-1 图集"KZ 箍筋加密区范围"和"底层刚性地面"构造规定，KZ 的箍筋加密区有：嵌固部位向上 $H_n/3$、楼层框架梁底面（顶面）max（$H_n/6$，h_c，500）范围，梁柱节点区以及底层刚性地面上下各 500mm 范围。

例 12-2-8 以下关于本工程框架柱的说法正确的是（　　）。
A. 采用列表注写表示方法
B. 柱箍筋均采用 4×4 复合箍筋
C. 三层 KZ-4 角筋应伸至五层非连接区以外进行连接
D. KZ-1 柱纵筋在基础内变折 $6d$ 且≥150mm

答案：CD。

解析：本工程采用截面注写表示方法；由结施-08 墙柱平法施工图可知，-3.830m 标高至 -0.030m 标高的框架柱 KZ-2 箍筋为 3×3 复合箍筋；由结施-10～11 可知，KZ-4 在三层（7.570～10.970m 标高）角筋配置为 4⌀25，在四层（10.970～14.370m 标高）角筋配置为 4⌀20，下柱较大直径钢筋应伸至上柱非连接区以外进行连接；本工程采用梁板式筏形基础，由结施-06 知，KZ-1 柱纵筋应伸至 JL4 内进行锚固，JL4 梁高 900mm，经查表可知 KZ-1 的直锚长度 $l_{aE}=32d=32\times25=800$mm，满足直锚条件，应伸至梁底钢筋上弯折 $6d$ 且大于或等于 150mm。

(4) 问答题

例 12-2-9 识读本工程结施-10 "7.570～10.970 墙柱平法施工图"中 KZ-4、KZ-5 的截面注写信息，完成识图报告。

答案：KZ-4 表示编号为 4 的框架柱；在 7.570～10.970m 处截面尺寸 $b\times h=400$mm$\times500$mm，其中 $b_1=200$mm，$b_2=200$mm，$h_1=125$mm，$h_2=375$mm；角部纵筋采用 4 根直径 25mm 的 HRB400 级钢筋，b 边每侧中部采用 2 根直径 20mm 的 HRB400 级钢筋，h 边每侧中部采用 2 根直径 20mm 的 HRB400 级钢筋；箍筋为 4×4 复合箍筋，直径 8mm 的 HPB300 级钢筋，间距 100mm。

KZ-5 表示编号为 5 的框架柱；在 7.570～10.970m 处截面尺寸 $b\times h=680$mm$\times680$mm，其中 $b_1=125$mm，$b_2=555$mm，$h_1=125$mm，$h_2=555$mm；全部纵筋采用 12 根直径 22mm 的 HRB400 级钢筋；箍筋为 4×4 复合箍筋，直径 8mm 的 HPB300 级钢筋，间距 100mm。

(5) 图纸会审题

例 12-2-10 识读附录图纸"××××有限公司办公楼"结施-08 中 KZ-2、KZ-3 的信息，查找其中出现的问题，并将发现问题填写在"图纸会审记录表"中"设计图纸存在问题"处（答复意见无需施工方填写）。

图纸会审记录表　　　　　　　　　　　　　　　　　　表 12-2-1

设计交底图纸会审记录			
工程名称：××××有限公司办公楼			
序号	图号	设计图纸存在问题	设计院或业主答复意见
结构部分			
1			
2			
建设单位	设计单位	监理单位	施工单位

答案：详见表 12-2-2。

图纸会审记录表　　　　　　　　　　　　　　　　　　表 12-2-2

设计交底图纸会审记录			
工程名称：××××有限公司办公楼			
序号	图号	设计图纸存在问题	设计院或业主答复意见
结构部分			
1	结施-08	图纸中 KZ-2 的纵筋配置为 12Φ25，应在柱四边每侧布置 4 根纵筋，现每侧仅布置 3 根纵筋，柱的截面配筋图与配置不符，请设计复核	
2	结施-08	图纸中 KZ-3 的箍筋配置为Φ8@100 全高范围加密，而根据构造要求及经济性考虑，建议区分箍筋加密区与非加密区，请设计复核明确是否按全高加密施工	
建设单位	设计单位	监理单位	施工单位

解析：采用列表注写和截面注写，当柱纵筋直径、根数均相同时，将纵筋按全部纵筋配置注写，每侧布置根数=（全部纵筋数/4）+1，并检查图与文字注写是否一致。

在布置钢筋时，需综合考量构造规范与经济性原则，同时每层框架柱的箍筋通常按加密区和非加密区布置，框架柱箍筋加密区即纵筋非连接区，包括嵌固部位以上 $H_n/3$，其他部位楼面以上和框架梁底以下各 $\max(H_n/6, h_c, 500)$ 高度范围以及梁柱节点范围，若设计要求全高范围加密，则按设计要求施工。因此在实际工程中，若遇到框架柱箍筋在全高范围加密设置，施工前最好与设计沟通明确。

3. 柱识图实训任务实施

根据 22G101-1 图集及附录图纸"××××有限公司办公楼"的墙柱平法施工图完成以下练习。

(1) 填空题

题 12-2-1 本工程框架柱的支座为_____，当支座侧向保护层厚度大于 $5d$ 时且基础高度不满足直锚时，柱纵筋全部伸至_____弯折 $15d$，伸入基础内竖直段长度_____。

题 12-2-2 芯柱在柱表中可以查到的注写信息有：_____。

题 12-2-3 本工程结施-09 中，②轴交Ⓐ轴 KZ-1 的截面尺寸为_____，其中 $b_1 =$ _____ mm，$b_2 =$ _____ mm，$h_1 =$ _____ mm，$h_2 =$ _____ mm。

题 12-2-4 柱净高范围内，最下一组箍筋距离底部梁顶_____ mm，最上一组箍筋距离顶部梁底_____ mm；节点区最下、最上一组箍筋距离节点区梁底、梁顶_____ mm；当柱顶与梁顶标高相同时，节点区最上一组箍筋距梁顶_____ mm。

题 12-2-5 框支剪力墙结构中，转换柱 ZHZ 在上部墙体范围内的纵筋应伸入_____，其余钢筋应水平弯折锚入_____，长度自转换柱边算起不少于_____；纵筋间距不宜大于_____且不应小于_____；其箍筋加密范围为_____。

12-2-2 转换柱节点纵筋构造

(2) 单选题

题 12-2-6 本工程框架柱 KZ-5 纵筋伸入基础内锚固，其弯后平直段长度不应小于（　　）。

A. 150mm　　B. 375mm　　C. 0mm　　D. 300mm

题 12-2-7 对于本工程一层框架柱纵筋的连接接头，说法正确的是（　　）。

A. 直径小于 25mm 时，可采用机械连接、焊接或绑扎搭接
B. 直径不小于 28mm 时，宜采用机械连接或焊接
C. 宜采用机械连接或焊接
D. 应采用机械连接或焊接

题 12-2-8 下列关于梁上起柱的构造，说法错误的是（　　）。

A. 纵筋均应伸至梁底部纵筋的上方
B. 纵筋下端在梁内设置 90°弯钩，弯钩平直段长度为 $15d$
C. 框架梁是梁上起柱的支座
D. 梁顶面以上 max（$H_n/6$，h_c，500）范围是其柱根箍筋加密区

题 12-2-9 下列关于嵌固部位的说法错误的是（　　）。

A. 在本工程层高表中，嵌固部位标高下使用双细线注明
B. 当层高表中没有注明嵌固部位时，框架柱的嵌固部位在基础顶面
C. 层高表中，当地下室顶板标高下注明双虚线时，首层柱箍筋加密区长度应按嵌固部位要求设置
D. 芯柱的嵌固部位与其所在框架柱相同

题 12-2-10 现将本工程七层在Ⓐ轴上的框架柱 KZ-1 截面尺寸修改为 500mm×

380mm，如图 12-2-3 所示，其余配置不变，下列说法正确的是（　　）。

A. 标高 21.170m 以上变截面一侧柱角筋应往下伸 1056mm

B. 标高 21.170m 以下变截面一侧柱纵筋应往内弯折长度 300mm

C. 本层柱下端自楼板顶面标高起不小于 455mm 为非连接区

D. 柱纵筋应连续通过变截面处，向内弯折

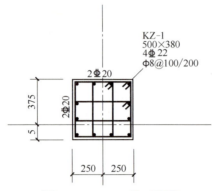

图 12-2-3　KZ-1 截面注写

题 12-2-11　本工程结施-10 中，当框架柱 KZ-6 的柱纵筋采用焊接连接时，不符合规范要求的是（　　）。

A. 相邻纵筋接头位置错开

B. 相邻纵筋接头之间间距不应小于 770mm

C. 柱下端箍筋加密区长度为 600mm

D. 柱纵筋接头位置应避开柱端箍筋加密区

题 12-2-12　如图 12-2-4 所示，本工程结施-11 中⑪轴交 D 轴，框架柱 KZ-4 到柱顶时的内侧纵筋构造正确的是（　　）。

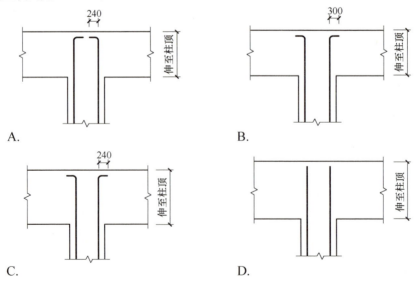

图 12-2-4　KZ-4 柱顶纵筋构造

题 12-2-13 下列关于本工程结施-09 的说法,正确的是( )。

A. 框架柱 KZ-3 的纵筋配置为 4Φ25

B. 按柱的分段截面尺寸、配筋、截面与轴线关系相同进行柱的编号

C. 该平法施工图包括柱平面布置图、原位放大柱截面配筋图及结构层高表

D. 剪力墙和框架柱的施工图分别单独绘制

题 12-2-14 本工程一层框架柱 KZ-2 在 −0.030 标高以上的箍筋按间距 100mm 布置的范围为( )。

A. 600mm B. 500mm
C. 558mm D. 1117mm

(3) 多选题

题 12-2-15 柱在楼面处节点上下非连接区的判断条件是( )。

A. 500mm B. $H_n/6$
C. h_c(柱截面长边尺寸) D. $H_n/3$

题 12-2-16 如图 12-2-5 所示的芯柱 XZ 配筋按构造设计,则该芯柱截面尺寸 a 应满足( )。

A. $a \geq b/3$ B. $a \geq 250mm$
C. $a \geq 300mm$ D. $a \geq b/4$

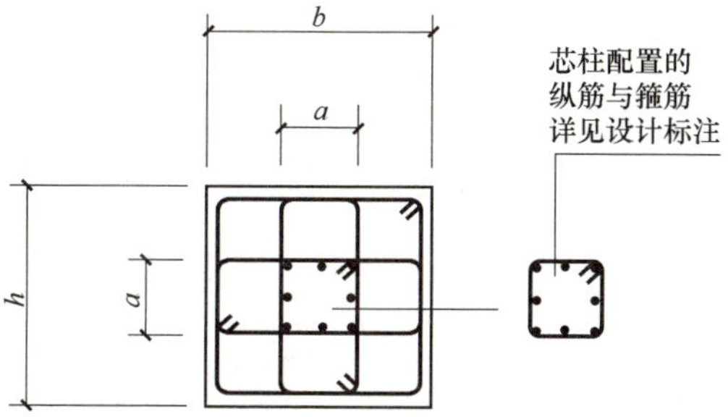

图 12-2-5 芯柱

题 12-2-17 抗震设防地区,下列关于柱箍筋加密范围的叙述中,正确的是( )。

A. 嵌固部位的柱下端加密区长度不应小于柱高的 1/3

B. 刚性地面加密区长度取其上下各 500mm

C. 双向穿层框架柱的上、下端箍筋加密区长度为截面长边尺寸(圆柱直径)、穿层柱净高的 1/6 和 500mm 三者的最大值

D. 柱端取加密区长度为截面长边尺寸(圆柱直径)、柱净高的 1/6 和 500mm 三者的最大值

题 12-2-18 本工程结施-12 墙柱平法施工图中,框架柱 KZ-3 在③轴交Ⓓ轴柱顶为( ),柱纵筋伸入梁内的外侧纵筋根数不宜少于( )根。

A. 角柱 B. 边柱
C. 3 D. 2

(4) 问答题

题 12-2-19 识读本工程结施-11 "10.970~24.600 墙柱平法施工图"中 KZ-5 的截面注写信息,完成识图报告。

_____

_____

_____

_____

(5) 图纸会审题

题 12-2-20　识读附录图纸"××××有限公司办公楼"结施-08 中 KZ-4、KZ-5 的信息，查找其中出现的问题，并将发现问题填写在"图纸会审记录表"中"设计图纸存在问题"处。（答复意见无需施工方填写）

图纸会审记录表　　　　　　　　　　表 12-2-3

序号	图号	设计图纸存在问题	设计院或业主答复意见
\multicolumn{4}{c}{设计交底图纸会审记录　工程名称：××××有限公司办公楼}			
\multicolumn{4}{c}{结构部分}			
1	结施-08		
2	结施-08		
3	结施-08		
建设单位	设计单位	监理单位	施工单位

模块三　柱平法施工图绘图实训

1. 柱绘图实训任务描述

【任务内容】

按照 22G101-1 图集中有关柱平法施工图制图规则的知识，对附录图纸"××××有限公司办公楼"的柱平法施工图、图纸会审纪要、设计变更单等资料进行识读，正确理解柱平法施工图等设计资料的设计意图，理解任务意图，掌握题目要求及绘图细则，应用 CAD 软件进行结构施工图绘图。

【任务目标】

熟悉 22G101-1 图集中柱标准构造详图，同时能准确识读建筑工程施工图纸、图纸会审纪要、设计变更单等资料，按题目要求及绘图细则，绘制柱构造详图。

【任务分组】

学生任务分配表　　　　　　　　　表 12-3-1

班级		组号		指导老师	
组长		学号			
组员	姓名	学号	姓名	学号	姓名	学号
任务分工						

2. 柱绘图知识清单

【绘图步骤】

步骤1	步骤2	步骤3	步骤4	步骤5	STEP6
识读所绘柱的施工图（层高表、柱表或柱截面信息），以及与柱相连的梁施工图，明确构件尺寸、配筋、锚固长度等信息。	按题目要求，绘制柱、相关梁或板等构件立面轮廓。	根据柱表或柱截面配筋，结合柱钢筋构造，绘制柱钢筋。	当采用柱表注写时，根据柱表信息绘制柱横剖面。	在柱横剖面标注柱钢筋的配置。	标注构件尺寸、标高、图名及比例。

【样例与解析】

根据 22G101-1 图集完成以下题目。

柱施工图绘制要求：

1. 钢筋线用多段线命令绘制，并设置线宽，出图后粗线线宽为 0.5mm。

2. 结构构造按现行平法图集中最经济的构造标准要求；构造尺寸按最低限值取值，不得人为放大调整，且小数点后数字进位。例：计算值 99 则取值 99，计算值 99.2 则取值 100。

3. 文字标注：采用样柱文件中已设置的字体"钢筋注写"。

4. 尺寸标注：根据出图比例要求，选用样柱文件中已设置的标注样式"比例 25"或"比例 50"标注。

5. 图层设置不作要求。

例 12-3-1　打开样板图"样板文件例 12-3-1.dwg"，请根据结施-12"24.600～29.000 墙柱平法施工图"，在答案卷中完成③轴交Ⓓ轴处 KZ-3 的构造详图。

绘制要求：

1. 纵筋采用焊接连接，在样板图"样板文件例 12-3-1.dwg"纵剖面图中补绘柱纵筋及箍筋，并标注配筋信息。同时，标注纵剖面中柱连接方式及连接位置截断点长度、箍筋加密区及非加密区范围。

2. 绘制比例 1∶1，柱纵剖面出图比例 1∶50。

保存要求：

绘制完成后，将答案卷单独保存，文件命名为"例 12-3-1.dwg"。

【样板文件】　　　　　　　　　【参考答案】

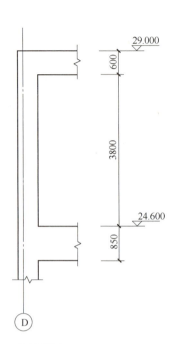

图 12-3-1　例 12-3-1 样板文件

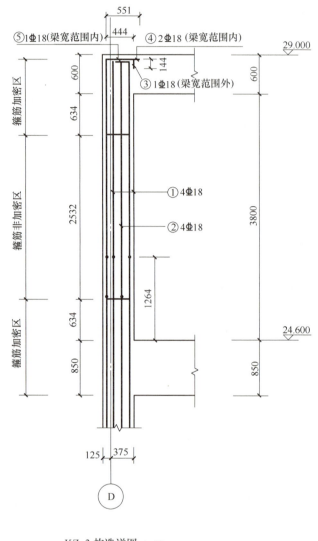

图 12-3-2　例 12-3-1 参考答案

例 12-3-2　打开样板图"样板文件例 12-3-2dwg",根据变更通知单、结施-06、结施-08 及结施-09 等工程图纸,请在答案卷中完成③轴交Ⓒ轴处 KZ-2 从－3.830～4.170m 标高段的构造详图。

绘制要求:

1. 纵筋采用焊接连接,在样板图"样板文件例 12-3-2.dwg"纵剖面图中补绘柱纵筋及箍筋,并标注配筋信息。同时,标注纵剖面中柱连接方式及连接位置截断点长度、箍筋加密区及非加密区范围。

2. 绘制比例 1∶1,柱纵剖面出图比例 1∶50。

【样板文件】

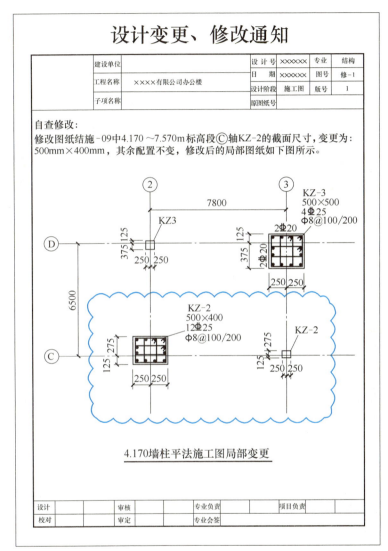
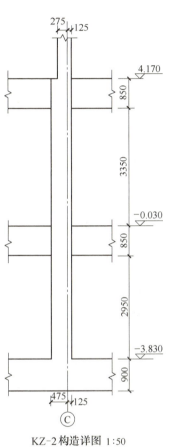

图 12-3-3　例 12-3-2 样板文件

【参考答案】

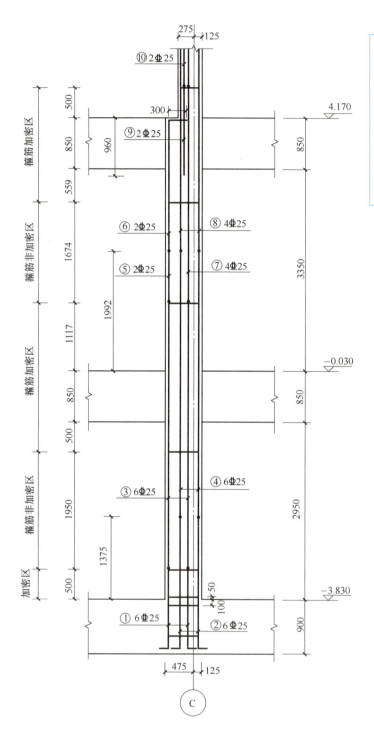

图 12-3-4　例 12-3-2 参考答案

3. 柱绘图实训任务实施

题 12-3-1 打开样板图"样板文件题 12-3-1.dwg",请根据结施-11 中 KZ-A 截面图和结施-12"24.600~29.000 墙柱平法施工图",在答案卷中完成⑥轴交Ⓓ轴处 KZ-4 的构造详图。

绘制要求:

1. 纵筋采用机械连接,在样板图的"样板文件题 12-3-1.dwg"纵剖面图中补绘柱纵筋及箍筋,并标注配筋信息。同时,标注纵剖面中柱连接方式及连接位置截断点长度、箍筋加密区及非加密区范围。

2. 按柱局部平面布置图中指定位置,绘制 1-1 柱横截面配筋详图,要求绘制柱横截面轮廓,并标注柱截面尺寸、与轴线关系;同时,绘制柱横截面图中柱纵筋、箍筋,标注配筋信息。

3. 绘制比例 1∶1,柱纵剖面出图比例 1∶50。

保存要求:

绘制完成后,将答案卷单独保存,文件命名为"题 12-3-1.dwg"。

【样板文件】

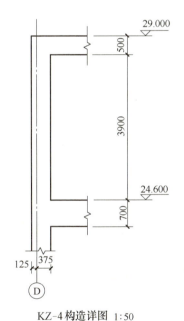

KZ-4 构造详图 1∶50

图 12-3-5 题 12-3-1 样板文件

题 12-3-2 打开样板图"样板文件题 12-3-2dwg",根据变更通知单、结施-09 及结施-10 等工程图纸,请在答案卷中完成①轴交Ⓐ轴处 KZ-5 从 4.170~10.970m 标高段的构造详图。

绘制要求:

1. 纵筋采用焊接连接,在样板图"样板文件例 12-3-2.dwg"纵剖面图中补绘柱纵筋及箍筋,并标注配筋信息。同时,标注纵剖面中柱连接方式及连接位置截断点长度、箍筋加密区及非加密区范围。

2. 绘制比例 1∶1，柱纵剖面出图比例 1∶50。

【样板文件】

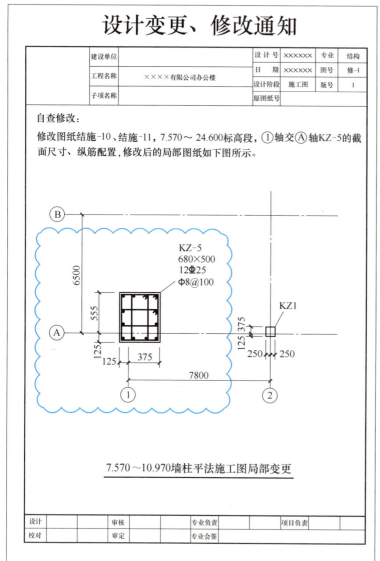
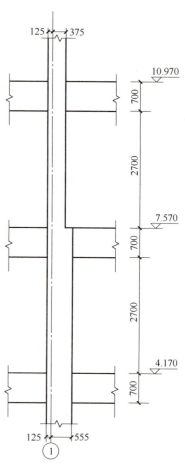

图 12-3-6　题 12-3-2 样板文件

任务十三　剪力墙平法施工图识读

模块一　剪力墙平法施工图识读的知识回顾

1. 剪力墙平法施工图制图规则

剪力墙平法施工图制图规则知识回顾　　表 13-1-1

识读内容	要点简述
1. 剪力墙墙身列表注写 墙身编号　各段起止标高　墙厚　墙身纵筋　墙身拉筋 | 编号	标高(m)	墙厚(mm)	水平分布筋	竖平分布筋	拉筋(矩形) | |---|---|---|---|---|---| | Q1 | −3.830～10.970 | 250 | ⊕10@200 | ⊕10@200 | Φ6@600@600 | | | 10.970～29.000 | 250 | ⊕8@200 | ⊕10@200 | Φ6@600@600 | | Q2 | −3.830～−0.030 | 300 | ⊕12@200 | ⊕14@200 | Φ6@600@600 | | Q3 | −3.830～−0.030 | 300 | ⊕10@200 | ⊕10@200 | Φ6@600@600 | | | −0.030～29.000 | 250 | ⊕8@200 | ⊕10@200 | Φ6@600@600 | 剪力墙身表	墙身编号： 当墙身所设置的水平与竖向分布筋的排数为 2 时,可不在墙身编号的括号内注写排数 墙身的标高范围： 自墙身根部往上以变截面位置或截面未变但配筋改变处为界分段注写墙身起止标高 墙身钢筋的配筋表达： ①在列表中注写水平分布钢筋、竖向分布钢筋和拉结筋的具体数值。 ②拉结筋应注明布置方式是"矩形"或"梅花"
2. 剪力墙墙身截面注写 Q1　①编号 墙厚:250　②墙厚 水平:⊕10@200 竖向:⊕10@200　③墙身分布筋 拉筋:Φ6@600@600(矩形)　④墙身拉筋	引注的各项内容： ①墙身编号,包括注写在括号内墙身所配置的水平与竖向分布钢筋的排数(当排数为 2 时,可不注写排数)。 ②墙厚尺寸。 ③水平分布钢筋、竖向分布钢筋和拉筋的具体数值

续表

识读内容	要点简述
3. 剪力墙墙柱列表注写 截面 500×500 | 编号	GBZ1
标高	−3.830～29.000m
纵筋	12⌀20
箍筋	Φ8@150		墙柱编号及截面大样： ①约束边缘构件 YBZ 及构造边缘构件 GBZ 需注明阴影部分尺寸。 ②扶壁柱 FBZ、非边缘暗柱 AZ 需标注几何尺寸 墙柱的标高范围： 自墙柱根部往上以变截面位置或截面未变但配筋改变处为界分段注写墙柱起止标高 墙身钢筋的配筋表达： 注写各段墙柱的纵向钢筋和箍筋
4. 剪力墙墙柱截面注写 YBZ1　墙柱编号 16⌀18　纵筋规格 Φ8@100/200　箍筋规格	引注的各项内容： ①在相同编号墙柱中选择一根墙柱绘制配筋截面图。 ②从相同编号墙柱中选择一个截面，标注全部纵筋及箍筋的具体数值
5. 剪力墙墙梁列表注写 连梁编号　所在楼层　梁顶标高高差　梁截面　连梁纵筋　箍筋 	编号	所在楼层号	梁顶相对标高高差(m)	梁截面 b×h (mm×mm)	上部纵筋	下部纵筋	箍筋
---	---	---	---	---	---	---
LL1	1		250×1600	3⌀22	3⌀22	Φ8@150(2)
	2		250×1800	4⌀22	3⌀22	Φ8@150(2)
	3～7		250×1200	3⌀20	3⌀20	Φ8@150(2)
	屋面一	1.600	250×2800	4⌀22	3⌀22	Φ8@150(2) | 剪力墙梁表	引注的各项内容： ①注写墙梁编号。 ②注写墙梁所在楼层号。 ③注写墙梁梁顶面标高高差，指相对于墙梁所在结构层楼面标高的高差值，高于为正值，低于为负值，无高差时不注。 ④注写墙梁截面尺寸 $b×h$，上下部纵筋和箍筋的具体数值。 ⑤墙梁侧面纵筋的配置，当墙身水平分布钢筋满足连梁、暗梁侧面纵向构造钢筋的要求时，该筋配置同墙身水平分布钢筋，表中不注，施工按标准构造详图的要求即可；当墙身水平分布钢筋不满足连梁侧面纵向构造钢筋的要求时，应在表中补充注明梁侧面纵筋的具体数值；纵筋沿梁高方向均匀布置；当采用平面注写方式时，梁侧面纵筋以大写字母"N"打头
6. 剪力墙墙梁截面注写 LL1　1 编号 5～9层；300×1770　2 布置的层号及截面尺寸 Φ10@150(2)　3 箍筋 4⌀25；4⌀25　4 上部纵筋；下部纵筋 N16⌀12　5 侧面纵筋 (−0.900)　6 梁顶面标高高差	引注的各项内容： 在平面图中选择相同编号的一根墙梁进行注写，注写内容及规定同列表注写

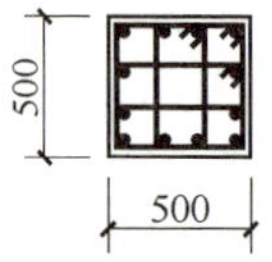

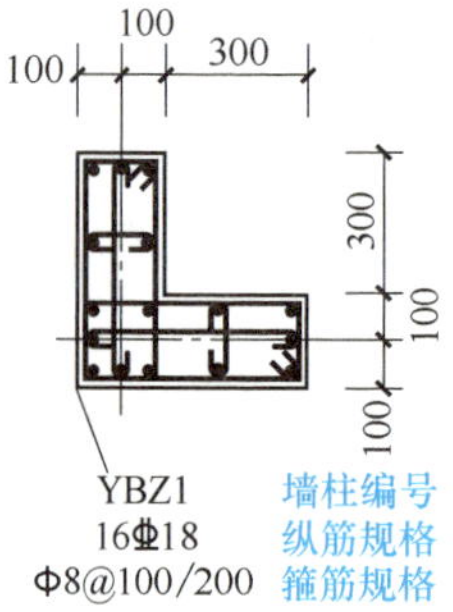

任务十三 剪力墙平法施工图识读

2. 剪力墙标准构造详图

表 13-1-2 剪力墙标准构造详图知识点回顾

标准构造详图	构造要点
(a) 保护层厚度 >5d；基础高度满足直锚 角部纵筋伸至基础板底部，支承在底板钢筋网片上，也可支承在筏形基础的中间层钢筋网片上。间距≤500mm，且不少于两道矩形封闭箍筋 (b) 保护层厚度≤5d；基础高度满足直锚 自边缘构件纵向钢筋外皮算起≤5d 伸至基础板底部，支承在底板钢筋网片上，锚固区横向箍筋 (c) 保护层厚度 >5d；基础高度不满足直锚 自边缘构件纵向钢筋外皮算起≤5d 边缘构件纵向钢筋在基础中构造 (d) 保护层厚度≤5d；基础高度不满足直锚 边缘构件纵向钢筋在基础中构造	根据边缘构件纵向钢筋侧面的保护层厚度是否大于 $5d$（d 为纵筋直径），以及基础高度是否满足直锚这两个条件，确定边缘构件在基础中的锚固构造： ①保护层厚度 >$5d$ 且基础高度满足直锚时，角部纵筋伸至基础板底部，支承在底板钢筋网片上（或筏形基础伸入基础中间层钢筋网上），其余纵筋伸至基础顶面钢筋网上。伸至基底钢筋网上的角部纵筋之间，同间距不应大于500mm，不满足时应将其他纵筋伸至基础顶面矩形封闭箍筋。基础内的角部纵筋（不含各端柱）之间，同间距大于500mm，不满足时应将其他纵筋伸至基础顶面，且不少于150mm，锚长度 l_{aE} 边缘构件在基础内设置两道矩形封闭箍筋，基础外的第一道箍筋设置在距离基础顶面100mm，基础内的第一道箍筋设置在距离基础底面50mm。 ②保护层厚度≤$5d$ 且基础高度满足直锚时，全部纵筋伸至基础板底部，支承在底板钢筋网片上，弯折 $6d$ 且≥150mm；边缘构件在基础内设置锚固区横向箍筋（直径≥$d/4$（d 为纵筋最大直径），间距≤$10d$（d 为纵筋最小直径）且≤100mm，基础内外第一道箍筋放置位置同情况①。 ③保护层厚度 >$5d$ 且基础高度不满足直锚时，全部纵筋伸至基础板底部，支承在底板钢筋网片上，弯折 $15d$，箍筋构造同情况①。 ④保护层厚度≤$5d$ 且基础高度不满足直锚时，全部纵筋伸至基础板底部，支承在底板钢筋网片上，弯折 $15d$，箍筋横向位置同情况②。

13-1-1 剪力墙边缘构件纵向钢筋在基础中构造

续表

标准构造详图	构造要点
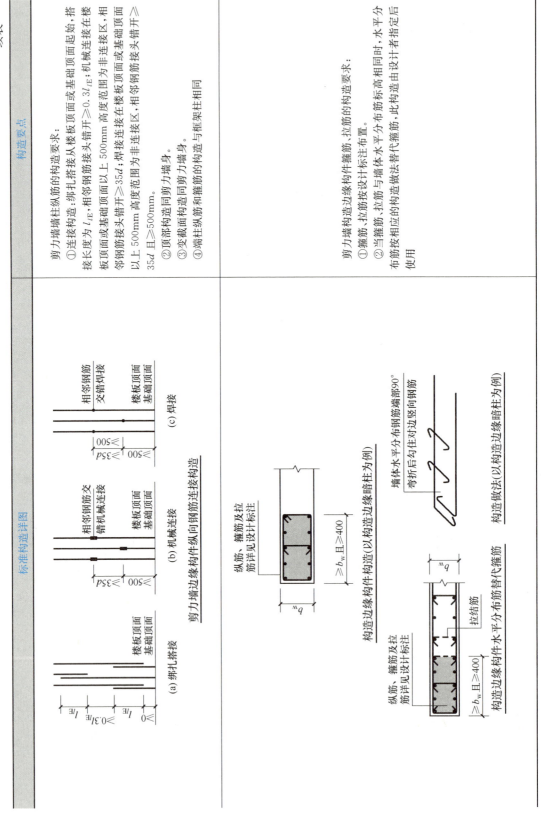	剪力墙墙柱纵筋的构造要求： ①连接构造：绑扎搭接从楼板顶面或基础顶面起始，搭接长度为 l_{lE}；相邻钢筋接头错开≥$0.3l_{lE}$；机械连接在楼板顶面或基础顶面以上 500mm 高度范围内非连接区，相邻钢筋接头错开≥35d；焊接连接在楼板顶面或基础顶面以上 500mm 高度范围内为非连接区，相邻钢筋接头错开≥35d 且≥500mm。 ②顶部构造同剪力墙身。 ③变截面构造同剪力墙身。 ④端柱纵筋和箍筋的构造与框架柱相同 剪力墙构造边缘构件箍筋、拉筋的构造要求： ①箍筋、拉筋按设计标注布置。 ②当箍筋、拉筋与墙体水平分布筋标高相同时，水平分布筋按相应的构造做法替代箍筋，此构造由设计者指定后使用

续表

标准构造详图	构造要点
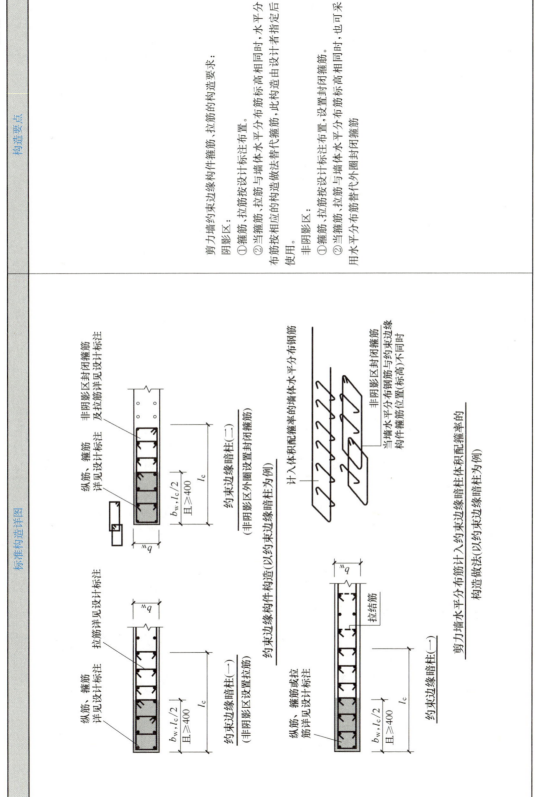	剪力墙约束边缘构件箍筋、拉筋的构造要求： 阴影区： ①箍筋、拉筋按设计标注布置。 ②当箍筋、拉筋与墙体水平分布筋标高相同时，此构造由设计者指定后布筋按相应的构造做法替代箍筋，水平分布筋按相应的构造做法替代箍筋，此构造由设计者指定后使用。 非阴影区： ①箍筋、拉筋按设计标注布置，设置封闭箍筋。 ②当箍筋、拉筋与墙体水平分布筋标高相同时，也可采用水平分布筋替代外圈封闭箍筋

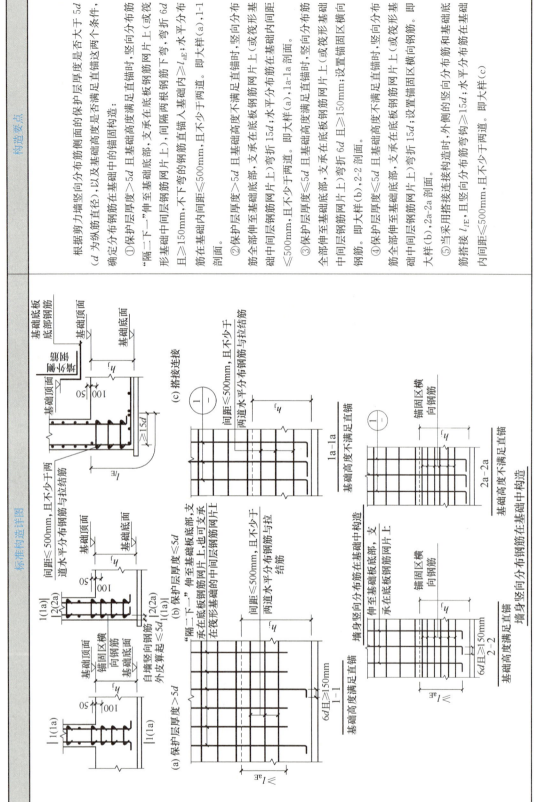

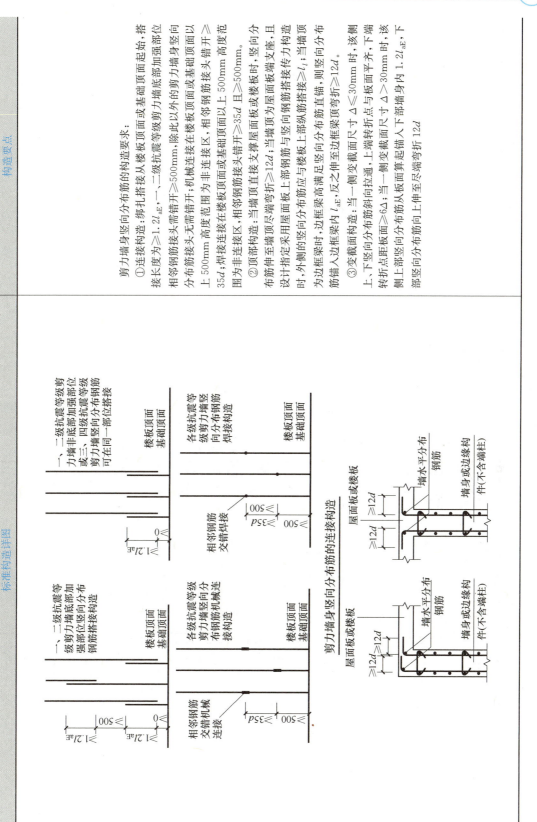

续表

构造要点	标准构造详图
剪力墙墙身竖向分布筋的构造要求： ①连接构造：绑扎搭接从楼板顶面或基础顶面起始。搭接长度为≥1.2l_{aE}。相邻钢筋接头需错开≥500mm。一、二级抗震等级剪力墙底部加强部位相邻钢筋接头错开≥500mm，除此以外的剪力墙身竖向分布筋接头无需错开；机械连接接头在楼板顶面或基础顶面以上500mm高度范围内为非连接区，相邻钢筋接头顶面以上35d且≥500mm高度范围内为非连接区，相邻钢筋接头错开≥35d且≥500mm。焊接连接接头顶面以上钢筋搭接楼板时，≥500mm高度范围内分布筋竖向错开≥35d且≥500mm。 ②顶部构造：当墙顶直接为屋面支撑板时，竖向分布筋伸至墙顶尽端弯折≥12d；当墙顶上部钢筋与竖向钢筋搭接时≥l_l；当墙顶设计采用屋面板上部钢筋应与楼板上部纵筋搭接≥l_l；当墙顶为边框梁时，边框梁高满足梁高满足梁直锚l_{aE}，反之伸至边框梁尽端弯折≥12d。 ③变截面构造：当一侧变截面尺寸Δ≤30mm时，该侧上、下竖向分布筋斜向拉通。上端转折与板面平；下端转折点距板面≥6Δ；当一侧变截面尺寸Δ>30mm时，该侧上部竖向分布筋从板面起锚入下部墙身内1.2l_{aE}，下部竖向分布筋向上伸至尽端弯折12d	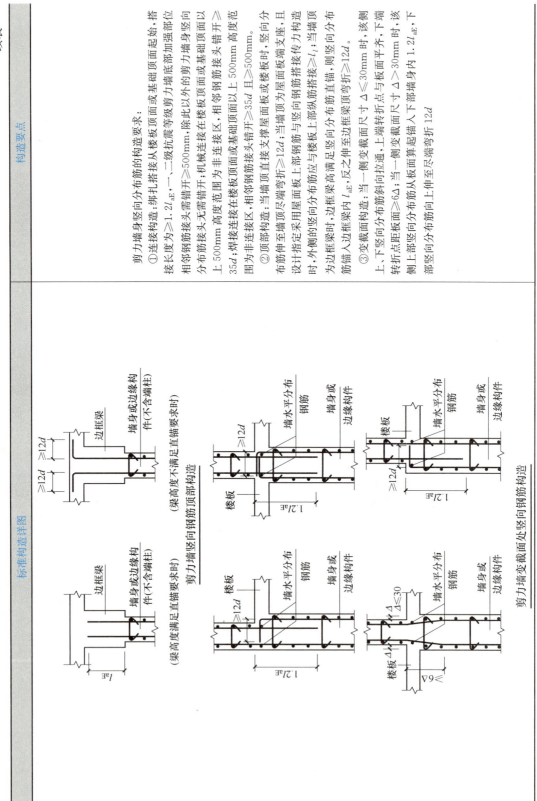 剪力墙变截面处竖向钢筋构造

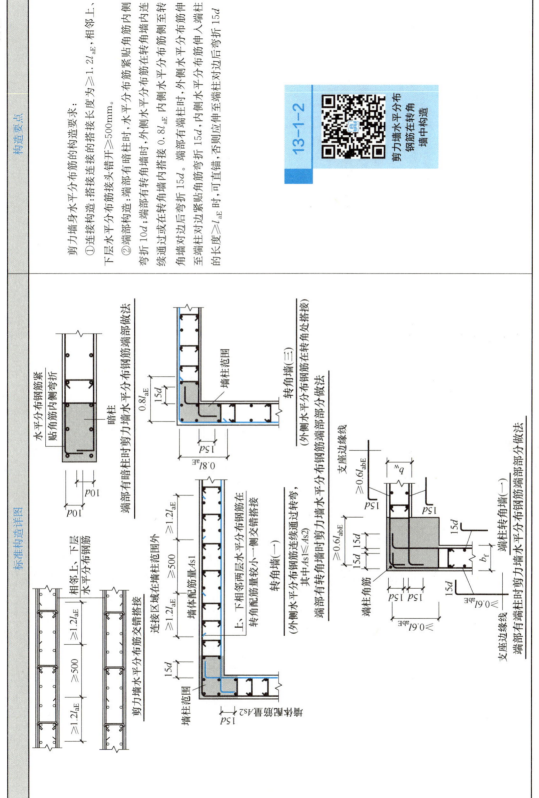

续表

构造要点	标准构造详图
剪力墙墙梁LL的纵筋构造要求： 当端支座长度满足纵筋直锚时，单洞口连梁纵筋在端支座的直锚长度≥l_{aE}且≥600mm，当不满足直锚时，纵筋伸至端支座墙外侧纵筋内侧后弯折15d。 当双洞口连梁的中间墙内墙尺寸≥2l_{aE}且≥1200mm时，纵筋在中间墙内连续拉通，当不满足时，按单洞口进行构造	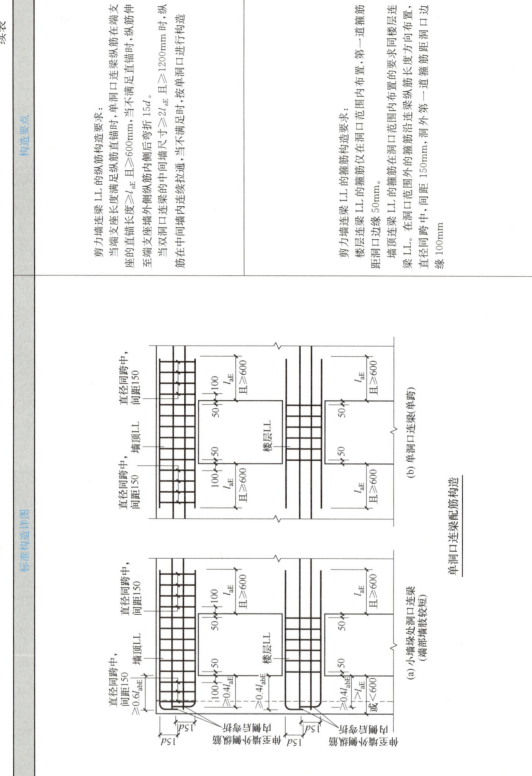
剪力墙墙梁LL的箍筋构造要求： 楼层墙梁LL的箍筋仅在洞口范围内布置。第一道箍筋距洞口边缘50mm。 墙顶连梁LL的箍筋在洞口范围内布置的要求同楼层连梁LL。在洞口范围外的箍筋沿连梁纵筋长度方向布置，直径同跨中，间距150mm，洞外第一道箍筋距洞口边缘100mm	

单洞口连梁配筋构造

续表

构造要点	标准构造详图
剪力墙连梁 LL 的纵筋构造要求： 当端支座长度满足纵筋直锚时，单洞口连梁纵筋在端支座的直锚长度≥l_{aE}，且≥600mm，当不满足直锚时，纵筋伸至墙外侧纵筋内侧后弯折 15d。 当双洞口连梁的中间墙尺寸≥2l_{aE}，且≥1200mm 时，纵筋在中间墙内连续拉通，当不满足时，按单洞口进行构造	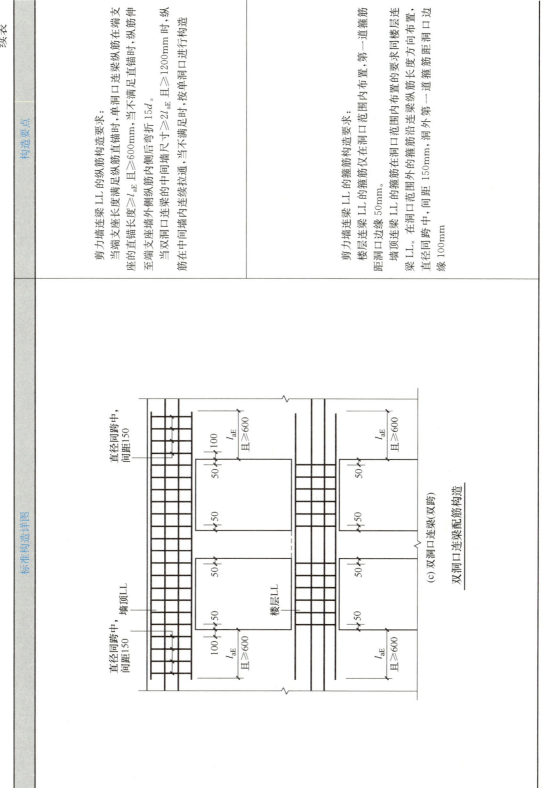
剪力墙连梁 LL 的箍筋构造要求： 楼层连梁 LL 的箍筋仅在洞口范围内布置，第一道箍筋距洞口边缘 50mm。 墙顶连梁 LL 在洞口范围外的箍筋在洞口范围内布置的要求同楼层连梁 LL。在洞口范围外的箍筋沿连梁纵筋长度方向布置，直径同跨中，间距 150mm，洞外第一道箍筋距洞口边缘 100mm	

(c) 双洞口连梁配筋构造

模块二　剪力墙平法施工图识图实训

1. 剪力墙识图实训任务描述

【任务内容】

按照 22G101-1 图集中有关剪力墙平法施工图制图规则的知识，对附录图纸"××××有限公司办公楼"的剪力墙平法施工图、图纸会审纪要、设计变更单等资料进行识读，正确理解剪力墙平法施工图等设计资料的设计意图，完成剪力墙平法施工图识图相关技能、知识答题。

【任务目标】

（1）熟悉剪力墙平法施工图制图规则，能正确识读剪力墙平法施工图、图纸会审纪要、设计变更单等资料。

（2）能够领会剪力墙平法施工图的技术信息，发现图纸中存在的不正确、缺陷和疏漏内容。

2. 剪力墙识图知识清单

【识图步骤】

【样例与解析】

（1）填空题

根据 22G101-1 图集及附录图纸"××××有限公司办公楼"的墙柱平法施工图完成以下题目。

例 13-2-1　墙身编号由墙身_____、_____以及墙身所配置的水平与竖向分布钢筋的_____组成，排数注写在_____内，排数为_____时可不注。Q1 表示_____。

答案：代号；序号；排数；括号；2；1号剪力墙身，水平与竖向分布筋的排数为两排。

解析：详见 22G101-1 图集中，关于剪力墙构件制图规则的要求。特别要注意的是，剪力墙身钢筋排数标注在墙身编号的括号内，当排数为 2 时，可不注。如：剪力墙身 Q1 的钢筋排数为两排。

例 13-2-2 一、二级抗震等级剪力墙底部加强部位的竖向分布钢筋搭接连接时，相邻竖向钢筋交错搭接，搭接长度为_____，相邻竖向钢筋搭接范围错开距离为_____mm，钢筋直径大于_____mm 时不宜采用搭接连接。

答案：$1.2l_{aE}$；500；28。

解析：详见 22G101-1 图集中，关于剪力墙柱竖向分布筋构造详图的要求。特别要注意与剪力墙边缘构件的纵向钢筋搭接连接的构造要求作区分，剪力边缘构件的搭接长度为 l_{lE}，相邻纵向钢筋搭接范围错开距离为 $0.3l_{lE}$。

例 13-2-3 当保护层厚度>5d，且基础高度满足直锚时，墙身竖向分布筋_____伸到基础底部钢筋网上，弯折_____且≥_____mm，其余竖向分布筋伸入基础_____。当基础高度不满足直锚时，竖向分布筋均伸到基础底部钢筋网上弯折_____，伸入基础内竖直段长度≥_____且≥_____。基础内第一道水平分布筋与拉筋距离基础顶面_____mm，水平分布筋与拉筋间距≤_____mm，且不少于_____道。基础外第一道水平分布筋与拉筋距离基础顶面_____mm。

13-2-1
剪力墙竖向分布钢筋在基础中构造

答案：隔二下一；6d；150；l_{aE}；15d；$0.6l_{abE}$；20d；100；500；两；50。

解析：详见 22G101-3 图集中，关于剪力墙竖向分布筋在基础中的构造要求。

(2) 单选题

例 13-2-4 在本工程结施-09 中，⑫轴处的剪力墙墙身 Q1 在 2 层的墙厚为（   ）。

A. 250mm

B. 300mm

C. 350mm

D. 400mm

答案：A。

解析：详见结施-09 及结施-13 中剪力墙身表，-3.830～10.970m 标高范围的 Q1 墙厚为 250mm。

例 13-2-5 在本工程结施-08 中，④轴交©轴处剪力墙边缘构件 GBZ3 纵筋在基础顶面采用绑扎搭接，则搭接长度应不小于（   ）mm（剪力墙受压）。

A. 465

B. 572

C. 630

D. 768

答案：D。

解析：根据 22G101-1 图集以及结构设计总说明可知，该边缘构件混凝土强度等级为 C35，剪力墙抗震等级为三级，剪力墙边缘构件纵筋绑扎搭接的搭接长度为≥l_{lE}，相邻纵筋接头交错布置，按同一区段内搭接钢筋面积百分率 50%，查表可得 $l_{lE}=48d$。查结施-13 可知，边缘构件纵筋为⌀16，$l_{lE}=48d=48×16=768$mm。

例 13-2-6 在本工程结施-09 中，⑫轴处剪力墙身 Q1 竖向分布筋连接做法与平法图集要求不符的是（   ）。

A. 采用绑扎搭接，在底部加强部位相邻搭接接头必须错开连接
B. 采用机械连接，分两批进行连接，相邻钢筋接头错开 350mm
C. 采用绑扎搭接，第一批从楼面起连接
D. 采用机械连接，从楼层面以上 500mm 起连接

答案：A。

解析：根据 22G101-1 图集第 2-21 页，三、四级抗震等级剪力墙竖向分布钢筋可在同一部位搭接，本工程剪力墙抗震等级为三级。

例 13-2-7 在本工程结施-9 中，4.170m 标高⑦轴处剪力墙连梁 LL1 下部纵筋在ⓒ轴边缘构件 GBZ7 中的锚固说法正确的是（   ）。

A. 在 GBZ7 中直锚，长度为 600mm
B. 在 GBZ7 中直锚，长度为 748mm
C. 在 GBZ7 中弯锚，弯折竖直段长度为 330mm
D. 在 GBZ7 中弯锚，弯折竖直段长度为 264mm

答案：C。

解析：根据 22G101-1 图集以及结构设计总说明等图纸可知，边缘构件及连梁的混凝土强度等级为 C35，剪力墙抗震等级为三级，连梁纵筋 $l_{aE}=34d=34×22=748mm$。则 $600mm < l_{aE}$，且 $l_{aE} >$ 边缘构件长度－保护层厚度＝725－15＝710mm。因此，该纵筋在边缘构件中弯锚，弯折竖直段长度为 $15d=15×22=330mm$。

(3) 多选题

例 13-2-8 按 22G101-1 图集及设计说明，本工程剪力墙构造做法正确的是（   ）。

A. 剪力墙墙身竖向分布筋布置在水平分布筋的内侧
B. 每层墙身最下一排拉结筋在板面以上第二排水平分布筋处拉结
C. 墙身拉结筋宜同时勾住水平、竖向分布筋
D. 拉结筋两端的弯钩平直段长度最小值应取为 $\max(75, 10d)$
E. 剪力墙构造边缘构件的纵向钢筋可在同一部位同时搭接连接，接头无需错开。

答案：ABC。

解析：由 22G101-1 图集第 2-22 页各个大样表达可知，选项 A 正确。由 22G101-1 图集第 2-23 页文字说明可知，选项 B 正确。由 22G101-1 图集第 2-7 页可知，拉结筋宜同时勾住水平、竖向分布筋，拉结筋弯钩平直段最小值为 $5d$，选项 C 正确，以及选项 D 不正确。由 22G101-1 图集第 2-21 页边缘构件纵向钢筋连接构造可知，纵向钢筋无论采用何种连接方式，相邻钢筋均需要错开连接，选项 E 不正确。

例 13-2-9 根据本工程结施-09 等图纸，下列关于剪力墙的说法正确的是（   ）。

A. 二层⑦轴处剪力墙连梁的混凝土强度等级同楼板
B. 二层⑫轴处剪力墙墙身 Q1 的水平分布筋搭接连接的搭接长度至少为 408mm
C. 二层④轴交ⓒ轴处剪力墙边缘构件 GBZ3 的纵筋采用焊接连接，相邻钢筋接头错开距离为 560mm
D. 二层④轴交ⓒ轴处剪力墙墙身 Q1 的竖向分布筋采用搭接连接，则楼板面以上 500mm 范围内为非连接区
E. 二层⑧轴交ⓒ轴处剪力墙边缘构件 GBZ6 的箍筋配置为 Φ8@100

答案：BCE。

解析：由结构设计总说明可知，标高 4.170m 以下剪力墙混凝土强度等级为 C35，选项 A 错误。由 22G101-1 图集及结施-09 等图纸可知，剪力墙混凝土强度等级为 C35，剪力墙抗震等级为三级，查表得 $l_{aE}=34d$，水平分布筋搭接连接长度为 $1.2l_{aE}=1.2×34×10=408$mm，选项 B 正确。剪力墙边缘构件 GBZ3 纵筋的相邻焊接连接接头错开距离取 $\max(35d,500)=\max(35×16,500)=560$mm，选项 C 正确。剪力墙身竖向分布筋搭接连接接头可从基础面或楼面起始，无非连接区，选项 D 错误。由结施-13 剪力墙柱表知，选项 E 正确。

(4) 问答题

例 13-2-10 识读本工程结施-13 剪力墙柱表中 GBZ4 在 －3.830～－0.030m 标高段的信息，完成识图报告。

答案：GBZ4：表示 4 号构造边缘构件，标高为 －3.830～－0.030m，纵筋配置 20 根 HRB400 直径为 14mm，箍筋为 HPB300 直径为 8mm，间距为 150mm。

解析：对结施-13 中 GBZ4 的各项信息进行解读。

(5) 图纸会审题

根据 22G101-1 图集及附录图纸"××××有限公司办公楼"的墙柱施工图完成以下题目。

例 13-2-11 识读本工程结施-13 中 GBZ4 的各项信息，查找其中出现的问题，并将发现问题填写在"图纸会审记录表"中"设计图纸存在问题"处（答复意见无需施工方填写）。

图纸会审记录表　　　　　　　　　　　　　　　　　　　　表 13-2-1

设计交底图纸会审记录			
工程名称：××××有限公司办公楼			
序号	图号	设计图纸存在问题	设计院或业主答复意见
结构部分			
1	结施-13		
建设单位	设计单位	监理单位	施工单位

答案：

图纸会审记录表　　　　　　　　　　　　　　　　　　　　表 13-2-2

设计交底图纸会审记录			
工程名称：××××有限公司办公楼			
序号	图号	设计图纸存在问题	设计院或业主答复意见
结构部分			
1	结施-13	GBZ4 在 －0.030～26.200m 标高段中，配筋大样所绘纵筋数量为 20 根，而在表中标注数量为 18 根。请设计确认该处纵筋数量	
建设单位	设计单位	监理单位	施工单位

解析：识读墙柱表应仔细核对配筋大样与标注信息是否相符，两者存在矛盾时，应及时反馈给设计人员予以确认修改。

3. 剪力墙识图实训任务实施

根据 22G101-1 图集及附录图纸"××××有限公司办公楼"的剪力墙平法施工图完成以下题目。

（1）填空题

题 13-2-1 墙梁编号，由墙梁类型_____和_____组成。LL1 表示：_____；LLk2 表示：_____；AL3 表示：_____；BKL5 表示：_____。

题 13-2-2 当剪力墙截面单侧内收尺寸 Δ＞30mm 时，变截面一侧的下层墙身竖向钢筋伸至变截面处向内弯折，弯折长度大于等于_____，上层竖向钢筋插入下层墙内_____。

（2）单选题

题 13-2-3 根据 22G101-1 图集，下列关于剪力墙暗柱、暗梁、连梁纵筋保护层的说法正确的是（　　）。

A. 暗柱的保护层同普通框架柱的保护层
B. 暗梁的保护层同框架梁的保护层
C. 连梁的保护层同框架梁的保护层
D. 连梁的保护层同墙的保护层

题 13-2-4 识读本工程结施-09，1层④轴处剪力墙 Q1 钢筋构造做法合理的是（　　）。

A. 内侧水平筋必须伸至 GBZ2 端部角筋内侧后 90°弯折 120mm
B. 外侧水平筋必须伸至 GBZ2 端部角筋内侧后 90°弯折 120mm
C. 内侧水平筋可在 GBZ2 内直锚
D. 外侧水平筋可在 GBZ2 内直锚

题 13-2-5 在本工程结施-09 中，关于 2 层①轴交⑦轴以下第一根 LL1，以下说法不正确的是（　　）。

A. 墙身的水平分布筋布置在连梁箍筋的外侧
B. 连梁纵筋布置在连梁箍筋的内侧
C. 连梁纵筋在剪力墙内的锚固长度为 600mm
D. 连梁梁面标高为 4.170m

题 13-2-6 在本工程结施-09 中，①轴交⑦轴 GBZ4 在 4.170～7.570m 标高段，其纵筋采用焊接连接时，不符合规范与设计说明要求的是（　　）。

A. 相邻纵筋接头位置错开
B. 相邻纵筋接头之间的距离不应小于 500mm
C. 第一批接头位置距离楼板面不小于 550mm
D. 受拉区接头面积百分率不应大于 50%

题 13-2-7 在本工程结施-09 中，关于 2 层⑧轴处剪力墙身 Q1，下列说法不正确的是（　　）。

A. 水平分布筋为Φ10@200

B. 竖向分布筋为Φ8@200

C. 拉筋按矩形布置

D. 按双排配筋

题 13-2-8 在本工程结施-08 中，关于④轴交ⓒ～ⒹⒸ轴处剪力墙身 Q1，其竖向分布筋在基础顶面采用搭接连接，则搭接长度至少为（　　）。

A. 256mm

B. 328mm

C. 408mm

D. 480mm

题 13-2-9 在本工程结施-12 中，关于④轴交ⓒ～Ⓓ轴处剪力墙身 Q1，其竖向分布筋在墙顶的构造，下列说法正确的是（　　）。

A. 伸至墙顶无需弯折

B. 伸至墙顶 90°弯折，弯折水平段长度为 120mm

C. 伸至墙顶 90°弯折，弯折水平段长度为 150mm

D. 伸至墙顶 90°弯折，弯折水平段长度为 200mm

题 13-2-10 在本工程结施-12 中，关于④轴交ⓒ轴处剪力墙边缘构件 GBZ3，其纵筋在墙顶的构造，下列说法正确的是（　　）。

A. 伸至墙顶无需弯折

B. 伸至墙顶 90°弯折，弯折水平段长度为 120mm

C. 伸至墙顶 90°弯折，弯折水平段长度为 150mm

D. 伸至墙顶 90°弯折，弯折水平段长度为 200mm

(3) 多选题

题 13-2-11 在本工程结施-09 中，关于 2 层剪力墙，以下表述正确的是（　　）。

A. 剪力墙身 Q1 混凝土强度等级为 C30

B. 连梁 LL1 的抗震等级为三级

C. 剪力墙身的拉筋布置方式为矩形布置

D. 构造边缘构件 GBZ2 存在阴影区和非阴影区

E. 2 层连梁 LL1 混凝土强度等级为 C30

题 13-2-12 在本工程结施-11 中，关于 4 层剪力墙，以下表述正确的是（　　）。

A. 剪力墙身 Q1 的水平分布筋配置为Φ8@200

B. ⑦轴边缘构件 GBZ9 两侧连梁的上、下部纵筋在 GBZ9 内弯锚

C. 剪力墙身 Q1 的拉筋配置为Φ6@600×600

D. ①轴构造边缘构件 GBZ1 的纵筋连接构造要求同框架柱

E. 连梁 LL1 混凝土强度等级为 C25

(4) 问答题

题 13-2-13 识读本工程结施-13 中 GBZ1 的各项信息，完成识图报告。

_____

_____

题 13-2-14　识读本工程结施-13 中 LL1 的各项信息，完成识图报告。

（5）图纸会审题

根据 22G101-1 图集及附录图纸"××××有限公司办公楼"的梁平法施工图完成以下题目。

题 13-2-15　识读本工程结施-13 中 Q1 和 GBZ2 的各项标注，查找其中出现的问题，并将发现问题填写在"图纸会审记录表"中"设计图纸存在问题"处。（答复意见无需施工方填写）

图纸会审记录表　　　　　　　　　　　　　　　　　　表 13-2-3

序号	图号	设计图纸存在问题	设计院或业主答复意见
		设计交底图纸会审记录 工程名称：××××有限公司办公楼	
		结构部分	
1	结施-13		
2	结施-13		
建设单位	设计单位	监理单位	施工单位

模块三　剪力墙平法施工图绘图实训

1. 剪力墙绘图实训任务描述

【任务内容】

按照 22G101-1 图集中有关剪力墙平法施工图制图规则的知识，对附录图纸"××××有限公司办公楼"的剪力墙施工图、图纸会审纪要、设计变更单等资料进行识读，正确理解剪力墙平法施工图等设计资料的设计意图，理解任务意图，掌握题目要求及绘图细则，应用 CAD 软件进行结构施工图绘图。

【任务目标】

熟悉 22G101-1 图集中剪力墙标准构造详图，同时能准确识读建筑工程施工图纸、图纸会审纪要、设计变更单等资料，按题目要求及绘图细则，绘制剪力墙构造详图。

【任务分组】

学生任务分配表　　　　　　　　　　　　表 13-3-1

班级		组号		指导老师		
组长		学号				
组员	姓名	学号	姓名	学号	姓名	学号
任务分工						

2. 剪力墙绘图知识清单

【绘图步骤】

步骤1	步骤2	步骤3	步骤4	步骤5	步骤6
识读所绘剪力墙施工图、相关楼板图纸及结构设计总说明，明确构件尺寸、配筋、混凝土强度及抗震等级等信息。	按题目要求，绘制剪力墙及相关楼板等构件轮廓。	绘制剪力墙钢筋。	标注剪力墙钢筋配筋信息。	标注剪力墙钢筋的构造尺寸。	标注构件尺寸、标高、图名及比例。

【样例与解析】

根据 22G101-1 图集完成以下题目。

剪力墙施工图绘制要求：

1. 钢筋线用多段线命令绘制，并设置线宽，出图后粗线线宽为 0.5mm；矩形箍筋弯钩无需绘制。

2. 结构构造按现行平法图集中最经济的构造标准要求；构造尺寸按最低限值取值，不得人为放大调整，且小数点后数字进位。例：计算值 99 则取值 99，计算值 99.2 则取值 100。

3. 文字标注：采用样板文件中已设置的字体"钢筋注写"。

4. 尺寸标注：根据出图比例要求，选用样板文件中已设置的标注样式"比例 25"或"比例 50"标注。

5. 图层设置不作要求。

例 13-3-1　打开样板图"样板文件例 13-3-1.dwg"，根据提供的结施-08、结施-09 及结施-13 等工程图纸，请在答案卷中完成①轴交⑦～⑧轴处 Q3 的构造详图。

绘制要求：

在样板图的"样板文件例 13-3-1.dwg"纵剖面图中补绘－1.530～1.470m 标高段剪力墙身 Q3 水平分布筋、竖向分布筋，并标注配筋信息。

同时，标注纵剖面中剪力墙身 Q3 竖向分布筋在变截面处的构造长度（水平及竖向投影长度）、竖向分布筋的连接构造（采用搭接连接）、板面以上第一道水平分布筋的位置。

保存要求：

绘制完成后，将答案卷单独保存，文件命名为"例 13-3-1.dwg"。

【样板文件】

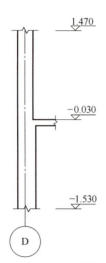

绘图步骤：
1. 绘制剪力墙身钢筋。
2. 标注剪力墙身钢筋配筋信息。
3. 标注剪力墙身竖向分布筋的构造长度。
4. 标注第一道水平分布筋和拉筋位置。
5. 标注剪力墙身纵剖面截面尺寸、标高、图名及比例。

图 13-3-1　例 13-3-1 样板文件

【参考答案】

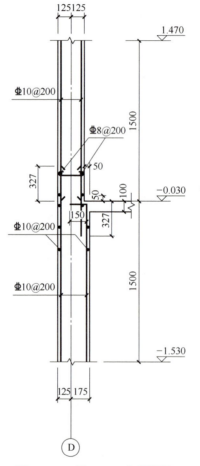

图 13-3-2　例 13-3-1 参考答案

3. 剪力墙绘图实训任务实施

题 13-3-1　打开样板图"样板文件题 13-3-1.dwg",根据提供的变更图纸、结施-08、结施-09 等工程图纸,请在答案卷中完成①轴交ⓒ～ⓓ轴处 Q1 的构造详图。

绘制要求:

在样板图的"样板文件题 13-3-1.dwg"纵剖面图中补绘－1.530～1.470m 标高段剪力墙身 Q1a 水平分布筋、竖向分布筋,并标注配筋信息。

同时,标注纵剖面中剪力墙身 Q1a 竖向分布筋在变截面处的构造长度(水平及竖向投影长度)、竖向分布筋的连接构造(采用搭接连接)、板面以上第一道水平分布筋的位置。

保存要求:

绘制完成后,将答案卷单独保存,文件命名为"题 13-3-1.dwg"。

任务十四 梁平法施工图识读

模块一 梁平法施工图识读的知识回顾

1. 梁平法施工图制图规则

梁平法施工图制图规则知识点回顾　　　　　　　表 14-1-1

识读内容	具体要点
1. 梁施工图制图规则 集中标注 KL1(3) 300×700　1编号　2截面尺寸 Φ10@150(2)　3箍筋 4Φ25;4Φ25　4上部纵筋；下部纵筋 NΦ12　5侧面构造纵筋或侧面受扭纵筋 (−0.900)　6梁顶面标高高差 5项必注值 1项选注值	梁编号： 由类型代号，序号，跨数组成。 ①类型代号注意区分 L、Lg、LN 的区别，L 表示端支座为铰接，Lg 表示支座上部纵筋为充分利用钢筋的抗拉强度，LN 表示按受扭设计。 ②跨数：带"A"时为一端带悬挑，带"B"时为两端带悬挑
	梁截面尺寸： ①等截面梁：$b×h$。 ②竖向加腋梁：$b×h$　Y $c_1×c_2$。 ③水平加腋梁：$b×h$　PY $c_1×c_2$。 ④悬挑梁根部和端部不同时：$b×h_1/h_2$
	梁箍筋： ①包括钢筋种类、直径、加密区与非加密区间距及肢数，箍筋加密区与非加密区的不同间距及肢数用斜线"/"分隔。加密区范围见相应抗震等级的标准构造详图。 ②非框架梁、悬挑梁、井字梁采用不同的箍筋间距及肢数时，也用斜线"/"分隔，需注写梁支座端部的箍筋数量
	梁上部通长筋或架立筋： ①当同排纵筋中既有通长筋又有架立筋时，应用加号"+"将通长筋和架立筋相连。角部纵筋写在加号前，架立筋写在加号后面的括号内。 ②上、下部纵筋为全跨相同，且多数跨配筋相同时，此项可加注下部纵筋的配筋值，用分号";"将上部与下部纵筋的配筋值分开
	梁侧面纵筋： ①腹板高度 h_w≥450mm 时，需配置纵向构造钢筋，以大写字母 G 打头，注写梁侧面的总配筋值，且对称配置。 ②配置受扭纵向钢筋时，以大写字母 N 打头，注写梁侧面的总配筋值，对称配置，且不再重复配置纵向构造钢筋
	梁顶面标高高差： 系指相对于结构层楼面标高或结构夹层楼面标高的高差值，梁面高于楼面标高时，标高高差为正值，反之为负值

续表

识读内容	具体要点
2. 原位标注 (1) 梁支座上部纵筋和下部纵筋原位标注 	梁支座上部纵筋： ①当上部纵筋多于一排时，用斜线"/"将各排纵筋自上而下分开。 ②当同排纵筋有两种直径时，用加号"+"将两种直径纵筋相连，注写时将角部纵筋写在前面。 ③当中间支座两边的上部纵筋不同时，需在支座两边分别标注；当相同时，仅在一边标注。 ④端部带悬挑的梁，其上部纵筋写在悬挑梁根部支座部位
(2) 竖向加腋 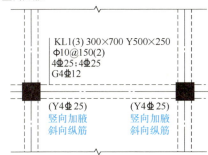	梁下部纵筋： ①当下部纵筋多于一排时，用斜线"/"将各排纵筋自上而下分开。 ②当同排纵筋有两种直径时，用加号"+"将两种直径纵筋相连，注写时将角部纵筋写在前面。 ③当梁下部纵筋不全部伸入支座时，将不伸入支座的下部纵筋数量写在括号内
(3) 水平加腋 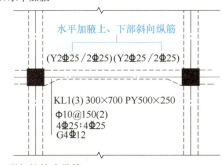	梁加腋： ①竖向加腋时，加腋部位下部斜向纵筋在支座下部以 Y 打头注写在括号内。 ②水平加腋时，水平加腋内上、下部斜纵筋应在加腋支座上部以 Y 打头注写在括号内，上、下部斜纵筋之间用"/"分隔
(4) 附加箍筋或吊筋 	附加箍筋或吊筋： 可直接画在平面布置图中的主梁上，用线引注总配筋值。多数附加箍筋与吊筋相同时，可在梁平法施工图中统一注明
(5) 非框架梁支座上部纵筋 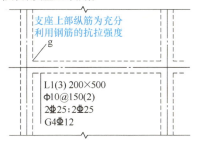	非框架梁支座上部纵筋： 代号为 L 的非框架梁，当某一端支座上部纵筋为充分利用钢筋的抗拉强度时，以及对于一端与框架柱相连、另一端与梁相连的梁（代号 KL），当其与梁相连的支座上部纵筋为充分利用钢筋的抗拉强度时，在梁平面布置图上原位标注，以符号"g"表示

2. 梁标准构造详图

梁标准构造详图知识点回顾

表 14-1-2

标准构造详图	构造要点
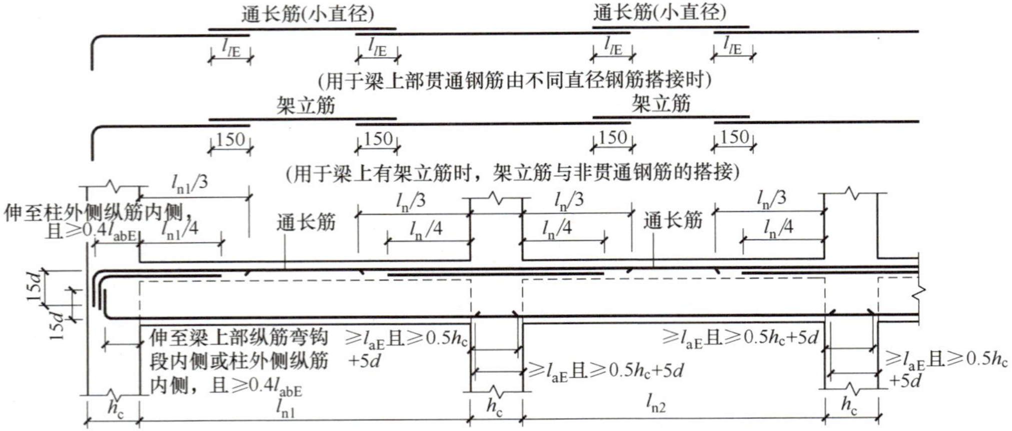 (楼层框架梁 KL 纵筋纵造、端支座直锚构造图) 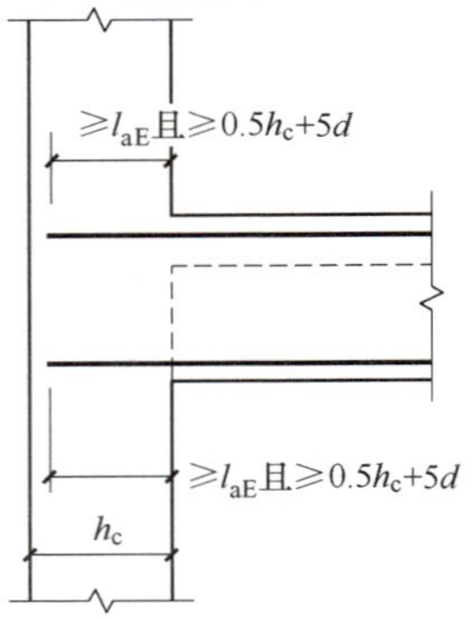	端支座为柱的常用锚固构造： ①端支座直锚，锚固长度$\geq l_{aE}$，且$\geq 0.5h_c+5d$。 ②端支座弯锚，上部纵筋伸至柱外侧纵筋内侧，且$\geq 0.4 l_{abE}$，弯折 15d；下部纵筋伸至梁上部纵筋弯钩段内侧，且$\geq 0.4 l_{abE}$，弯折 15d 支座负筋伸入跨内构造： ①上部第一排支座负筋从支座边伸出跨内$l_n/3$，第二排支座负筋从支座边伸出跨内$l_n/4$（端支座时，l_n为本跨净跨长；中间支座时，l_n取支座两边跨净跨长的较大值）。 ②不伸入支座的梁下部纵筋断点距本跨支座边$0.1 l_{n1}$（l_{n1}为本跨净跨长）

14-1-1 楼层框架梁 KL 纵向钢筋构造

续表

构造要点
中间支座为柱的锚固构造:
中间支座纵筋的锚固构造:
① 上、下部纵筋在中间支座不能直通时(包括支座两边梁宽不同或错开布置时,两边纵筋根数不同时),锚固构造同端支座。
② 当支座两边存在高差且高差 $\Delta_\mathrm{h}/(h_\mathrm{c}-50) \leqslant 1/6$ 时,左、右纵筋可弯折直通。上部纵筋在高位及下部纵筋在低位的转折点位于柱边。上部纵筋低位及下部纵筋在高位的转折点离柱边 $50\mathrm{mm}$。
③ 当支座两边存在高差且高差 $\Delta_\mathrm{h}/(h_\mathrm{c}-50)>1/6$ 时,位于高位的上部纵筋及位于低位的下部纵筋在支座内的锚固构造同端支座,位于低位的上部纵筋及位于高位的下部纵筋在支座内的直锚长度 $\geqslant l_{aE}$ 且 $\geqslant 0.5 h_\mathrm{c}+5d$。

14-1-2 KL中间支座纵向钢筋构造

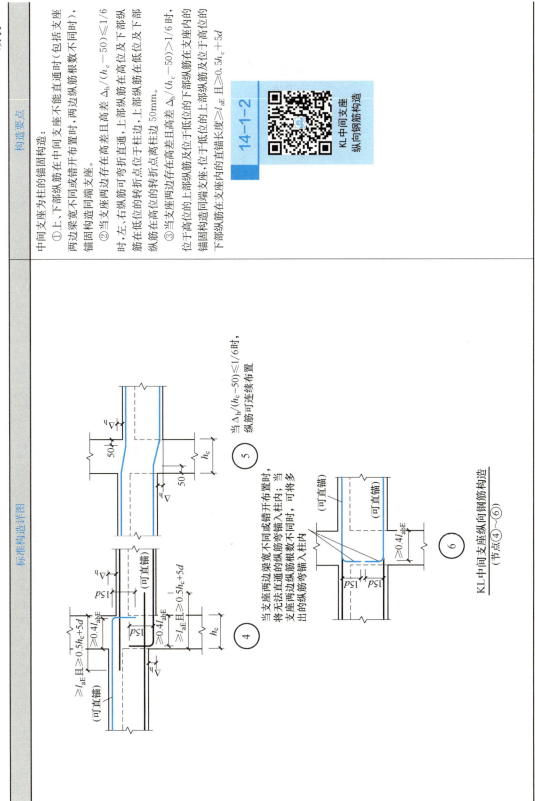

标准构造详图

④ 当支座两边直通纵筋根数不同时,将无法直通的纵筋弯锚入柱内

⑤ 当 $\Delta_\mathrm{h}/(h_\mathrm{c}-50) \leqslant 1/6$ 时,纵筋可连续布置

⑥

KL中间支座纵向钢筋构造
(节点④~⑥)

续表

标准构造详图	构造要点
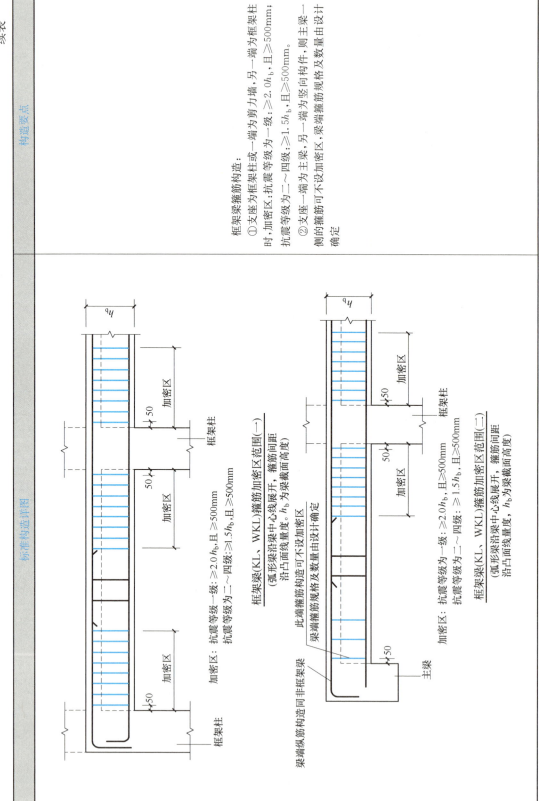	框架梁箍筋构造： ①支座一端为框架柱或一端为剪力墙,另一端为框架柱时,加密区:抗震等级为一级:≥2.0h_b,且≥500mm;抗震等级为二～四级:≥1.5h_b,且≥500mm。 ②支座一端为主梁,另一端为竖向构件,则主梁一侧的箍筋可不设加密区,梁端箍筋规格及数量由设计确定

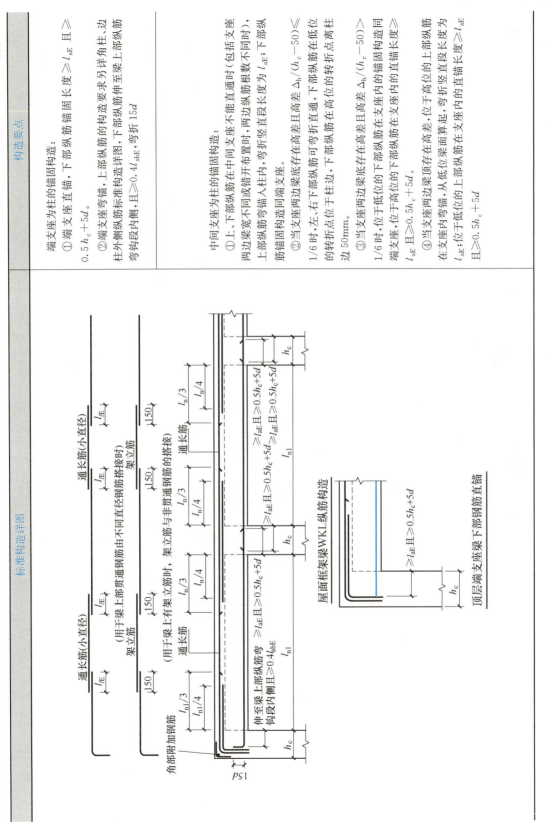

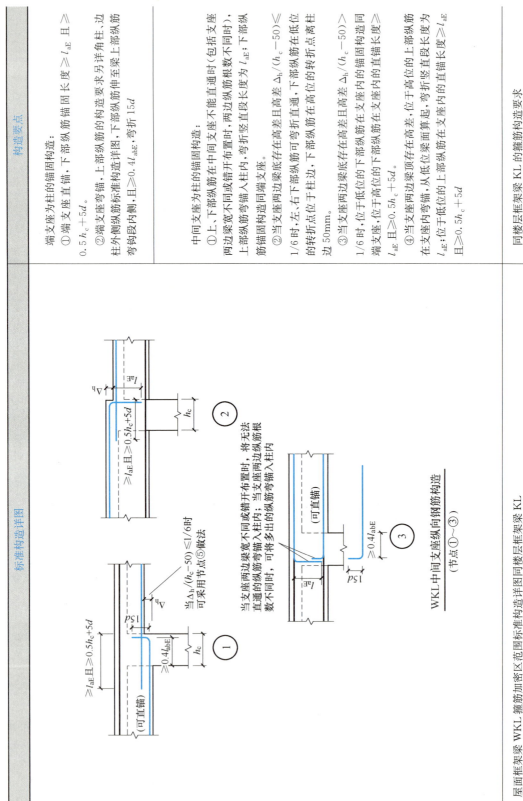

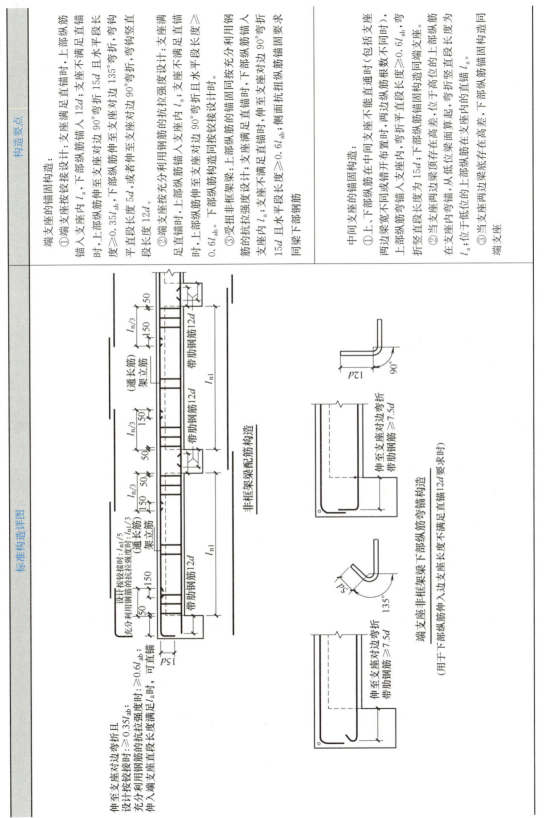

续表

构造要点	标准构造详图
端支座的锚固构造： ①端支座按铰接设计：支座满足直锚时，上部纵筋锚入支座满足直锚长度12d；支座不满足直锚时，上部纵筋伸至支座对边90°弯折15d 且水平段长度≥0.35l_{ab}，下部纵筋伸至支座对边135°弯折，弯钩平直段长度5d，或者伸至支座对边90°弯折，弯钩竖直段长度12d。 ②端支座按充分利用钢筋的抗拉强度设计：支座满足直锚时，上部纵筋锚入支座内l_a；支座不满足直锚时，上部纵筋伸至支座对边90°弯折且水平段长度≥0.6l_{ab}，下部纵筋构造同铰接设计时。 ③受扭非框架梁：上部纵筋的锚固同按充分利用钢筋的抗拉强度设计，下部纵筋锚入支座内l_a且水平段长度≥0.6l_{ab}；侧面抗扭纵筋锚固要求同下部钢筋 **中间支座的锚固构造：** ①上、下部纵筋在中间支座不能直通时（包括支座两边梁宽不同或错开布置时，两边纵筋根数不同时），上部纵筋弯锚入支座内，弯折平直段长度≥0.6l_{ab}，弯折竖直段长度为15d；下部纵筋锚固构造同端支座。 ②当支座内弯锚存在高差，位于高位的上部纵筋在支座内弯锚，从低位弯起，弯折竖直段长度为l_a；位于低位的上部纵筋在支座内的直锚l_a。 ③当支座两边梁底存在高差，下部纵筋锚固构造同端支座	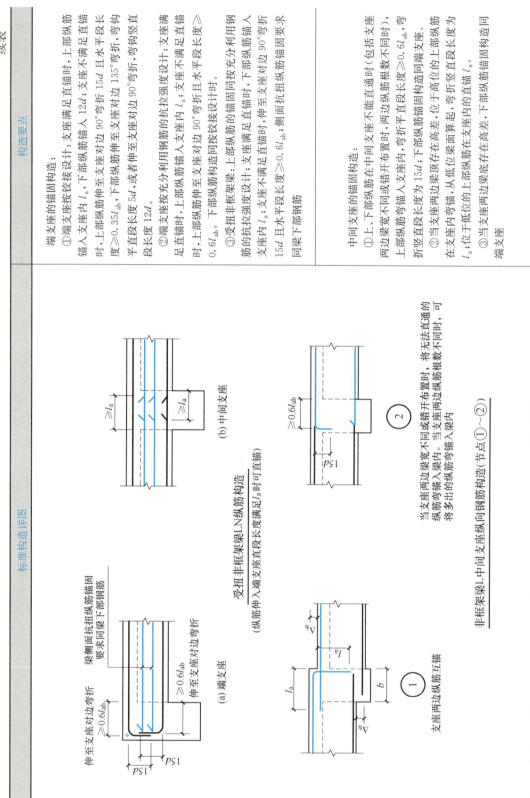
(a) 满支座 (b) 中间支座 **受扭非框架梁LN纵筋构造** （纵筋伸入端支座直锚长度满足l_a时可直锚） ①支座两边纵筋互锚 ②当支座两边梁宽不同或错开布置时，将无法直通的纵筋弯锚入梁内。当支座两边纵筋根数不同时，将多出的纵筋弯锚入梁内 **非框架梁L中间支座纵向钢筋构造（节点①～②）**

模块二 梁平法施工图识图实训

1. 梁识图实训任务描述

【任务内容】

按照 22G101-1 图集有关梁平法施工图制图规则的知识,对附录图纸"××××有限公司办公楼"的梁平法施工图、图纸会审纪要、设计变更单等资料进行识读,正确理解梁平法施工图等设计资料的设计意图,完成梁平法施工图识图相关技能、知识答题。

【任务目标】

(1) 熟悉梁平法施工图制图规则,能正确识读梁平法施工图、图纸会审纪要、设计变更单等资料。

(2) 能够领会梁平法施工图的技术信息,发现图纸中存在的不正确、缺陷和疏漏内容。

2. 梁识图知识清单

【识图步骤】

步骤1	步骤2	步骤3	步骤4	步骤5	步骤6
查看图号、图名和比例。	校核轴线编号及其间距尺寸,确保与建筑图、墙柱施工图保持一致。	明确梁的编号、数量和布置。	阅读结构设计总说明或有关说明,明确梁的混凝土强度等级及其他要求。	根据梁的编号,查阅图中平面注写或截面注写,明确梁的截面尺寸、配筋和标高。	根据抗震等级、设计要求和标准构造详图确定纵向钢筋、箍筋和吊筋的构造要求。

【样例与解析】

(1) 填空题

根据 22G101-1 图集完成以下题目。

例 14-2-1 平面注写包括_____标注与_____标注,集中标注表达梁的_____数值,原位标注表达梁的_____数值。施工时,_____标注取值优先。

答案:集中;原位;通用;特殊;原位。

解析:详见 22G101-1 图集第 1-22 页。

例 14-2-2 梁集中标注的五项必注值是:_____、_____、_____、_____、_____。一项选注值是_____。

答案:梁编号;梁截面尺寸;梁箍筋;梁上部通长筋或架立筋;梁侧面纵向构造钢筋或受扭钢筋;梁顶面标高高差。

解析:详见 22G101-1 图集第 1-22 页~第 1-25 页。

例 14-2-3 当梁腹板高度 $h_w \geq$ _____ mm,须配置纵向构造钢筋,纵向构造钢筋以大写字母_____打头，受扭纵向钢筋以大写字母_____打头，接续注写设置在梁两个侧面的总配筋值，且_____配置。

答案：450；G；N；对称。

解析：详见 22G101-1 图集第 1-24 页。

(2) 单选题

根据 22G101-1 图集及附录图纸"××××有限公司办公楼"的梁平法施工图完成以下题目。

例 14-2-4 在本工程结施-14 中，Ⓐ轴处 KL106（7）的梁截面尺寸为（　　）。

A. 250mm×1050mm

B. 250mm×700mm

C. 300mm×1050mm

D. 300mm×750mm

答案：A。

解析：详见结施-14 中 KL106（7）集中标注。该梁各跨无梁截面尺寸的原位标注，因此该梁截面尺寸以集中标注为准。

例 14-2-5 在本工程结施-14 中，Ⓒ轴交⑧～⑨轴处梁跨的底部贯通筋配筋为（　　）。

A. 3⏀20

B. 4⏀12

C. 6⏀20 2/4

D. 2⏀20

答案：C。

解析：详见结施-14 中 KL109（4）在⑧～⑨轴处梁跨的原位标注。该梁跨标注了底部贯通筋的原位标注，因此以原位标注为准。

例 14-2-6 在本工程结施-14 中，③轴处 WKL1（1）的梁面标高为（　　）。

A. －0.030m

B. 4.200m

C. －0.830m

D. 4.170m

答案：C。

解析：详见结施-14 中结构层高表及 WKL1（1）的集中标注。根据结构层高表，该层楼面标高为－0.030m。根据集中标注，可知 WKL1（1）梁面标高低于结构楼面标高 0.080m。

(3) 多选题

根据 22G101-1 图集及附录图纸"××××有限公司办公楼"的梁平法施工图完成以下题目。

例 14-2-7 在本工程结施-14 中，关于Ⓒ轴处 KL109（4）说法正确的是（　　）。

A. KL109 表示 109 号楼层框架梁

B. 混凝土强度等级为 C30

C. 梁面标高－0.030m

D. 各跨截面尺寸均为 250mm×700mm

E. 无需配置侧面受扭纵筋

答案：ABCE。

解析：由 22G101-1 图集第 1-23 页可知，选项 A 正确。根据结施-01 第七条"主要结构材料"中混凝土强度等级查得，梁、板标高 14.370m 及以下，混凝土强度等级为 C30，选项 B 正确。由结施-14 结构层高表及 KL109（4）的集中标注可知，选项 C 正确。由结施-14 中 KL109（4）的集中标注和原位标注可知，⑧～⑩轴梁跨的梁截面尺寸为 250mm×700mm，⑩～⑫轴梁跨的梁截面尺寸为 250mm×400mm，则选项 D 不正确。由结施-14KL109（4）的集中标注和原位标注可知，KL109（4）无侧面受扭纵筋。

(4) 问答题

例 14-2-8 识读本工程结施-14 中 KL107（3）、L106（1）的集中标注的信息，完成识图报告。

答案：KL107（3）：第 107 号楼层框架梁，3 跨；梁宽 250mm，梁高 600mm；箍筋为 HPB300 钢筋，直径 8mm，加密区间距为 100mm，非加密区间距为 200mm，均为双肢箍；上部通长筋为 HRB400 钢筋，直径 20mm，共 2 根；梁的两个侧面共配置 2Φ12 的纵向构造钢筋，每侧各配置 1Φ12。

L106（1）：第 106 号非框架梁，1 跨；梁宽 250mm，梁高 500mm；箍筋为 HPB300 钢筋，直径 8mm，间距为 200mm，为双肢箍；上部通长筋为 HRB400 钢筋，直径 20mm，共 2 根；下部通长筋为 HRB400 钢筋，直径 20mm，共 3 根。

解析：对结施-14 中 KL107（3），L106（1）的集中标注各项注写进行解读。

(5) 图纸会审题

根据 22G101-1 图集及附录图纸"××××有限公司办公楼"的梁平法施工图完成以下题目。

例 14-2-9 识读本工程结施-14 中 L105（1）及 L101（1）的各项标注，查找其中出现的问题，并将发现问题填写在"图纸会审记录表"中"设计图纸存在问题"处。（答复意见无需施工方填写）

图纸会审记录表　　　　　　　　　　　　　　　表 14-2-1

设计交底图纸会审记录			
工程名称：××××有限公司办公楼			
序号	图号	设计图纸存在问题	设计院或业主答复意见
结构部分			
1	结施-14		
2	结施-14		
建设单位	设计单位	监理单位	施工单位

答案：

图纸会审记录表　　　　　　　　　　　　　　　　　　　　　　　表 14-2-2

		设计交底图纸会审记录	
		工程名称：××××有限公司办公楼	
序号	图号	设计图纸存在问题	设计院或业主答复意见
		结构部分	
1	结施-14	ⓒ轴交①/③～④轴处梁 L105(1)上部纵筋为 3Φ16，不满足上部纵筋净距要求	
2	结施-14	Ⓐ～Ⓑ轴交①～②轴处梁 L101(1)无下部纵筋	
建设单位	设计单位	监理单位	施工单位

解析：根据 22G101-1 图集第 2-8 页要求，上部纵筋净距应≥30mm 且≥1.5d，而 L105(1)梁宽为 120mm，上部纵筋配置 3Φ16，纵筋净距为[120(梁宽)－2×20(保护层厚度)－2×8(箍筋直径)－3×16(纵筋直径)]/2＝8mm，不满足要求。梁下部纵筋为主要受力钢筋，L101(1) 的集中标注和原位标注均无下部纵筋信息。所发现的问题应反馈设计进行复核修改。

非框架梁配筋构造

非框架梁纵筋在端部支座的构造

(6) 钢筋抽筋算量题

例 14-2-10　应用平法基本知识，对本工程结施-15 二层钢筋混凝土构件③～④轴交Ⓓ轴非框架梁 L202（1）进行抽筋计算和算量，并填写钢筋计算表（可另加页）。

钢筋计算表　　　　　　　　　　　　　　　　　　　　　　　表 14-2-3

| 构件名称 | 编号 | 简图 | 钢筋直径 | 单根长度 | 数量(根) | | 质量 | | 备注 |
（数量）			(mm)	(m)	每个构件	合计	每米质量(kg/m)	总质量(kg)	
L202(1)									

解析：(1) 判定。

基本参数：混凝土强度为 C30，环境类别为二 a 类（卫生间），保护层厚度查得为 25mm。该梁上端支座为 KL211，梁宽为 250mm，上部角筋直径为 20mm，箍筋直径为 8mm。下端支座为 L204，梁宽为 250mm，上部角筋直径为 16mm，箍筋直径为 8mm。

L202 上部纵筋 2Φ18，l_a＝35d＝35×18＝630mm＞250－25－8－20＝197mm，则在支座梁内弯锚；0.35×l_a＝0.35×630＝220.5mm＜250－25＝225mm，则支座梁宽满足要求。

L202 下部通长筋 3Φ20，12d＝12×20＝240mm＞250－25＝225mm，则在支座梁内弯锚。

(2) 计算。

① 号上部通长筋 2⌀18 设计长度：

平直段长度＝净跨＋在上端支座锚固长度＋在下端支座锚固长度＝(6500－2100－250/2－250/2)＋(250－25－8－20)＋(250－25－8－16)＝4548mm

两端弯钩竖直段长度＝15d＝15×18＝270mm

```
         ① 2⌀18
270 |_____| 270
         4548
```

② 号支座负筋 1⌀18 设计长度：

平直段长度＝净跨/5＋在上端支座锚固长度＝(6500－2100－250/2－250/2)/5＋(250－25－8－20)＝1027mm

支座弯钩竖直段长度＝15d＝15×18＝270mm

```
         ② 1⌀18
270 |_____|
         1027
```

③ 号支座负筋 1⌀18 设计长度：

平直段长度＝净跨/5＋在上端支座锚固长度＝(6500－2100－250/2－250/2)/5＋(250－25－8－16)＝1031mm

支座弯钩竖直段长度＝15d＝15×18＝270mm

```
         ③ 1⌀18
270 |_____|
         1031
```

④ 号下部通长筋 3⌀20 设计长度：

平直段长度＝净跨＋在上端支座锚固长度＋在下端支座锚固长度＝(6500－2100－250/2－250/2)＋(250－25－8－20－18－25)＋(250－25－8－16－18－25)＝4462mm

两端 90°弯钩竖直段长度＝12d＝12×20＝240mm

```
         ④ 3⌀20
240 |_____| 240
         4462
```

⑤ 侧面构造纵筋 2⌀12 设计长度：

平直段长度＝净跨＋在上端支座锚固长度＋在下端支座锚固长度＝4150＋2×15×12＝4510mm

⑥ 号箍筋 ⌀8 设计长度及数量：

高度＝梁高－2×保护层厚度－2×箍筋直径＝400－2×25－2×8＝334mm

宽度＝梁宽－2×保护层厚度－2×箍筋直径＝250－2×25－2×8＝184mm

弯钩平直段长度＝5d＝5×8＝40mm

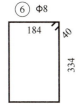

箍筋数量＝(净跨－2×50)/间距＋1＝(4150－100)/200＋1＝21.25≈22 根

⑦ 号拉筋ϕ6 设计长度及数量：

水平段长度＝梁宽－2×保护层厚度＝250－2×25＝200mm

弯钩平直段长度＝$5d$＝5×8＝40mm

拉筋数量＝箍筋数量/2＝22/2＝11 根

构件名称（数量）	编号	简图（mm）	钢筋直径（mm）	单根长度（m）	数量（根）		质量		备注
					每个构件	合计	每米质量（kg/m）	总质量（kg）	
L202（1）	1	270⌐ 4548 ⌐270	18	5.088	2	2	1.999	20.342	
	2	270⌐ 1027	18	1.297	1	1	1.999	2.593	
	3	270⌐ 1031	18	1.301	1	1	1.999	2.600	
	4	240⌐ 4462 ⌐240	20	4.942	3	3	2.468	36.591	
	5	4510	12	4.510	2	2	0.889	8.019	
	6	184 × 334	8	1.116	22	22	0.395	9.698	
	7	40⌐ 200 ⌐40	6	0.280	11	11	0.223	0.687	

3. 梁识图实训任务实施

(1) 填空题

根据 22G101-1 图集完成以下题目。

题 14-2-1 当同排纵筋中既有通长筋又有架立筋时，用_____符号将通长筋和架立筋相连，架立筋写在_____符号内；用_____符号将上部纵筋与下部纵筋的配筋值分隔开，当梁纵筋多于一排时，用_____符号将各排钢筋自上而下分开。

题 14-2-2 梁顶面标高高差，系指相对于结构层_____标高的高差值，有高差时，需将其写入_____内，无高差时不注。当某梁的顶面_____所在结构层的楼面标高时，其标高高差为负值。

题 14-2-3 梁支座上部纵筋，该部位含_____在内的所有纵筋。梁支座上部纵筋注写为 8⌀25 4/4 表示上一排纵筋为_____，下一排纵筋为_____。

题 14-2-4 如果梁的集中标注没有下部通长筋,则梁下部纵筋在各跨的_____原位标注。梁下部纵筋注写为 6Φ22 3/3 表示上一排纵筋为_____,下一排纵筋为_____,_____伸入支座。梁下部纵筋注写为 6Φ22 3(-3)/3 表示上一排纵筋为_____且_____伸入支座,下一排纵筋为_____,_____伸入支座。

题 14-2-5 附加箍筋或吊筋直接画在平面图中的_____上,用线引注_____(附加箍筋的肢数注在_____内)。当多数附加箍筋或吊筋相同时,可在梁平法施工图中的_____中统一注明。

(2) 单选题

根据 22G101-1 图集及附录图纸"××××有限公司办公楼"的梁平法施工图完成以下题目。

题 14-2-6 在本工程结施-15 中,Ⓐ轴处 KL207(7)的截面尺寸为(   )。
A. 200mm×700mm   B. 250mm×700mm
C. 300mm×700mm   D. 300mm×750mm

题 14-2-7 在本工程结施-15 中,①/3轴处 L202(1)的梁面标高为(   )。
A. 4.140m   B. 4.170m
C. 7.540m   D. 7.570m

题 14-2-8 在本工程结施-15 中,Ⓐ轴处 KL207(7)的上部通长筋为(   )。
A. 2Φ25   B. 3Φ25
C. 2Φ20   D. 3Φ20

题 14-2-9 在本工程结施-15 中,①轴处 KL201(1)的箍筋为(   )。
A. Φ8@100/200(2)   B. Φ8@100/200(2)
C. Φ8@200(2)   D. Φ8@200(2)

题 14-2-10 在本工程结施-15 中,Ⓒ轴交②~③轴处梁 KL208(3)的直径 18mm 底筋在③轴支座处的水平段锚固长度为(   )。
A. 422mm   B. 442mm
C. 523mm   D. 576mm

(3) 多选题

题 14-2-11 在本工程结施-15 中,关于①轴往上 1620mm 位置处的 L206(1),以下表述不正确的是(   )。
A. 梁跨数为 1 跨
B. 箍筋为Φ8@200(4)
C. 上部通长筋为 3Φ20
D. 下部通长筋为 3Φ20
E. 侧面受扭纵筋为 4Φ12

题 14-2-12 在本工程结施-15 中,关于①轴位置处的 KL201(1),以下表述正确的是(   )。
A. 梁截面尺寸为 250mm×1000mm
B. 箍筋为Φ8@100/200(2)
C. 梁端支座负筋均配置 6Φ20 4/2

D. 梁侧面无需配置侧面构造纵筋

E. 在与次梁相交位置，需配置附加箍筋

题 14-2-13 在本工程结施-18 中，关于ⓒ轴往上 2100mm 位置处的 JZL（1），以下表述正确的是（　　）。

A. 梁的支座数量为 4 个

B. 上部通长筋为 2⏀8

C. 下部通长筋为 4⏀20

D. 梁端支座负筋均为 3⏀20

E. 上部通长筋与支座负筋可采用搭接连接

题 14-2-14 在本工程结施-18 中，关于Ⓑ轴位置处的 L503（7），以下表述正确的是（　　）。

A. 梁两端按铰接设计

B. ①～②轴之间的 L501 为该梁支座

C. 各梁跨下部通长筋均为 4⏀20

D. 各梁跨箍筋为ϕ8@150（2）

E. 各梁跨侧面钢筋均为 4⏀12

题 14-2-15 在本工程结施-18 中，关于⑦～⑧轴交ⓒ轴以上 2400mm 位置处的 L505（1），以下表述正确的是（　　）。

A. 由于设置了侧面抗扭纵筋，则说明该梁腹板高度 $h_w \geq 450$mm

B. 除配置侧面受扭纵筋外，还需要配置侧面构造纵筋

C. 侧面受扭纵筋在支座内的锚固构造同下部通长筋

D. 侧面抗扭纵筋在支座内的锚固长度应取为 $15d$

E. 侧面抗扭纵筋的拉筋采用ϕ6@400 是经济可行的

(4) 问答题

题 14-2-16 识读本工程结施-15 中 L201（1）、KL210（4）的集中标注的信息，完成识图报告。

题 14-2-17 识读本工程结施-15 中 L201（1）、KL210（4）的原位标注的信息，完成识图报告。

---

(5) 图纸会审题

根据 22G101-1 图集及附录图纸"××××有限公司办公楼"的梁平法施工图完成以下题目。

题 14-2-18 识读本工程结施-16 中 KL301（1）、KL307（3）、L305（1）、L308（1）、L303（1）及结施-18 中 JZL1（1）的各项标注，查找其中出现的问题，并将发现问题填写在"图纸会审记录表"中"设计图纸存在问题"处。（答复意见无需施工方填写）

图纸会审记录表　　　　　表 14-2-3

序号	图号	设计图纸存在问题	设计院或业主答复意见
		设计交底图纸会审记录 工程名称：××××有限公司办公楼	
		结构部分	
1	结施-16		
2	结施-16		
3	结施-16		
4	结施-16		
5	结施-16		
6	结施-18		
建设单位	设计单位	监理单位	施工单位

（6）钢筋抽筋算量题

题 14-2-19　应用平法基本知识，对本工程结施-15 二层钢筋混凝土构件⑦～⑧轴交ⓒ～ⓓ轴非框架梁 L107（1）进行抽筋计算和算量，并填写钢筋计算表（可另加页）。

钢筋计算表

构件名称（数量）	编号	简图	钢筋直径（mm）	单根长度（m）	数量(根)		质量		备注
					每个构件	合计	每米质量（kg/m）	总质量（kg）	
L107（1）									

模块三　梁平法施工图绘图实训

1. 梁绘图实训任务描述

【任务内容】

按照 22G101-1 图集有关梁平法施工图制图规则的知识，对附录图纸"××××有限公司办公楼"的梁平法施工图、图纸会审纪要、设计变更单等资料进行识读，正确理解梁平法施工图等设计资料的设计意图,理解任务意图,掌握题目要求及绘图细则,应用CAD软件进行结构施工图绘图。

【任务目标】

熟悉 22G101-1 图集中梁标准构造详图,同时能准确识读建筑工程施工图纸、图纸会审纪要、设计变更单等资料,按题目要求及绘图细则,绘制梁构造详图。

【任务分组】

学生任务分配表　　　　　　　　　　　　　　　　　　　　　　　　　表 14-3-1

班级			组号		指导老师			
组长			学号					
组员	姓名	学号		姓名	学号		姓名	学号
任务分工								

2. 梁绘图知识清单

【绘图步骤】

步骤1	步骤2	步骤3	步骤4	步骤5	步骤6
识读所绘梁的施工图、相关墙柱施工图及结构设计总说明,明确构件尺寸、配筋、混凝土强度及抗震等级等信息。	按题目要求,绘制梁、相关墙柱及楼板等构件轮廓。	绘制梁钢筋。	标注梁钢筋配筋信息。	标注梁钢筋的构造尺寸。	标注构件尺寸、标高、图名及比例。

【样例与解析】

根据 22G101-1 图集完成以下题目。

梁施工图绘制要求:

1. 钢筋线用多段线命令绘制,并设置线宽,出图后粗线线宽为 0.5mm;矩形箍筋弯钩无需绘制。

2. 结构构造按现行平法图集中最经济的构造标准要求;构造尺寸按最低限值取值,不得人为放大调整,且小数点后数字进位。例:计算值 99 则取值 99,计算值 99.2 则取值 100。

3. 文字标注:采用样板文件中已设置的字体"钢筋注写"。

4. 尺寸标注:根据出图比例要求,选用样板文件中已设置的标注样式"比例 25"或"比例 50"标注。

5. 图层设置不作要求。

例 14-3-1　打开样板图"样板文件例 14-3-1.dwg",根据提供的变更单及结施-14 等工程图纸,请在答案卷中完成⑥轴交ⓒ~ⓓ轴处 KL105(1)的构造详图。

绘制要求:

1. 在样板图的"样板文件例 14-3-1.dwg"纵剖面图中补绘梁纵筋及箍筋,并标注配筋信息。梁的附加箍筋和吊筋无需绘制。同时,标注纵剖面中梁非通长筋的截断点长度、梁纵筋在支座内的锚固长度(水平及竖向投影长度)、第一道箍筋位置、箍筋加密区及非加密区范围。

2. 按变更图的指定位置,绘制 1-1 及 2-2 梁截面配筋详图,要求绘制梁截面轮廓、板翼缘,并标注梁截面尺寸、梁面标高。同时,绘制梁截面图中梁钢筋(纵筋、箍筋、梁侧向构造钢筋等),标注梁配筋信息。

3. 绘制比例 1∶1,梁纵剖面出图比例 1∶50,横截面出图比例为 1∶25。

保存要求:

绘制完成后,将答案卷单独保存,文件命名为"例 14-3-1.dwg"。

【样板文件】

设计变更、修改通知

			设计号	××××××	专业	结构
建设单位			日　期	××××××	图号	修-1
工程名称	××××有限公司办公楼		设计阶段	施工图	版号	1
子项名称			原图纸号			

自查修改:修改图纸结施-14中,⑥轴交ⓒ～ⓓ轴 KL105(1)的配筋。
　　　　　修改后的局部图纸如下图所示。

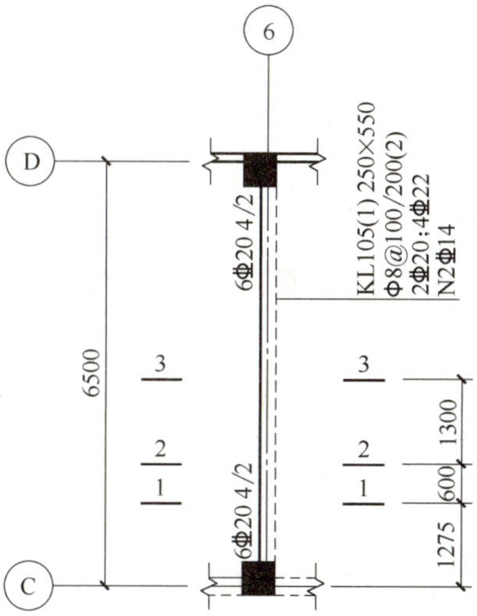

KL105(1) 250×550
Φ8@100/200(2)
2Φ20;4Φ22
N2Φ14

6Φ20 4/2

6Φ20 4/2

−0.030 梁平法施工图局部变更

设计		审核		专业负责		项目负责	
校对		审定		专业会签			

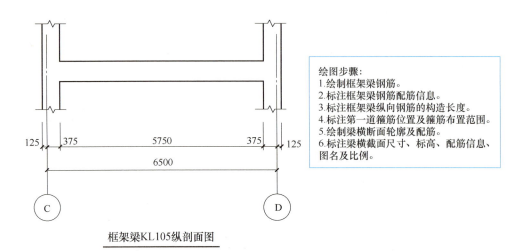

图 14-3-1 例 14-3-1 样板文件

【参考答案】

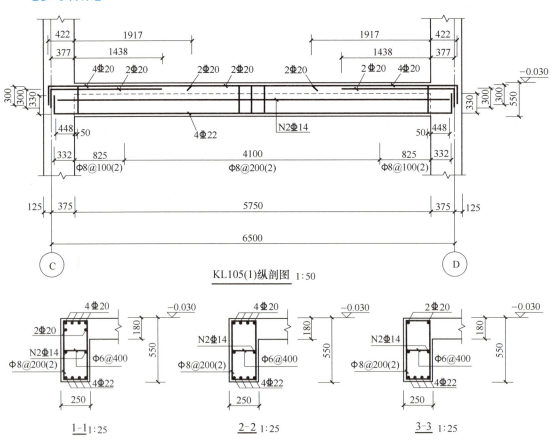

图 14-3-2 例 14-3-1 参考答案

例 14-3-2 打开样板图"样板文件例 14-3-2.dwg",根据提供的结施-12 等工程图纸,请在答案卷中完成⑥轴交Ⓓ轴处 WKL206(2)中间支座构造。

绘制要求：

1. 补绘 WKL206（2）中间支座（⑥轴）的梁纵筋构造，并标注配筋信息和必要的构造尺寸。无需绘制箍筋。

2. 绘制比例 1∶1，出图比例为 1∶50。

保存要求：

绘制完成后，将答案卷单独保存，文件命名为"例14-3-2.dwg"。

【样板文件】

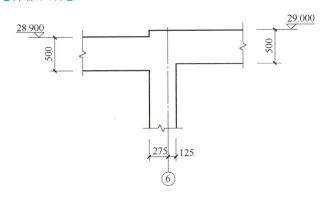

图 14-3-3　例 14-3-2 样板文件

【参考答案】

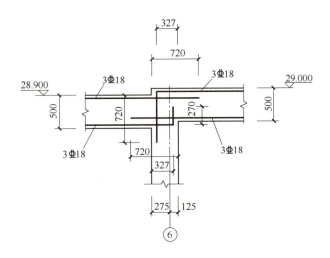

图 14-3-4　例 14-3-2 参考答案

例 14-3-3　打开样板图"样板文件例 14-3-3.dwg"，根据提供的结施-14 等工程图纸，请在答案卷中完成④轴交Ⓓ轴处 XL201 的构造详图。

绘制要求：

1. 在样板图的"样板文件例 14-3-3.dwg"纵剖面图中补绘梁纵筋及箍筋，并标注配筋信息。同时，标注纵剖面中悬挑梁在尽端的钢筋构造长度、纵筋在支座内的锚固长度

（水平及竖向投影长度）、第一道箍筋位置、箍筋的布置范围。

2. 绘制比例1∶1，梁纵剖面出图比例1∶50。

保存要求：

绘制完成后，将答案卷单独保存，文件命名为"例14-3-3.dwg"。

【样板文件】

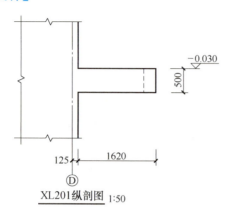

图14-3-5 例14-3-3样板文件

【参考答案】

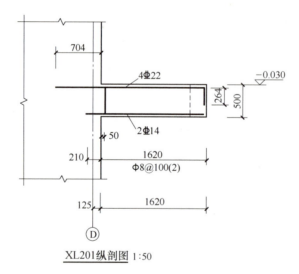

图14-3-6 例14-3-3参考答案

3. 梁绘图实训任务实施

题14-3-1 打开样板图"样板文件题14-3-1.dwg"，根据提供的结施-17等工程图纸，请在答案卷中完成4层（楼面标高10.970m）①轴交Ⓐ～Ⓑ轴处KL401（1）的构造详图。

绘制要求：

1. 在样板图的"样板文件题14-3-1.dwg"纵剖面图中补绘梁纵筋及箍筋，并标注配筋信息。梁的附加箍筋和吊筋无需绘制。同时，标注纵剖面中梁非通长筋的截断点长度、梁纵筋在支座内的锚固长度（水平及竖向投影长度）、第一道箍筋位置、箍筋加密区及非加密区范围。

2. 按梁局部平面布置图中指定位置，绘制 1-1 及 2-2 梁截面配筋详图，要求绘制梁截面轮廓、板翼缘，并标注梁截面尺寸、梁面标高。同时，绘制梁截面图中梁钢筋（纵筋、箍筋、梁侧向钢筋等），标注梁配筋信息。

3. 绘制比例 1∶1，梁纵剖面出图比例 1∶50，横截面出图比例为 1∶25。

保存要求：

绘制完成后，将答案卷单独保存，文件命名为"题 14-3-1.dwg"。

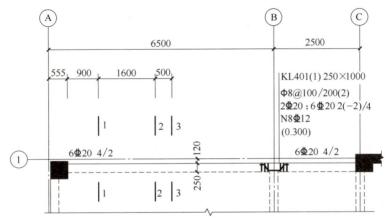

图 14-3-7　10.970m 局部梁平法施工图

题 14-3-2　打开样板图"样板文件题 14-3-2.dwg"，根据提供的结施-18 等工程图纸，请在答案卷中完成⑨轴交Ⓒ轴处 WKL109（4）中间支座构造。

绘制要求：

1. 补绘 WKL109（4）中间支座的梁纵筋构造，并标注配筋信息和必要的构造尺寸。无需绘制箍筋。

2. 绘制比例 1∶1，出图比例为 1∶50。

保存要求：

绘制完成后，将答案卷单独保存，文件命名为"题 14-3-2.dwg"。

任务十五 板平法施工图识读

模块一 板平法施工图识读的知识回顾

1. 板平法施工图制图规则

板平法施工图是表达建筑物板承重构件的平面布置、配筋及构造、构造之间结构关系的施工图纸。在有梁楼盖板中按板平面布置和所在标高,又可分为楼面板、屋面板、悬挑板。

有梁楼盖的制图规则适用于以梁(墙)为支座的楼面与屋面板平法施工图设计,采用平面注写的表达方式,主要包括板块集中标注和板支座原位标注。

板平法施工图制图规则知识回顾 表 15-1-1

识读内容	要点简述
1. 板块集中标注	板块编号: ①板块贯通筋配置相同可编为同一板代号。 ②普通楼盖板,板块两向以一跨为一板块。 ③密肋楼盖板,两向主梁以一跨为一板块
	板厚: ①等截面厚度:$h=×××$。 ②变截面厚度(悬挑板):$h=$根部厚度/端部厚度。 ③板统一厚度时,可在图注中统一注明
	上、下部贯通纵筋配置: ①B:下部纵筋;T:上部纵筋;B&T:上下部纵筋采用相同配置。 ②X:X 向纵筋;Y:Y 向纵筋;X&Y:两向纵筋采用相同配置。 ③贯通筋为构造钢筋时,Xc 和 Yc 表示两向配置
	板面标高高差(选注): ①板块所在结构层楼面标高到板顶面标高的高差。 ②板顶面标高高于结构层楼面标高,高差为正值。 ③板顶面标高低于结构层楼面标高,高差为负值

续表

识读内容	要点简述
2. 板支座上部非贯通筋原位标注 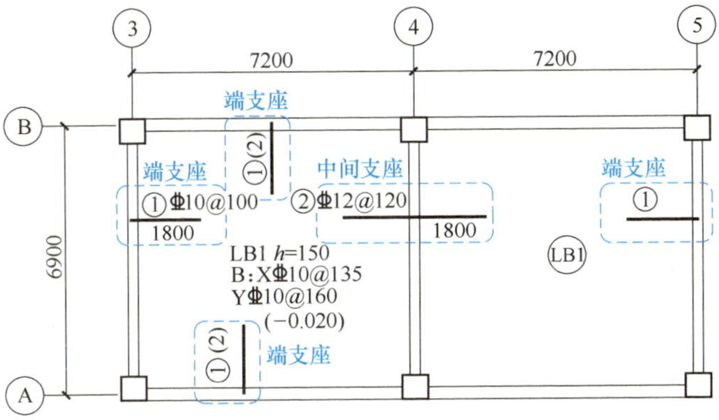	端支座： ①注写内容为板支座上部非贯通筋的配置，自支座边线向跨内的伸出长度。 ②在配置相同的第一跨表达，其余跨仅注写钢筋编号。 ③分布筋及其他构造钢筋，由设计在图中注明 中间支座： ①上部非贯通筋向支座两侧对称伸出，仅在支座一侧中粗实线下方注写伸出长度。 ②上部非贯通筋向支座两侧非对称伸出，在支座两侧中粗实线下方分别注写伸出长度。 ③线段画至对边贯通全跨并伸出，贯通全跨部分长度值不注，只注明非贯通部分的伸出长度值。 ④分布筋及其他构造钢筋，由设计在图中注明
3. 弧形支座放射配筋 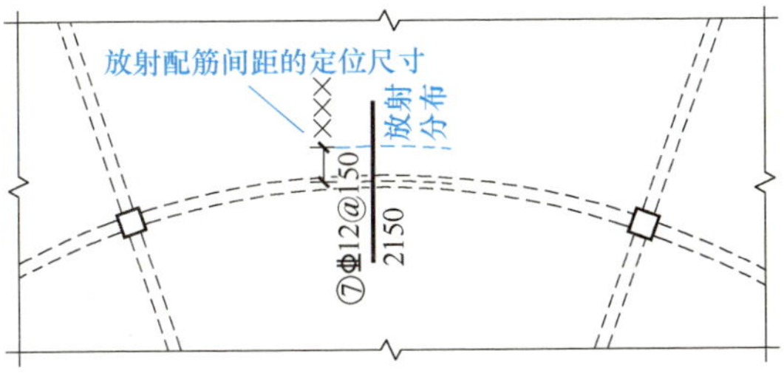	支座上部非贯通筋呈放射状分布，应注明配筋间距的度量位置并加注"放射分布"四字及平面配筋大样图

续表

识读内容	要点简述
4.悬挑板注写 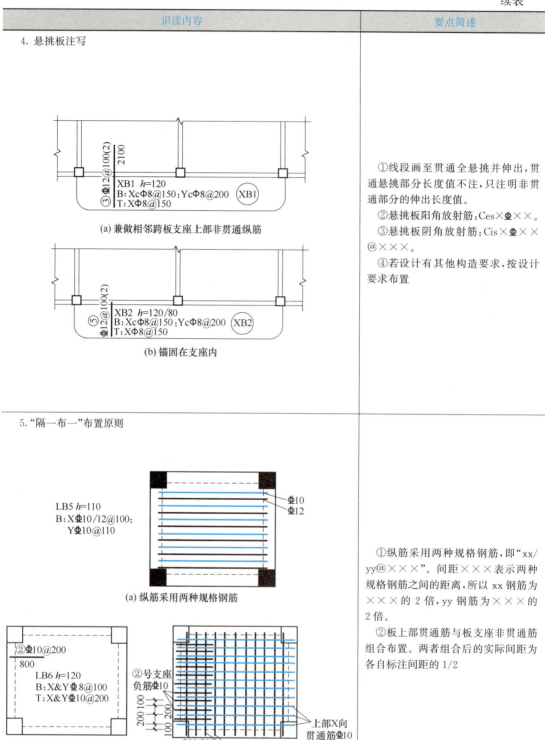	①线段画至贯通全悬挑并伸出,贯通悬挑部分长度值不注,只注明非贯通部分的伸出长度值。 ②悬挑板阳角放射筋:Ces×⏀××。 ③悬挑板阴角放射筋:Cis×⏀××@×××。 ④若设计有其他构造要求,按设计要求布置
5."隔一布一"布置原则	①纵筋采用两种规格钢筋,即"xx/yy@×××"。间距×××表示两种规格钢筋之间的距离,所以 xx 钢筋为×××的 2 倍,yy 钢筋为×××的 2 倍。 ②板上部贯通筋与板支座非贯通筋组合布置。两者组合后的实际间距为各自标注间距的 1/2

2. 板标准构造详图

表 15-1-2 板标准构造详图知识回顾

标准构造详图	构造要点
楼(屋)面板钢筋构造 (a) 普通楼屋面板 (b) 梁板式转换层的楼面板端支座为梁锚固构造	贯通筋连接方式及连接区： ①可采用绑扎搭接、机械连接或焊接连接。 ②上部贯通筋连接区：距离支座 $l_n/4$ 范围；下部钢筋连接区：跨中 $l_n/2$ 范围； ③同一连接区内钢筋接头百分率≤50%。 普通楼面板： ①板面筋：平直段长度要求为设计按铰接时≥0.35l_{ab}，当充分利用钢筋的抗拉强度时≥0.6l_{ab}，伸至外侧梁角筋内侧下弯折 15d，当平直段长度≥l_a时可不弯折。 ②板底筋：与支座垂直的钢筋伸入支座长度为 max(5d,梁宽/2)；与支座平行的钢筋距支座边 1/2 板筋间距开始布置。 梁板式转换层的板： 板上部、下部纵筋在端支座均应伸至外侧梁角筋内侧后下弯 15d 且平直段长度≥0.6l_{abE}，当平直段长度≥l_{aE}时可不弯折。

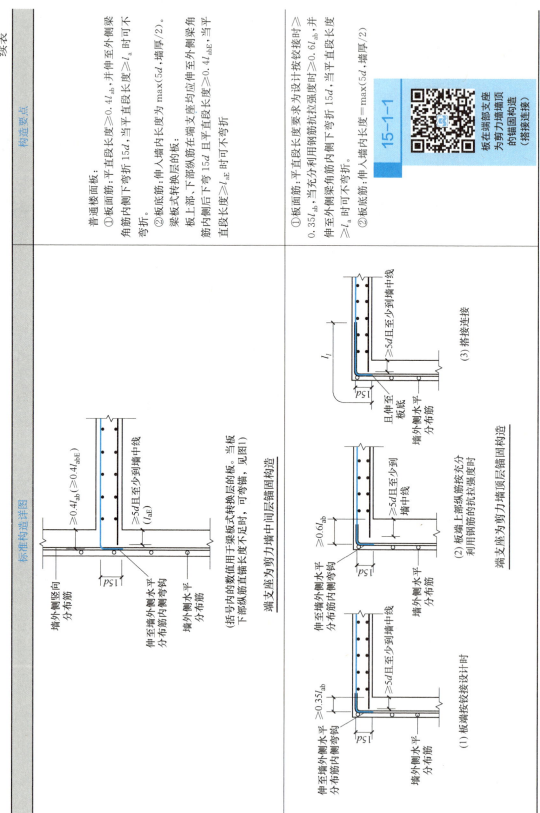

续表

标准构造详图	构造要点
支座上部纵筋向跨内伸出长度按设计标注 中间支座构造	①支座标注长度为自支座边线向跨内伸出长度。 ②分布筋距支座两侧边1/2板负筋间距开始布置。 ③分布筋自身及与负筋搭接长度为150mm
(a) 分离式配筋 抗裂抗温度筋构造	①抗裂抗温度筋自身及与负筋搭接长度为 l_l 或设计指定。 ②板上下部贯通筋可兼作抗裂抗温度筋

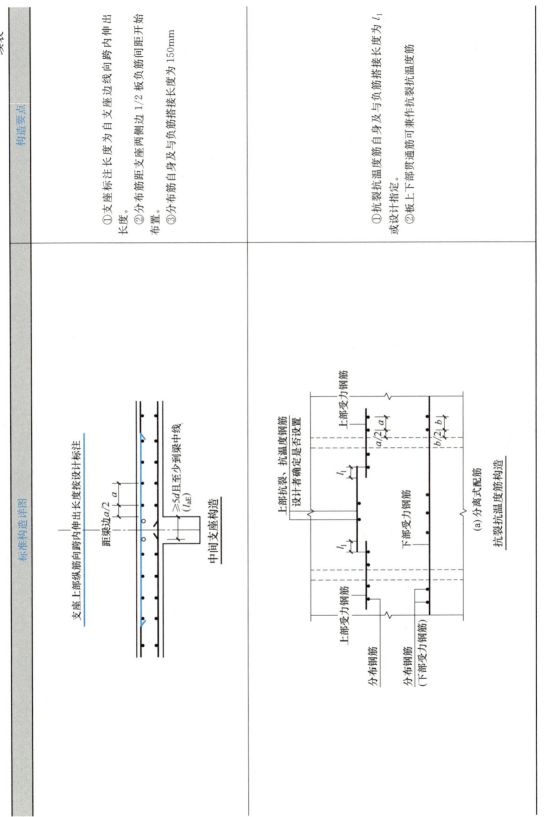

续表

标准构造详图	构造要点
(悬挑板钢筋构造图)	①上部受力筋贯通延伸至悬挑端，弯折至板底。②下部钢筋不配或伸入梁内为 max($12d$，梁宽/2)

标准构造详图	构造要点
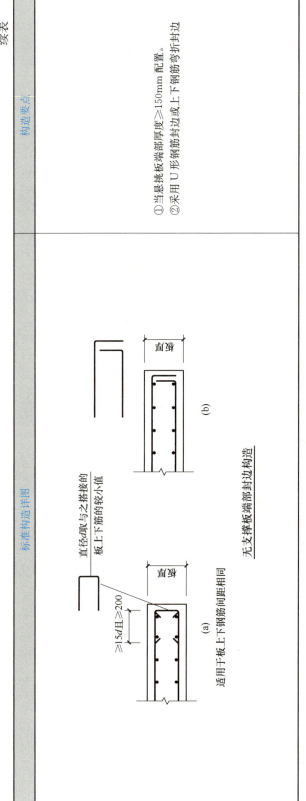 无支撑板端部封边构造	①当悬挑板端部厚度≥150mm配置。 ②采用U形钢筋封边或上下钢筋弯折封边

模块二　板平法施工图识图实训

1. 板识图实训任务描述

【任务内容】

按照 22G101-1 图集的知识，对附录图纸"××××有限公司办公楼"的板平法施工图进行识读，正确理解板平法施工图的设计意图，完成板平法施工图、图纸会审纪要、设计变更单等资料的相关技能、知识答题。

【任务目标】

(1) 熟悉板平法施工图制图规则，能正确识读板平法施工图、图纸会审纪要、设计变更单等资料。

(2) 能够领会板平法施工图的技术信息，发现图纸中存在的错误、缺陷和疏漏内容。

2. 板识图知识清单

【识图步骤】

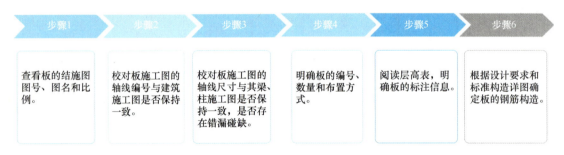

步骤1	步骤2	步骤3	步骤4	步骤5	步骤6
查看板的结施图图号、图名和比例。	校对板施工图的轴线编号与建筑施工图是否保持一致。	校对板施工图的轴线尺寸与其梁、柱施工图是否保持一致，是否存在错漏碰缺。	明确板的编号、数量和布置方式。	阅读层高表，明确板的标注信息。	根据设计要求和标准构造详图确定板的钢筋构造。

【样例与解析】

根据 22G101-1 图集及附录图纸"××××有限公司办公楼"的板平法施工图完成以下题目。

(1) 填空题

例 15-2-1　普通楼（屋）面板，端支座为剪力墙中间层时，板下部纵筋伸入墙长度≥_____且至少到_____。

答案：$5d$；墙中心线。

解析：根据 22G101-1 图集规定，普通楼（屋）面板下部纵筋应伸入墙内长度≥$5d$ 且至少到墙中心线。

例 15-2-2　当悬挑板端部厚度≥_____ mm 时，设计者要指定板端部封边构造方式，当采用 U 形钢筋封边时，U 形钢筋水平段长度≥_____且≥_____ mm。

答案：150；$15d$；200。

解析：根据 22G101-1 图集规定，当悬挑板端部厚度不小于 150mm 时，施工时应按

"无支撑板端部封边构造"执行，其中 U 形钢筋封边适用于板上下钢筋间距相同时，U 形钢筋水平段长度≥15d 且≥200mm（其中 d 取与之搭接的板上下筋直径的较小值）。

例 15-2-3 本工程结施-20，楼面板 LB1 在①轴交ⓒ～Ⓓ轴处的端部支座负筋，其伸入支座内的水平段长度至少达到＿＿＿＿mm。

答案：140mm。

解析：由本工程图纸结施-01 和结施-20 可知，标高 4.470m 处①轴交ⓒ～Ⓓ轴的板混凝土强度为 C30，楼面板 LB1 支座负筋配置为 Φ10@200，支座为剪力墙中间层，根据 22G101-1 图集可以得到板的锚固长度 $l_{ab}=35d$，端支座为剪力墙中间层时，板上部纵筋水平段长度≥$0.4l_{ab}=0.4×35×10=140$mm。

有梁楼楼面板和屋面板钢筋构造

（2）单选题

例 15-2-4 本工程结施-19，楼面板 LB1 上部 Y 向贯通钢筋应距支座边（　　）开始布置。

A. 75mm　　B. 100mm　　C. 130mm　　D. 150mm

答案：A。

解析：结施-19 的楼面板 LB1 上部 Y 向贯通筋配置为Φ10@150，根据图集构造规定，与支座平行的钢筋应距离支座边 1/2 板筋间距开始布置。

例 15-2-5 本工程中，楼面板的支座负筋分布筋的配置应为（　　）。

A. Φ8@150　　B. Φ8@100　　C. Φ10@150　　D. Φ10@200

答案：A。

解析：根据结构设计总说明（二）第八项钢筋混凝土部分规定：单向板受力筋，双向板支座负筋必须配置分布筋，图中未注明分布筋均为Φ8@150。

例 15-2-6 本工程中，五层楼板 LB3 的板顶面标高应为（　　）m。

A. 14.370　　B. 10.970　　C. 14.340　　D. 14.070

答案：C。

解析：根据结构层高表和结施-22 可知，五层结构标高为 14.370m，LB3 板块集中标注（−0.030m），则其板顶标高应低于五层结构标高 0.03m。

（3）多选题

例 15-2-7 以下关于楼板抗裂抗温度筋说法正确的是（　　）。

A. 防止由于温度变化和混凝土收缩而造成混凝土开裂
B. 主要为了承担楼板受到的由弯矩引起的拉应力
C. 主要为了承担楼板受到的剪力
D. 本工程屋面板的上部贯通筋兼作抗裂抗温度钢筋

答案：AD。

解析：抗裂抗温度筋的主要作用就是防止由于温度变化和混凝土收缩而造成混凝土开裂，在本工程结施-23 中，屋面板均采用贯通的配筋方式，因此其板上部贯通筋可兼作抗裂抗温度钢筋。

例 15-2-8 关于本工程结施-21 中的①号大样图（图 15-2-1），以下说法正确的是（　　）。

A. 该大样图适用于标高 7.570m 处Ⓐ轴和Ⓓ轴的节点做法

B. 在标高 7.570m 下需要增加 Φ10@150 的 U 形封边钢筋

C. U 形封边钢筋的水平段长度 ≥15d 且 ≥200mm，则其长度应为 200mm

D. 在 U 形封边钢筋竖直段需水平设置 4 根 φ8 的钢筋与其连接

答案：ABD。

解析：结合结施-21 和①号大样图可知，该大样图为Ⓐ轴和Ⓓ轴在端部的封边构造做法；大样图中水平段尺寸为 370mm，U 形钢筋应按实际取值，满足构造要求。

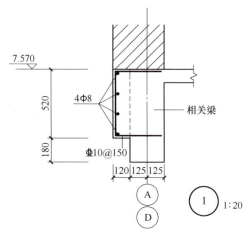

图 15-2-1　结施 21 ①号大样图

（4）问答题

例 15-2-9　识读本工程结施-22"10.970～21.170 板平法施工图"中 LB7 的板块集中标注和板支座原位标注信息，完成识图报告。

答案：LB7 表示 7 号楼面板，板的厚度为 120mm，板下部贯通纵筋配置 X 向为Φ10@130，Y 向为Φ10@200。

板上部水平方向配置⑥号支座负筋，其规格为直径 10mm 的 HRB400 钢筋，间距 130mm，钢筋自支座边线向跨内两侧对称伸出长度 1200mm；板上部竖直方向配置⑦号支座负筋，其规格为直径 10mm 的 HRB400 钢筋，间距 200mm，钢筋自支座边线向跨内伸出长度 1200mm；板上部竖直方向配置⑤号支座负筋，其规格为直径 10mm 的 HRB400 钢筋，间距 200mm，钢筋贯通Ⓑ～Ⓒ轴全跨并自支座边线向跨内伸出长度 1200mm。板上部支座负筋均在板角部钢筋网外区域的其下方配置Φ8@150 的分布筋。

（5）图纸会审题

例 15-2-10　识读附录图纸"××××有限公司办公楼"（结施-22）中①～⑧轴交Ⓐ～Ⓑ轴板平法施工图的信息，查找其中出现的问题，并将发现问题填写在"图纸会审记录表"中"设计图纸存在问题"处（答复意见无需施工方填写）。

图纸会审记录表　　　　　　　　　表 15-2-1

设计交底图纸会审记录			
工程名称：××××有限公司办公楼			
序号	图号	设计图纸存在问题	设计院或业主答复意见
结构部分			
1			
2			
建设单位	设计单位	监理单位	施工单位

答案：详见表 15-2-2。

图纸会审记录表　　　　　表 15-2-2

		设计交底图纸会审记录	
		工程名称:××××有限公司办公楼	
序号	图号	设计图纸存在问题	设计院或业主答复意见
		结构部分	
1	结施-22	楼面板 LB1 的贯通筋配置为 T:XΦ10@150,YΦ10@200,与非贯通筋一起全为上部配筋,此处板块配筋字母是否有误,请设计复核	
2	结施-22	结施 17 中③～④轴交ⓒ轴上部 L405、L406 梁顶面标高为(−0.030m),此处楼面板 LB4 的板顶标高与 L405、L406 梁顶标高不同,请设计复核	
建设单位		设计单位　　　　监理单位　　　　施工单位	

解析:根据 22G101-1 图集规定,板块集中标注字母 B 表示下部纵筋配置,字母 T 表示上部纵筋配置,在 LB1 中将两个打头字母含义混淆,应将 T 改为 B。

楼面板 LB4 的问题是梁板构件在同一位置处的碰撞问题,在 10.470～21.170m 标高段③～④轴交ⓒ轴上部梁顶面标高均低于结构层所在结构标高 30mm,因此板的施工图应结合梁施工图一起查找问题。

3. 板识图实训任务实施

根据 22G101-1 图集及附录图纸"××××有限公司办公楼"的板平法施工图完成以下练习。

(1) 填空题

题 15-2-1　普通楼(屋)面板,与支座垂直的板下部纵筋伸入支座长度_____且至少到_____,与支座平行的钢筋距梁边_____开始布置。

题 15-2-2　当板跨度较大,板较厚,板面没有设置上部贯通筋时,为防止板混凝土受温度变化开裂,应在板上部设置_____,其自身与受力主筋搭接长度为_____。

题 15-2-3　本工程结施-21,楼面板 LB2 的板顶标高为_____,楼面板 LB4 的板顶标高为_____。

题 15-2-4　本工程结施-21,已知②轴上的梁宽度为 300mm,则②号支座负筋水平段长度为_____。

题 15-2-5　本工程结施-22,Ⓐ～Ⓑ轴交⑤～⑧轴处楼面板 LB7 中(图 15-2-2),已知Ⓐ、Ⓑ轴上梁沿中线布置,梁宽度 250mm,则⑥号支座负筋的分布筋设计长度为_____mm。

(2) 单选题

题 15-2-6　有梁楼盖板的下部贯通纵筋连接区在(　　)范围内。
A. 跨中 $l_n/2$　　B. 跨中 $l_n/4$　　C. 支座边 $l_n/2$　　D. 支座边 $l_n/4$

题 15-2-7　本工程结施-19 中,Ⓐ～Ⓑ轴交②～③轴间板跨的受力筋采用 22G101-1 图

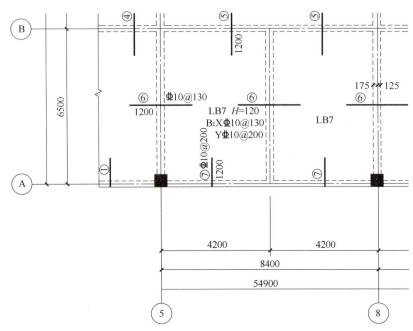

图 15-2-2 楼面板 LB7 配筋图

集表示为（　　）。

A. B：X⊕10@130 Y⊕10@150；T：X⊕10@130；Y⊕10@150
B. B：X&Y⊕10@150；T：X&Y⊕10@150
C. B：X&Y⊕8@200；T：X&Y⊕8@200
D. B：X&Y⊕12@150；T：X&Y⊕12@150

题 15-2-8 本工程结施-22 中，⑤轴上部⑥号支座负筋的水平段长度为（　　）。

A. 2400mm　　　B. 2500mm　　　C. 2600mm　　　D. 2700mm

题 15-2-9 以下关于现浇楼板的贯通筋说法正确的是（　　）。

A. 单向板的板底筋，长向钢筋应置于短向钢筋之下
B. 双向板的板面筋，长向钢筋应置于短向钢筋之下
C. 主要承担楼板受到的剪力
D. 上部板筋在端部应伸至梁角筋内侧弯折，弯折长度伸至板底

题 15-2-10 以下关于结施-19 的说法错误的是（　　）。

A. 电梯井内的板施工时先预留钢筋，待管线安装完毕后封墙
B. 卫生间楼面板板底标高为－0.240m
C. WB1 的板顶面标高为－0.800m
D. 在走道位置板筋均采用双向⊕10@150

题 15-2-11 下列关于本工程消防水池板的设置说法错误的是（　　）。

A. 板顶面标高为－3.800
B. 顶板板厚180mm
C. 底板配筋在 X 和 Y 方向直径均为14mm
D. 顶板板端部封边做法应参考结施-19 大样①

(3) 多选题

题 15-2-12 本工程楼（屋）面板的支座为（　　）。
A. 框架梁　　　　B. 剪力墙　　　　C. 非框架梁　　　　D. 框架柱

题 15-2-13 以下关于结施-22 中大样③（图 15-2-3）的说法正确的是（　　）。
A. 大样③适用于标高 10.970～21.170m 内①轴和⑫轴处的做法
B. 板顶面往上 300mm 檐口处设置 1Φ6 钢筋并用 ϕ8@150 的 U 形钢筋垂直相交
C. LB2 的板贯通筋需伸至大样③内进行锚固
D. Φ12@150 的 U 形钢筋竖直段长度为 900mm

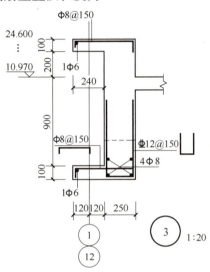

图 15-2-3　结施 22 中大样③

题 15-2-14 结施-21 中，LB4 板块集中标注"H=100，B：X&Y ϕ8@150，T：X&Y ϕ8@150，(-0.030)"以下说法正确的是（　　）。
A. 板底贯通筋 X 向为 ϕ8 间距 150mm，Y 向为 ϕ8 间距 150mm
B. 板的厚度为 100mm
C. 板顶面标高低于结构面所在结构标高 30mm
D. 板上部需设置分布筋与受力主筋搭接

题 15-2-15 关于本工程三层卫生间现浇板的说法正确的是（　　）。
A. 卫生间范围内板均按 LB3 设置
B. 卫生间范围内板的厚度为 100mm
C. 卫生间需做降板处理，降板高度 30mm
D. 混凝土强度等级为 C30

题 15-2-16 下列关于结施-12 说法正确的是（　　）。
A. 为屋面二的结构布置
B. 大样①的板顶低于电梯机房屋面板顶 2m
C. 电梯井顶板厚度 h=110mm
D. 大样①板厚度 h=120/100mm

(4) 问答题

题 15-2-17 识读本工程结施-21 "7.570 板平法施工图"中Ⓐ～Ⓑ轴处 LB1 的板块集

中标注和板支座原位标注信息，完成识图报告。

_____

_____

_____

_____

（5）图纸会审题

题 15-2-18 识读附录图纸"××××有限公司办公楼"（结施-22）中①～⑧轴交Ⓓ～Ⓑ轴板平法施工图的信息，查找其中出现的问题，并将发现问题填写在"图纸会审记录表"中"设计图纸存在问题"处。（答复意见无需施工方填写）

图纸会审记录表　　　　　　　　　　　　　　　　　　　表 15-2-3

设计交底图纸会审记录			
工程名称：××××有限公司办公楼			
序号	图号	设计图纸存在问题	设计院或业主答复意见
结构部分			
1	结施-22		
2	结施-22		
3	结施-22		
建设单位	设计单位	监理单位	施工单位

模块三　板平法施工图绘图实训

1. 板绘图实训任务描述

【任务内容】

按照 22G101-1 图集中有关板平法施工图制图规则的知识，对附录图纸"××××有限公司办公楼"的板平法施工图、图纸会审纪要、设计变更单等资料进行识读，正确理解板平法施工图等设计资料的设计意图，理解任务意图，掌握题目要求及绘图细则，应用CAD软件进行结构施工图绘图。

【任务目标】

熟悉 22G101-1 图集中板标准构造详图，同时能准确识读建筑工程施工图纸、图纸会审纪要、设计变更单等资料，按题目要求及绘图细则，绘制板构造详图。

【任务分组】

学生任务分配表　　　　　　　　　　　　　　　　　　　表 15-3-1

班级		组号		指导老师			
组长		学号					
组员	姓名	学号	姓名	学号	姓名	学号	
任务分工							

2. 板绘图知识清单

【绘图步骤】

步骤1	步骤2	步骤3	步骤4	步骤5	步骤6
识读所绘板的施工图，相关梁或剪力墙施工图及结构设计总说明，明确构件尺寸、配筋、混凝土强度及抗震等级等信息。	按题目要求，绘制板，相关梁或剪力墙等构件轮廓。	绘制板钢筋。	标注板钢筋配筋信息。	标注板钢筋的构造尺寸。	标注构件尺寸、标高、图名及比例。

【样例与解析】

根据 22G101-1 图集完成以下题目。

板施工图绘制要求：

1. 钢筋线用多段线命令绘制，并设置线宽，出图后粗线线宽为 0.5mm。

2. 结构构造按现行平法图集中最经济的构造标准要求；构造尺寸按最低限值取值，不得人为放大调整，且小数点后数字进位。例：计算值 99 则取值 99，计算值 99.2 则取值 100。

3. 文字标注：采用样板文件中已设置的字体"钢筋注写"。

4. 尺寸标注：根据出图比例要求，选用样板文件中已设置的标注样式"比例 25"或"比例 50"标注。

5. 图层设置不作要求。

例 15-3-1 打开样板图"样板文件例 15-3-1.dwg"，请根据结施-23"24.600 板平法施工图"，在答案卷中完成⑧轴交ⓒ～Ⓓ轴处右侧一跨 WB1 的构造详图。

绘制要求：

1. 在样板图的"样板文件例 15-3-1.dwg"纵剖面图中补绘楼板钢筋构造，并标注板厚、钢筋配筋信息。同时，标注纵剖面中板面非贯通筋的截断点长度、在支座内的锚固长度（水平及竖向投影长度）及第一根板筋的定位尺寸（距支座边）。

2. 绘制比例 1∶1，板纵剖面出图比例 1∶50。

保存要求：

绘制完成后，将答案卷单独保存，文件命名为"例 15-3-1.dwg"。

【样板文件】

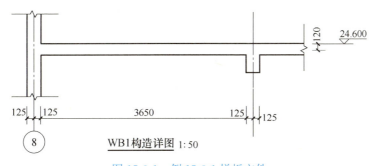

图 15-3-1　例 15-3-1 样板文件

【参考答案】

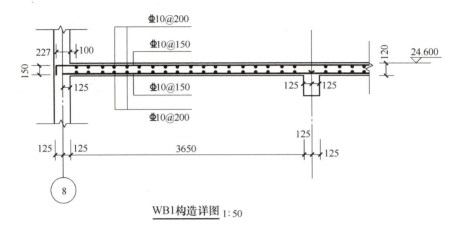

图 15-3-2　例 15-3-1 参考答案

例 15-3-2　打开样板图"样板文件例 15-3-2dwg",根据变更通知单及结施-23"24.600 板平法施工图"等工程图纸,请在答案卷中完成③～④轴交Ⓓ轴上部 WB4 的构造详图。

绘制要求:

1. 在样板图的"样板文件例 15-3-2.dwg"纵剖面图中补绘楼板钢筋构造,并标注板厚、钢筋配筋信息。同时,标注纵剖面中板面非贯通筋的截断点长度、在支座内的锚固长度(水平及竖向投影长度)及第一根板筋的定位尺寸(距支座边)。

2. 绘制比例 1∶1,板纵剖面出图比例 1∶50。

保存要求:

绘制完成后,将答案卷单独保存,文件命名为"例 15-3-2.dwg"。

【样板文件】

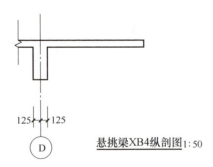

图 15-3-3　例 15-3-2 样板文件(一)

设计变更、修改通知

建设单位		设计号	××××××	专业	结构
工程名称	××××有限公司办公楼	日 期	××××××	图号	修-1
		设计阶段	施工图	版号	1
子项名称		原图纸号			

自查修改：修改图纸结施-20中，④号大样适用标高为4.170～21.170m，修改后的局部图纸如下图所示。

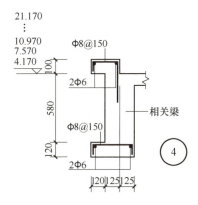

自查修改：图纸结施-23中，③～④轴交 Ⓓ 轴上部板配置修改如下。

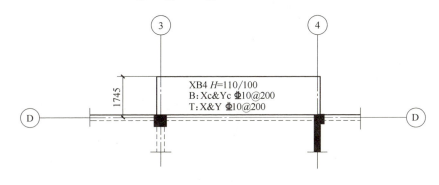

24.600板平法施工图局部变更

设计		审核		专业负责		项目负责	
校对		审定		专业会签			

图 15-3-3　例 15-3-2 样板文件（二）

【参考答案】

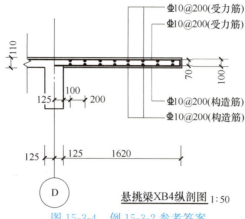

图 15-3-4 例 15-3-2 参考答案

3. 板绘图实训任务实施

题 15-3-1　打开样板图"样板文件题 15-3-1.dwg",请根据结施-21 "7.570 板平法施工图",在答案卷中完成①~③轴交ⓒ~ⓓ轴处楼面板 LB1 的纵剖面构造详图。

绘制要求:

1. 在样板图的"样板文件题 15-3-1.dwg"纵剖面图中补绘楼板钢筋构造,并标注板厚、钢筋配筋信息。同时,标注纵剖面中板面非贯通筋的截断点长度、在支座内的锚固长度(水平及竖向投影长度)及第一根板筋的定位尺寸(距支座边)。

2. 绘制比例 1∶1,板纵剖面出图比例 1∶50。

保存要求:

绘制完成后,将答案卷单独保存,文件命名为"题 15-3-1.dwg"

【样板文件】

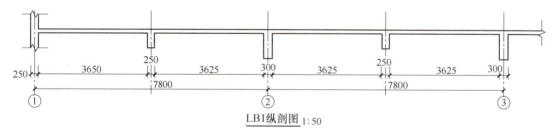

图 15-3-5 题 15-3-1 样板文件

题 15-3-2　打开样板图"样板文件题 15-3-2dwg",根据变更通知单及结施-12 "29.000 板平法施工图"等工程图纸,请在答案卷中完成④~⑥轴交ⓒ~ⓓ轴处 1-1 剖面配筋构造图。

绘制要求:

1. 在样板图的"样板文件题 15-3-2.dwg"2-2 纵剖面图中补绘楼板钢筋构造,并标注板厚、钢筋配筋信息。同时,标注纵剖面中板非贯通筋的截断点长度、在支座内的锚固长度(水平及竖向投影长度)及第一根板筋的定位尺寸(距支座边)。

2. 绘制比例 1∶1，板纵剖面出图比例 1∶50。

保存要求：

绘制完成后，将答案卷单独保存，文件命名为"题 15-3-2.dwg"。

【样板文件】

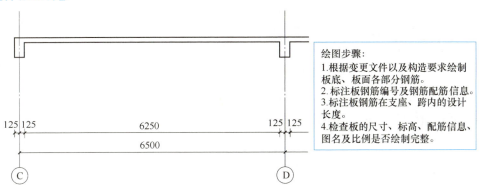

1-1剖面图样板文件 1∶50

绘图步骤：
1. 根据变更文件以及构造要求绘制板底、板面各部分钢筋。
2. 标注板钢筋编号及钢筋配筋信息。
3. 标注板钢筋在支座、跨内的设计长度。
4. 检查板的尺寸、标高、配筋信息、图名及比例是否绘制完整。

设计变更、修改通知

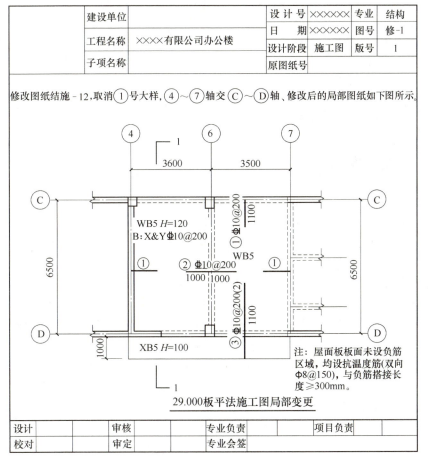

图 15-3-6 题 15-3-2 样板文件

任务十六 楼梯平法施工图识读

模块一 楼梯平法施工图识读的知识回顾

1. 楼梯平法施工图制图规则

楼梯平法施工图制图规则知识点回顾　　　　　表 16-1-1

识读内容	要点简述
楼梯平法施工图制图规则集中标注和外围标注（平面注写） 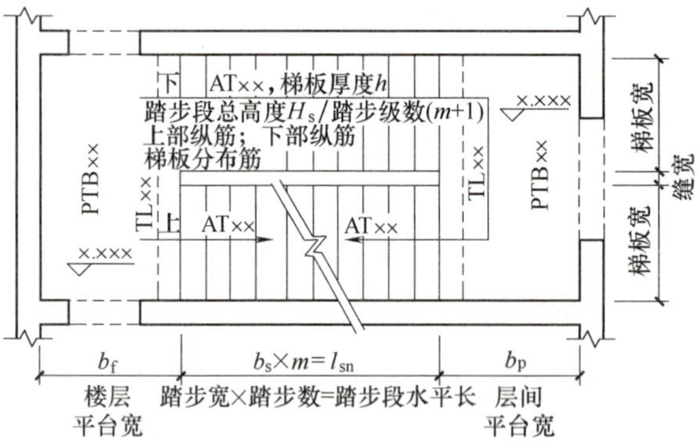 图1 ▽×.×××～▽×.×××楼梯平面图（注写方式）	楼梯编号： ①AT～ET 型梯板：无滑动支座梯板，无抗震构造措施，不参与结构整体抗震计算。 ②FT、GT 型梯板：无滑动支座梯板，无抗震构造措施，不参与结构整体抗震计算，两跑踏步段共用层间平板传力。 ③ATa、ATb、BTb、CTa、CTb、DTb：带滑动支座梯板，有抗震构造措施，不参与结构整体抗震计算。 ④ATc：无滑动支座梯板，无抗震构造措施，参与结构整体抗震计算
	梯板厚度： 注写为 $h=\times\times\times$。当为带平板的梯板且踏步段板厚度和平板厚度不同时，在梯板厚度后面括号内以字母 P 打头注写平板厚度 $h=xxx(Pxxx)$
	踏步总高度和踏步级数： 如：踏步总高为 1800mm，踏步级数为 12，则标注为"1800/12"
	梯板上、下部纵筋： 梯板上、下部纵筋以";"分隔。如：$\Phi 10@200$；$\Phi 12@150$
	梯板分布筋： 以 F 打头注写分布筋具体数值，该项也可在图中统一说明
	梯板两侧边缘构件纵向钢筋及箍筋： 对于 ATc 型楼梯，在集中标注中尚应注明该项信息
	外围标注： 在楼梯平面上标注楼梯间的平面尺寸、楼层结构标高、层间结构标高、楼梯的上下方向、楼梯的平面几何尺寸、平台板配筋、梯梁及梯柱配筋等

2. 楼梯标准构造详图

楼梯标准构造详图知识点回顾

表 16-1-2

标准构造详图	构造要点
(见图)	下部纵筋的构造： 下部纵筋在低端和高端梯梁内锚固，伸入梯梁内长度≥5d 且至少伸过支座中线 上部纵筋的构造： ①高端梯梁处的上部纵筋伸入跨内构造：从梯梁边算起，伸出梯板跨内的水平投影长度为 $l_n/4$。 ②高端梯梁处的上部纵筋的锚固构造：在高端梯梁内至梁边，伸至梁边弯折 15d，或从梯梁边算起锚入梯梁和楼层板内总长度为 l_a。 ③低端梯梁处的上部纵筋伸入跨内构造：从梯梁边算起，伸出梯板跨内的水平投影长度为 $l_n/4$。 ④低端梯梁处的上部纵筋的锚固构造：在低端梯梁内的锚固，伸至梁边弯折 15d 分布筋的构造： 分布筋放置在上、下部纵筋内侧，长度为梯板宽度－2×保护层厚度

续表

构造要点	标准构造详图
下部纵筋的构造： ①下部纵筋在低端梯梁内锚固：伸入梯梁内长度≥5d 且至少伸过支座中线。 ②下部纵筋在低端平板斜板转折处连续拉通。 上部纵筋的构造： ①高端梯梁处的上部纵筋的锚固构造：同 AT 型梯板。 ②高端平板处的上部纵筋的锚固构造：同 AT 型梯板。 ③低端平板处上部纵筋在梯梁内锚固构造：伸至支座对边向下弯折 $15d$。按铰接设计时，伸 l_a；充分利用钢筋的抗拉强度时，伸入支座平直段长度≥$0.35l_{ab}$；伸入支座平直段长度≥$0.6l_{ab}$。 ④低端平板上部纵筋弯折：且伸入踏步段内的长度为 l_a。 ⑤踏步段伸端上部纵筋构造：一端伸至低端平板内的长度为 l_a，沿踏步段底部向低端伸入踏步水平投影长度为 $l_{sn}/5$，且≥$(l_{n}/4-l_{n})$。 l_{sn} 为踏步段水平长，l_{n} 为梯板跨度，l_{n} 为低端平板长。 分布筋的构造同 AT 型梯板。	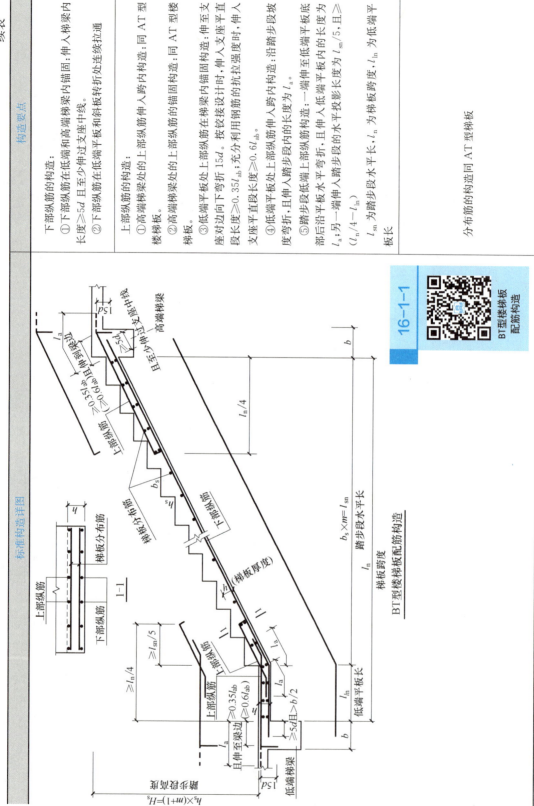 16-1-1 BT型楼梯板配筋构造 BT型楼梯板配筋构造

续表

构造要点
下部纵筋的构造： ①踏步段下部纵筋在低端梯梁内锚固：同AT型楼梯板。 ②踏步段下部纵筋伸入高端平板内的长度水平弯折，伸入高端平板顶部后沿平板水平段长度为l_a。 ③高端平板下部纵筋，一端伸入支座（高端梯梁）内长度≥$5d$且至少伸过支座中心线，另一端伸入踏步段内的长度为l_a。
上部纵筋的构造： ①低端对边支座的上部纵筋在支座内锚固：伸至支座对边下弯折长度≥$0.35l_{ab}$，按铰接设计时；伸入支座平直段长度≥$15d$，充分利用钢筋的抗拉强度时，伸入支座平直段长度≥$0.6l_{ab}$。 ②高端梯梁的上部纵筋有条件时可直接伸入平台板内锚固；从支座（高端梯梁）内边算起锚固总长度不小于l_a。 ③高端梯梁的上部纵筋伸入跨内构造：伸入踏步段的水平投影长度为$l_n/5$，且≥l_{sn}为梯板跨度。 ④低端梯梁的上部纵筋伸入跨内构造：伸入踏步段的水平投影长度为$l_n/4$
分布筋的构造同AT型梯板

标准构造详图

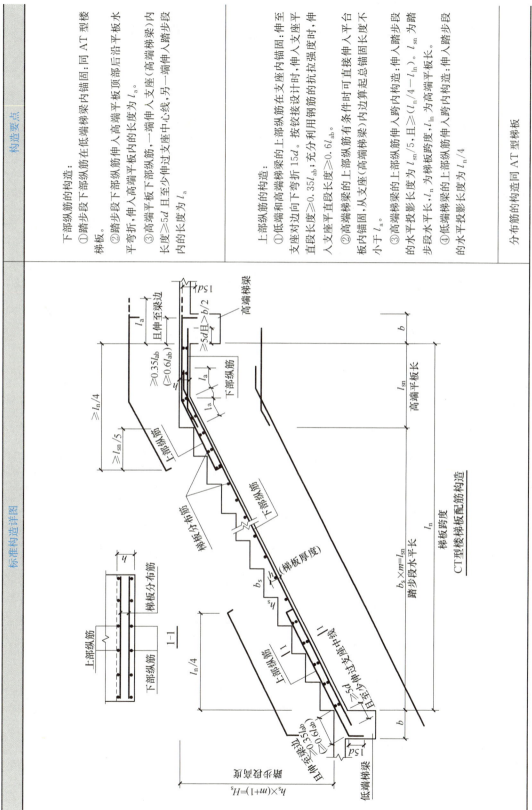

CT型楼梯板配筋构造

模块二　楼梯平法施工图识图实训

1. 楼梯识图实训任务描述

【任务内容】

按照 22G101-2 图集中有关楼梯平法施工图制图规则的知识，对附录图纸"××××有限公司办公楼"的楼梯平法施工图、图纸会审纪要、设计变更单等资料进行识读，正确理解楼梯平法施工图等设计资料的设计意图，完成楼梯平法施工图识图相关技能、知识答题。

【任务目标】

（1）熟悉楼梯平法施工图制图规则，能正确识读楼梯平法施工图、图纸会审纪要、设计变更单等资料。

（2）能够领会楼梯平法施工图的技术信息，发现图纸中存在的不正确、缺陷和疏漏内容。

2. 楼梯识图知识清单

【识图步骤】

【样例与解析】

根据 22G101-2 图集及附录图纸"××××有限公司办公楼"的楼梯平法施工图完成以下题目。

（1）填空题

例 16-2-1　AT～ET 型梯板的截面形状为：AT 型梯板全部由_____构成；BT 型梯板由_____和_____构成；CT 型梯板由_____和_____构成；DT 型梯板由_____、_____和_____构成；ET 型梯板由_____、_____和_____构成。

答案：踏步段；低端平台；踏步段；踏步段；高端平台；低端平板；踏步板；高端平板；低端踏步段；中位平板；高端踏步段。

解析：详见 22G101-2 图集中关于板式楼梯平法制图规则的相关内容，特别注意区分各类 BT、CT 和 DT 型梯板。

例 16-2-2　AT 型梯板上部纵筋，一端伸至_____对边再向下弯折_____。设计按铰接时，伸入支座直段长度≥_____；充分利用钢筋的抗拉强度时，伸入支座直段长度≥_____。另一端伸入踏步段弯 90°直钩，弯钩长度为_____，伸入踏步段的水平投影长度为_____。

答案：支座（高端梯梁、低端梯梁）；$15d$（d 为纵筋直径）；$0.35l_{ab}$；$0.6l_{ab}$；梯板厚度－保护层厚度；$l_n/4$（l_n 为梯板跨度）。

解析：详见 22G101-2 图集中关于 AT 型板式楼梯标准构造详图的相关内容。

（2）单选题

例 16-2-3　在本工程结施-24 和结施-25 中，关于 T1 三～七层平面梯段 AT1，下列说法不正确的是（　　）。

A. 上部纵筋为⌀10@150　　　　　B. 下部纵筋为⌀10@150
C. 分布筋为⌀8@200　　　　　　D. 梯段宽度为 1500mm

答案：D。

解析：详见结施-25 中 T1 三～七层平面，由外围标注可知，梯段宽度为 1600mm，故选 D。

例 16-2-4　在本工程结施-24 和结施-25 中，关于 T1 三～七层平面梯段，下列说法不正确的是（　　）。

A. AT1 梯板板厚为 100mm　　　　B. AT1 的梯板跨度为 2340mm
C. PTB2 板厚 100mm　　　　　　D. PTB2 底部纵筋为⌀8@150

答案：D。

解析：详见结施-25 中 T1 三～七层平面，由 PTB 的集中标注可知，底部双向纵筋为⌀8@150，故选 D。

例 16-2-5　在本工程结施-24 和结施-25 中，T1 顶层平面梯板 AT2，低端上部纵筋从梯梁内边算起伸入踏步段内的水平投影长度为（　　）mm。

A. 376　　　　B. 451　　　　C. 585　　　　D. 780

答案：C。

解析：根据 22G101-2 图集及结施-24，梯板 AT2 的净跨 $l_n=2340$mm，上部纵筋伸入踏步段内的水平投影长度$=l_n/4=2340/4=585$mm，故选 C。

例 16-2-6　在本工程结施-24 和结施-25 中，下列关于 T1 顶层平面梯板 AT2 下部纵筋在低端梯梁内的锚固说法正确的是（　　）。

A. 直锚入梁内 50mm　　　　　　B. 直锚入梁内 150mm
C. 弯锚入梁内弯折 150mm　　　　D. 直锚入梁内且伸过梁中线

答案：D。

解析：根据 22G101-2 图集、结施-24 及结施-25，AT 型梯板下部纵筋在支座内锚固长度应满足 $5d$ 且伸过支座中线（取大值），下部纵筋直径为 10mm，梯梁梁宽为 200mm，伸过支座中线为较大值，故选 D。

（3）多选题

例 16-2-7　按 22G101-2 图集及结施-24～结施-25，关于本工程楼梯 T1 下列说法正确的是（　　）。

A. TL1 截面尺寸为 200mm×350mm
B. PTB1 板厚为 100mm
C. BT2 的梯板厚为 140mm
D. BT1 的分布筋为 ϕ 8@200
E. CT2 的上部纵筋在低端梯梁处弯锚的竖直段长度为 180mm

答案：ABCDE。

解析：由结施-24 中"T1-1.156m 标高平面"TL1、PTB1 和 BT1 的集中标注分别可知，选项 A、B 和 D 正确。由"T1 一层平面"BT2 的集中标注可知，选项 C 正确。由 22G101-2 图集第 2-12 页可知，CT 上部纵筋在低端梯梁内弯折锚固的竖直段长度要求为 $15d$，结合 CT2 的集中标注，其上部纵筋为 Φ12@150，则弯钩竖直段长度为 $15 \times 12 = 180$mm，选项 E 正确。

（4）问答题

例 16-2-8 识读本工程结施-25 "T1 顶层平面"中 AT2 的信息，完成识图报告。

_____

_____

_____

答案：AT2，$h=100$ 表示：2 号 AT 型梯板，梯板厚度为 100mm。1730/10 表示：踏步段总高度为 1730mm，踏步级数为 10 级。Φ10@150；Φ10@150 表示：梯板支座上部纵筋为 HRB400 级钢筋，直径为 10mm，间距 150mm；下部纵筋为 HRB400，直径为 10mm，间距 150mm。Fϕ8@200 表示：梯板分布筋为 HPB300 级钢筋，直径为 8mm，间距 200mm。

外围标注的信息：楼层平台宽 1600mm，每级踏步宽 260mm，踏步数为 9 级，踏步段水平长为 2340mm，层间平台宽 1660mm，梯板宽 1600mm，缝宽（梯井宽）160mm。楼层结构标高为 24.600m，层间结构标高为 22.870m。

解析：对结施-25 中 AT2 的各项信息进行解读。

（5）图纸会审题

例 16-2-9 识读本工程结施-24 中"T1 一层平面"的各项信息，查找其中出现的问题，并将发现问题填写在"图纸会审记录表"中"设计图纸存在问题"处。（答复意见无需施工方填写）

图纸会审记录表　　　　　　　　　　　　　　　　　　表 16-2-1

设计交底图纸会审记录			
工程名称：××××有限公司办公楼			
序号	图号	设计图纸存在问题	设计院或业主答复意见
结构部分			
1	结施-24		
建设单位	设计单位	监理单位	施工单位

答案：

图纸会审记录表　　　　　　表 16-2-2

序号	图号	设计交底图纸会审记录 工程名称：××××有限公司办公楼	
		设计图纸存在问题	设计院或业主答复意见
		结构部分	
1	结施-24	"T1一层平面"中 CT2 和 BT2 共用一块平板，而 CT2 和 BT2 的分布筋分别为 $\phi 8@150$ 和 $\phi 8@200$。共用平板的 X 向钢筋应为梯板的分布筋，但未明确采用 $\phi 8@150$ 还是 $\phi 8@200$	
建设单位	设计单位	监理单位	施工单位

解析："T1一层平面"比较特殊，CT2 和 BT2 共用平板，按 22G101-2 图集，该处应采用 FT 型梯板。当设计按 CT 和 BT 型梯板分别设计时，应确定共用平板处的钢筋做法。

3. 楼梯识图实训任务实施

根据 22G101-2 图集及附录图纸"××××有限公司办公楼"的楼梯平法施工图完成以下题目。

(1) 填空题

题 16-2-1　板式楼梯所包含的构件有：_____

题 16-2-2　BT 型梯板低端平板处上部纵筋，一端伸至支座（低端梯梁）对边再向下弯折_____。设计按铰接时，伸入支座平直段长度≥_____。另一端伸至_____后沿踏步段坡度弯折，且伸入踏步段内的长度为_____。

题 16-2-3　CT 型梯板高端平板及踏步段高端处上部纵筋，一端伸至支座（高端梯梁）对边再向下弯折_____。充分利用钢筋的抗拉强度时，伸入支座平直段长度≥_____。另一端伸至踏步段_____后沿踏步段坡度弯折，伸入踏步段的水平投影长度为_____。

(2) 单选题

题 16-2-4　在本工程结施-24 中，关于"T1一层平面"标注的 TZ1，下列说法不正确的是（　　）。

A. 混凝土强度等级为 C25

B. 在 TZ1 与 TL1 的梁柱节点位置，TL1 的箍筋应连续布置

C. TZ1 是 TL1 的支座

D. TZ1 的纵筋为 4Φ14

题 16-2-5　识读本工程结施-25，关于"T1三～七层平面"标注的 AT1，下列说法不正确的是（　　）。

A. 上部纵筋从梯梁内边伸出跨内的水平投影长度为 585mm

B. 分布筋端部无弯钩

C. 下部纵筋需伸过梁中线

D. 分布筋应布置在上下纵筋的外侧

题 16-2-6 识读本工程结施-24，关于"T1－1.156m 标高平面"的各项标注，下列说法不正确的是（　　）。

A. PTB1 的 Y 向纵筋应置于 X 向纵筋的外侧

B. BT1 的踏步高为 165.2mm，踏步宽为 260mm

C. TL2 为 PTB1 的支座，PTB1 的纵筋应锚入 TL2 内

D. BT1 的低端平板厚度同 PTB1

题 16-2-7 在本工程结施-24 和结施-25 中，T1 二层平面梯板 BT3，踏步段低端上部纵筋从伸入踏步段内的水平投影长度为（　　）mm。

  A. 364   B. 591   C. 632   D. 1000

题 16-2-8 在本工程结施-24 和结施-25 中，T1 一层平面梯板 CT2，高端平板及踏步段高端处上部纵筋伸入踏步段内的水平投影长度为（　　）mm。

  A. 312   B. 563   C. 756   D. 1035

题 16-2-9 在本工程结施-24 和结施-25 中，T1 二层平面梯板 BT3 踏步段低端上部纵筋，一端伸至低端平板底部后沿平板水平弯折，且伸入低端平板内的长度为（　　）mm。

  A. 360   B. 480   C. 520   D. 630

题 16-2-10 在本工程结施-24 和结施-25 中，关于 T1 标高 1.512m 平面梯板 BT2，下列说法错误的是（　　）。

A. 梯板厚度为 140mm

B. 上、下部纵筋均为 Φ12@130

C. 分布筋为 ϕ8@200

D. 踏步宽 260mm，踏步高 168mm

(3) 多选题

题 16-2-11 识读本工程结施-24，关于"T1 1.512m 标高平面"的各项标注，下列说法不正确的是（　　）。

A. CT3 的梯板厚度为 140mm

B. CT3 的分布筋为 ϕ8@200

C. CT3 的高端位置的上部纵筋从最上一级台阶边缘伸出跨内的投影长度为 1065mm

D. CT3 的分布筋两端应设 180°弯钩

E. CT3 的上部纵筋为 Φ12@150

题 16-2-12 识读本工程结施-24，关于"T1 二层平面"的各项标注，下列说法不正确的是（　　）。

A. BT3 的梯板厚度为 140mm

B. BT3 的下部纵筋为 Φ10@130

C. BT3 的低端位置的下部纵筋锚入梯梁内长度应≥100mm

D. BT3 的下部纵筋可不设弯钩

E. CT3 的上部纵筋为 ⌀12@130

(4) 问答题

题 16-2-13 识读本工程结施-24 "T1 负一层平面"中 CT1 的各项信息,完成识图报告。

题 16-2-14 识读本工程结施-25 "T1 顶层平面"中 AT1 的各项信息,完成识图报告。

(5) 图纸会审题

根据 22G101-2 图集及附录图纸 "××××有限公司办公楼"的梁平法施工图完成以下题目。

题 16-2-15 识读本工程结施-24 和结施-25 中 TL3 的各项标注,查找其中出现的问题,并将发现问题填写在"图纸会审记录表"中"设计图纸存在问题"处。(答复意见无需施工方填写)

图纸会审记录表 表 16-2-3

序号	图号	设计图纸存在问题	设计院或业主答复意见
设计交底图纸会审记录 工程名称:××××有限公司办公楼			
结构部分			
1	结施-24		
建设单位		设计单位	监理单位	施工单位

模块三 楼梯平法施工图绘图实训

1. 楼梯绘图实训任务描述

【任务内容】

按照 22G101-2 图集中有关楼梯平法施工图制图规则的知识,对附录图纸 "××××有限公司办公楼"的楼梯施工图、图纸会审纪要、设计变更单等资料进行识读,正确理解楼梯平法施工图等设计资料的设计意图,理解任务意图,掌握题目要求及绘图细则,应用 CAD 软件进行结构施工图绘图。

【任务目标】

熟悉 22G101-2 图集中楼梯标准构造详图,同时能准确识读建筑工程施工图纸、图纸会审纪要、设计变更单等资料,按题目要求及绘图细则,绘制楼梯构造详图。

【任务分组】

学生任务分配表　　　　　　　　　　　表 16-3-1

班级		组号		指导老师		
组长		学号				
组员	姓名	学号	姓名	学号	姓名	学号
任务分工						

2. 楼梯绘图知识清单

【绘图步骤】

步骤1	步骤2	步骤3	步骤4	步骤5	步骤6
识读所绘楼梯施工图、相关楼层图纸及结构设计总说明，明确构件尺寸、配筋、混凝土强度及抗震等级等信息。	按题目要求，绘制楼梯及相关楼层梁等构件轮廓。	绘制楼梯钢筋。	标注楼梯钢筋配筋信息。	标注楼梯钢筋的构造尺寸。	标注构件尺寸、标高、图名及比例。

【样例与解析】

根据 22G101-2 图集完成以下题目。

楼梯施工图绘制要求：

1. 钢筋线用多段线命令绘制，并设置线宽，出图后粗线线宽为 0.5mm；矩形箍筋弯钩无需绘制。

2. 结构构造按现行平法图集中最经济的构造标准要求；构造尺寸按最低限值取值，不得人为放大调整，且小数点后数字进位。例：计算值 99 则取值 99，计算值 99.2 则取值 100。

3. 文字标注：采用样板文件中已设置的字体"钢筋注写"。

4. 尺寸标注：根据出图比例要求，选用样板文件中已设置的标注样式"比例 25"或"比例 50"标注。

5. 图层设置不作要求。

例 16-3-1　打开样板图"样板文件例 16-3-1.dwg"，根据提供的结施-25 等工程图纸，请在答案卷中完成 22.870～24.600m 标高 AT2 的构造详图。

绘制要求：

在样板图的"样板文件例 16-3-1.dwg"纵剖面图中补绘 22.870～24.600m 标高段 AT2 的上部、下部纵筋、分布筋，并标注配筋信息。

同时，标注纵剖面中纵筋的构造长度（伸出长度、锚固长度等）、第一道分布筋的位置。

保存要求：

绘制完成后，将答案卷单独保存，文件命名为"例 16-3-1.dwg"。

【样板文件】

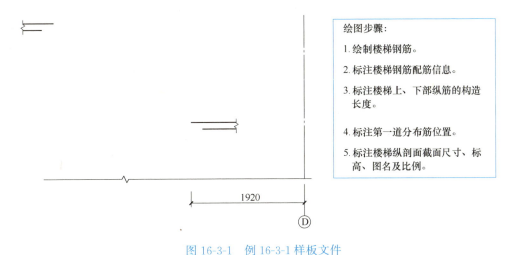

绘图步骤:
1. 绘制楼梯钢筋。
2. 标注楼梯钢筋配筋信息。
3. 标注楼梯上、下部纵筋的构造长度。
4. 标注第一道分布筋位置。
5. 标注楼梯纵剖面截面尺寸、标高、图名及比例。

图 16-3-1　例 16-3-1 样板文件

【参考答案】

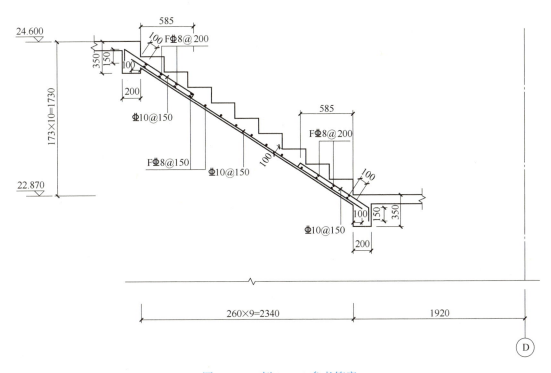

图 16-3-2　例 16-3-1 参考答案

3. 楼梯绘图实训任务实施

题 16-3-1　打开样板图"样板文件题 16-3-1.dwg",根据提供的结施-24 及变更图纸等工程图纸,请在答案卷中完成 −0.030～1.482m 标高 BT2 的构造详图。

绘制要求：

在样板图的"样板文件题 16-3-1.dwg"纵剖面图中补绘－0.030～1.482m 标高段 BT2 的上部、下部纵筋、分布筋，并标注配筋信息。

同时，标注纵剖面中纵筋的构造长度（伸出长度、锚固长度等）、第一道分布筋的位置。

保存要求：

绘制完成后，将答案卷单独保存，文件命名为"题 16-3-1.dwg"。

任务十七 结构施工图综合实训

模块一 结构施工图识图实训

一、单项选择题（1~50题，每题1.5分，共75分）

1. 在本工程结施-15中，ⓒ轴交②~③轴处梁KL208（3）的直径18mm底筋在③轴支座处弯锚的竖直段长度为（　　）mm。
   A. 150　　　　B. 270　　　　C. 320　　　　D. 400

2. 在本工程结施-15中，⑫轴处梁KL206（1）的直径20mm支座负筋在ⓒ轴支座处的水平段锚固长度至少为（　　）mm。
   A. 422　　　　B. 500　　　　C. 600　　　　D. 680

3. 在本工程结施-15中，③~④轴交ⓒ轴往上2100mm位置处梁L204（1）的上部通长筋直径为16mm，梁端支座负筋直径为20mm，当钢筋采用搭接连接，且同一区段内搭接钢筋面积百分率为50%时，上部通长筋与支座负筋的搭接长度至少为（　　）mm。
   A. 150　　　　B. 784　　　　C. 980　　　　D. 1000

4. 在本工程结施-15中，①轴处梁KL211（3）在②~③轴梁跨的一端箍筋加密区长度至少为（　　）mm。
   A. 500　　　　B. 700　　　　C. 1050　　　　D. 1400

5. 在本工程结施-15中，Ⓐ轴处梁KL207（7）各梁跨的侧面钢筋配置为（　　）。
   A. 2⌀20　　　B. 5⌀20 3/2　　C. 4⌀14　　　D. 5⌀14 3/2

6. 在本工程结施-15中，①轴交⑥轴处梁KL212（2）的侧面构造钢筋在支座内的水平段锚固长度至少为（　　）mm。
   A. 150　　　　B. 180　　　　C. 384　　　　D. 408

7. 在本工程结施-15中，关于①轴往上1620mm位置处梁L206（1）的G4⌀12说法不正确的是（　　）。
   A. 为受扭钢筋　　　　　　　　B. 布置在梁两侧，每侧2根
   C. 需设置拉筋　　　　　　　　D. 钢筋在支座内的锚固长度取15d

8. 在本工程结施-15中，①轴位置处梁KL211（3）的侧面钢筋N4⌀14在支座内水平段锚固长度至少为（　　）mm。
   A. 210　　　　B. 400　　　　C. 448　　　　D. 500

9. 在本工程结施-18中，ⓒ轴位置处梁WKL107（3）在③~④轴梁跨的梁截面尺寸为（　　）。
   A. 250mm×800mm　　　　　　B. 250mm×700mm
   C. 250mm×600mm　　　　　　D. 250mm×400mm

10. 在本工程结施-18中，⑫轴位置处梁WKL101（1）的梁面标高为（　　）m。

A. 21.170   B. 24.600   C. 24.900   D. 29.000

11. 在本工程结施-18中，⑫轴位置处梁 WKL101（1）在主次梁相交位置设置的吊筋为（   ）。

    A. 3⌀20   B. 2⌀20   C. 6Φ8@50（2）   D. 6Φ8@100（2）

12. 在本工程结施-18中，②轴位置处梁 WKL102（2）在ⓒ轴的支座负筋（6⌀20 4/2），其第一排纵筋从柱内边算起，伸入梁跨内的长度为（   ）mm。

    A. 1438   B. 1917   C. 2125   D. 2834

13. 在本工程结施-18中，①轴位置处梁 WKL101（11）在Ⓐ轴的支座负筋（6⌀20 4/2），其构造采用22G101-1图集中"柱外侧纵向钢筋和梁上部纵向钢筋在节点外侧弯折搭接构造"，则该支座负筋在支座内弯锚的竖直段长度至少为（   ）mm。

    A. 300   B. 425   C. 632   D. 762

14. 在本工程结施-18中，Ⓑ轴位置处梁 L503（7）在①轴的支座负筋（3⌀20），从主梁内边算起伸入梁跨内的长度为（   ）mm。

    A. 2425   B. 1819   C. 1455   D. 1320

15. 在本工程结施-18中，Ⓑ轴位置处梁 L503（7）在①~②轴梁跨的下部通长筋（4⌀22），锚入①轴支座的水平段长度最相近的值为（   ）mm。

    A. 264   B. 192   C. 165   D. 150

16. 本工程二层电梯厅楼面板面筋⌀10@150锚入支座（梁）内应做90°弯钩，其弯钩长度不应小于（   ）mm。

    A. 100   B. 120   C. 150   D. 180

17. 本工程结施-22中，ⓒ~Ⓓ轴交①~②轴处楼面板 LB1，已知ⓒ轴、Ⓓ轴梁宽250mm，则 Y 方向下部贯通筋⌀10@200水平段长度为（   ）mm。

    A. 3900   B. 7800   C. 6350   D. 6500

18. 本工程结施-22中，Ⓑ~ⓒ轴楼面板 LB2 在 Y 方向的上部贯通筋配置为（   ）。

    A. Φ8@150   B. ⌀10@200   C. ⌀10@150   D. Φ8@200

19. 以下关于结施-19的说法错误的是（   ）。

    A. ⑦~⑧轴电梯井内的板 LB4 施工时先预留钢筋，待管线安装完毕后封墙

    B. ③~④轴交ⓒ~Ⓓ轴卫生间楼面板 LB2 板底标高为−0.240m

    C. WB1 的板顶面标高为−0.800m

    D. 在走道位置板筋均采用双向⌀10@150

20. 本工程结施-12中下列关于本工程电梯机房的说法错误的是（   ）。

    A. 电梯机房层高4.4m

    B. 电梯机房屋面板顶标高为24.600m

    C. 电梯机房屋面顶板板厚110mm

    D. 电梯机房屋面板采用双层双向⌀10@200钢筋配置

21. 下列关于本工程结施-09的说法，正确的是（   ）。

    A. 框架柱 KZ-3 的纵筋配置为 4⌀25

    B. 按柱的分段截面尺寸、配筋、截面与轴线关系相同进行柱的编号

    C. 该平法施工图包括柱平面布置图、原位放大柱截面配筋图及结构层高表

D. 剪力墙和框架柱的施工图分别单独绘制

22. 本工程框架柱 KZ-2 纵筋在一层的净高为（　　）mm。
   A. 3350　　　B. 3633　　　C. 4200　　　D. 3933

23. 下列关于嵌固部位的说法错误的是（　　）。
   A. 层高表中，嵌固部位标高下使用双细线注明
   B. 当层高表中没有注明嵌固部位时，框架柱的嵌固部位在基础顶面
   C. 层高表中，当地下室顶板标高下注明双虚线时，首层柱箍筋加密区长度应按嵌固部位要求设置
   D. 芯柱的嵌固部位与其所在框架柱相同

24. 本工程结施-10 中，⑥轴交Ⓓ轴处 KZ-4，已知柱截面尺寸为 400mm×500mm，角筋配置为 4Φ25，梁高为 700mm，则其在三层的角筋长度至少为（　　）mm。
   A. 3400　　　B. 2700　　　C. 3350　　　D. 3000

25. 本工程②轴交Ⓒ轴处 KZ-2，已知柱纵筋配筋信息如图 17-1-1 所示，当纵筋采用机械连接时，其相邻接头应错开距离至少为（　　）mm。
   A. 500　　　B. 700　　　C. 770　　　D. 840

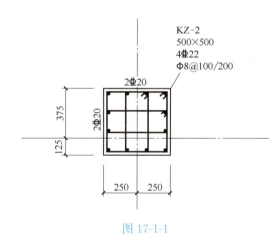

图 17-1-1

26. 在本工程结施-10 中，下列关于④轴处 Q1 的说法不正确的是（　　）。
   A. 墙厚为 250mm
   B. 水平分布筋在端柱内的锚固均为直锚
   C. 竖向分布筋采用搭接连接时，所有接头可不错开
   D. 混凝土强度为 C30

27. 在本工程结施-10 中，④轴处 Q1 的竖向分布筋采用搭接连接时，经济合理的搭接长度为（　　）mm。
   A. 444　　　B. 408　　　C. 370　　　D. 340

28. 在本工程结施-10 中，下列关于④轴交Ⓒ轴处 GBZ3 的说法不正确的是（　　）。
   A. 配置纵筋为 28Φ16
   B. 配置箍筋为 Φ8@150
   C. 在三层位置，纵筋采用焊接连接时，相邻钢筋接头错开至少 500mm

D. 受拉纵筋采用焊接连接时，接头面积百分率不应大于50％

29. 在本工程结施-10中，下列关于⑦轴处LL1的说法不正确的是（　　）。
A. 箍筋只在洞宽范围内布置
B. 连梁侧面无需配置纵筋
C. 上部纵筋在GBZ7中的锚固必须采用弯锚
D. 混凝土强度等级同剪力墙

30. 关于本工程地下室外墙，下列说法正确的是（　　）。
A. 混凝土抗渗等级为P8
B. 混凝土强度等级为C30
C. 外侧钢筋的保护层厚度为40mm
D. 拉筋采用梅花布置形式

31. 本工程剪力墙底部加强部位的顶面标高为（　　）m。
A. －0.030　　B. 4.170　　C. 7.570　　D. 10.970

32. 在本工程结施-8中，④轴处剪力墙身Q1的竖向分布筋在基础内锚固，关于Q1竖向分布筋在基础内的锚固构造下列说法正确的是（　　）。
A. "隔二下一"伸至基础板底部弯折150mm
B. 必须全部钢筋伸至基础板底部弯折150mm
C. "隔二下一"伸至基础板底部弯折60mm
D. 必须全部钢筋伸至基础板底部弯折60mm

33. 在本工程结施-5中，下列关于④轴处桩承台CT5说法不正确的是（　　）。
A. 承台面标高为－3.830m
B. 上部配置11Φ22纵筋
C. 下部配置11Φ20纵筋
D. 箍筋采用Φ10@200，六肢箍

34. 在本工程结施4中，下列关于图中未注明的地下室外墙下梁JQL说法不正确的有（　　）。
A. 梁面平基础底板板面　　B. 上部配置4Φ25纵筋
C. 下部配置4Φ25纵筋　　D. 混凝土强度等级为C30

35. 本工程地下室的框架柱抗震等级是（　　）。
A. 一级　　B. 二级　　C. 三级　　D. 四级

36. 根据本工程结构施工图，以下说法与设计不符或不正确的是（　　）。
A. 地下室外墙周围800mm范围以内宜用灰土、黏土或粉质黏土回填
B. 梁、柱钢筋直径$d \geqslant 28$mm时应采用机械连接
C. 填充墙长度>5m时，沿墙长度方向每隔4m设置一根构造柱
D. 填充墙构造柱尺寸为240mm×240mm

37. 关于本工程混凝土构件保护层厚度，下列说法正确的是（　　）。
A. 屋面板顶面保护层厚度为20mm
B. 承台底面保护层厚度为40mm
C. 地下室外墙迎水面保护层厚度为20mm

D. 桩身保护层厚度为 50mm

38. 根据本工程结施-24，以下叙述错误的是（　　）。

A. CT1 梯板宽度为 1600mm

B. CT2 梯板厚度为 140mm

C. 梯梁 TL1 的截面尺寸为 200mm×350mm

D. 平台板 PTB1 配筋为双层双向 Φ10@150

39. 在结施-18 中，①～②轴交Ⓐ～Ⓑ轴 L501（1）下部纵筋 Φ20 在 B 轴支座内的锚固，下列说法正确的是（　　）。

A. 在支座内直锚，锚固长度为 200mm

B. 在支座内直锚，锚固长度为 250mm

C. 在支座内 90°弯锚，弯折竖直段长度为 240mm

D. 在支座内 90°弯锚，弯折竖直段长度为 300mm

40. 根据本工程结施-18，以下叙述正确的是（　　）。

A. ③轴交Ⓐ～Ⓑ轴 WKL103 的侧面受扭纵筋在支座内直锚长度为 480mm

B. ⑤轴 WKL104 一端的箍筋加密区长度计算值为 1700mm

C. ⑫轴 WKL101 的梁面标高为 24.600m

D. ①～②轴交Ⓓ轴 WKL110 在主次梁交接位置设置的吊筋为 2Φ18

41. 在本工程结施-09 中，③轴交Ⓐ轴框架柱 KZ-1 在－0.030m 标高处柱顶的非连接区高度计算值为（　　）mm。

A. 500　　　B. 559　　　C. 600　　　D. 1117

42. 在本工程结施-09 中，③轴交Ⓐ轴框架柱 KZ-1 在－0.030m 标高处柱顶的非连接区高度计算值为（　　）mm。

A. 500　　　B. 559　　　C. 600　　　D. 1117

43. 在本工程结施-09 中，⑫轴交Ⓐ轴框架柱 KZ-6 的纵筋在－0.030～4.170m 标高段进行焊接连接，相邻接头错开距离至少为（　　）mm。

A. 500　　　B. 650　　　C. 720　　　D. 875

44. 在本工程结施-11 中，⑩轴交Ⓒ轴框架柱 KZ2 的柱顶纵筋，下列做法经济且合理的是（　　）。

A. 所有纵筋伸至柱顶，无需弯折

B. 梁宽范围内的纵筋伸至柱顶，无需弯折

C. 所有纵筋伸至柱顶弯折，弯折水平段长度为 12d

D. 梁宽范围内的纵筋伸至柱顶，弯折 15d

45. 本工程结施-10 中①轴位置剪力墙身 Q1，室外一侧水平分布筋伸入Ⓒ轴处端柱的构造做法经济合理的是（　　）。

A. 伸至端柱对边后弯折 150mm

B. 伸至端柱对边后弯折 300mm

C. 直锚入端柱内 320mm

D. 直锚入端柱内 400mm

46. 本工程结施-08 有关墙柱制图规则、构造，以下表述有误的是（　　）。

A. 地下室外墙拉筋应矩形布置，规格为ϕ6@600@600
B. ⑫轴交Ⓐ轴 KZ-6 在－0.030m 标高位置的梁柱节点核心区域的箍筋规格为ϕ8@100（4×4）
C. ⑩轴交Ⓐ轴 KZ1 在本层净高范围内柱顶和柱底的非连接区高度均应取 500mm
D. 本层墙柱混凝土强度等级均为 C35

47. 本工程结施-09 中，①轴剪力墙墙身 Q1 墙身竖向分布筋在－0.030m 楼板顶面采用搭接连接，最小搭接长度为（　　）mm。
　　A. 408　　　　B. 384　　　　C. 340　　　　D. 300

48. 本工程结施-08 中，②轴交Ⓒ轴处小偏心受压框架柱 KZ-2 在基础内经济且合理的构造做法是（　　）。
A. 箍筋间距≤500mm，且不少于两道矩形封闭箍筋（复合箍）
B. 箍筋直径应≥8mm，间距≤100mm（复合箍）
C. 仅将柱四角纵筋伸至底板钢筋网片上弯折，其余纵筋锚固在基础顶面下 800mm
D. 所有纵筋均应伸至底板钢筋网片上弯折，水平弯折段长度为 150mm

49. 本工程结施-15 中，①轴处 KL201（1）侧面受扭纵筋在Ⓐ轴柱中的锚固长度至少为（　　）mm。
　　A. 180　　　　B. 384　　　　C. 400　　　　D. 430

50. 关于本工程结施-10 中剪力墙墙身 Q1，以下表述正确的是（　　）。
A. 竖向分布筋可在同一截面搭接连接
B. 竖向分布筋采用搭接连接时，楼板顶面以上 500mm 范围内为非连接区
C. 竖向分布筋采用搭接连接，相邻钢筋接头需错开
D. 竖向分布筋的搭接长度可取为 300mm

二、多项选择题（51～60 题，每题 2.5 分，共 25 分。多选、选错不给分，漏选得 1.5 分）

51. 根据结构施工图、平法构造详图，结施-17 中以下说法正确的有（　　）。
A. ③～⑤轴交Ⓑ轴 L404（7）在⑤轴的支座负筋从主梁边算起伸出跨内长度为 2700mm
B. 四层①～②轴交Ⓐ轴 KL406（7）直径 22mm 的下部纵筋应在①轴柱内直锚
C. ③轴交Ⓐ～Ⓑ轴 KL403（2A）侧面构造纵筋锚入柱内的水平长度应不小于 180mm
D. ⑨轴 KL402（2）的编号有误
E. 四层①/③轴交Ⓓ轴 L402（1）梁面标高为 10.940m

52. 根据结构施工图，下列关于本工程地下室结构叙述正确的有（　　）。
A. 地下室顶板混凝土采用抗渗混凝土，抗渗等级为 P6
B. 地下室外墙周围回填土压实系数不小于 0.9
C. 地下室砌体填充墙应沿框架柱（包括构造柱）或钢筋混凝土墙全高每隔 500mm 设置 2⌀6 的拉筋
D. 地下室室内填充墙砌块材料应为页岩实心砖
E. 地下室底板底面的钢筋保护层厚为 40mm

53. 根据结构施工图，关于本工程填充墙做法说法正确的有（　　）。

A. ±0.000 以上建筑外墙采用页岩空心砖，砌块强度等级为 MU10
B. 填充墙内的构造柱应先砌墙后浇混凝土
C. 当门窗洞口净跨小于 1000mm 时，设置的过梁高度可取为 120mm，配置上下纵筋 2⌀10
D. 框架柱（或构造柱）边砖墙垛长度不大于 150mm 时，可采用素混凝土整浇
E. 填充墙应全墙设置镀锌钢丝网

54. 关于本工程楼梯说法正确的是（　　）。
A. 结施-25 中梯段 CT1 的踏步宽为 260mm
B. 结施-25 中梯梁 TL1 的截面尺寸为 200mm×400mm
C. 结施-24 中平台板 PTB1 板厚为 100mm
D. 结施-24 中梯段 BT2 的下部纵筋为⌀12@150
E. 结施-24 中梯柱 TZ1 截面尺寸为 240mm×240mm

55. 关于本工程梁的说法错误的是（　　）。
A. 结施-18 中梁的混凝土强度等级为 C30
B. 结施-18 中Ⓐ轴 WKL106（7）中设置的吊筋弯起角度为 45°
C. 结施-17 中⑪~⑫轴交Ⓒ轴 KL409 梁跨的截面尺寸为 250mm×400mm
D. 结施-17 中⑫轴交Ⓓ轴 KL412 在⑫轴处的支座负筋为 3⌀20
E. 结施-17 中⑩~⑪轴交Ⓒ轴 KL409 梁跨一端的箍筋加密区计算长度为 600mm

56. 关于本工程结施-08 中地下室外墙说法错误的是（　　）。
A. 地下室外墙 DWQ1 的墙厚为 300mm
B. 地下室外墙 DWQ2 墙身内侧无需设置非贯通筋
C. 地下室外墙 DWQ3 外侧水平分布筋设置⌀14@150
D. 地下室外墙 DWQ4 内侧水平分布筋设置⌀14@150
E. 地下室外墙 DWQ5 墙顶标高为 0.450m

57. 关于本工程结施-11 中剪力墙说法正确的是（　　）。
A. 剪力墙身 Q1 的墙厚为 250mm
B. 剪力墙身 Q1 的竖向分布筋为⌀10@200
C. ⑧轴交Ⓒ轴剪力墙构造边缘构件 GBZ6 在 10.970~14.370m 标高段采用焊接连接，则相邻钢筋接头错开距离应≥500mm
D. 楼面以上至少 500mm 高度范围内不允许出现剪力墙构造边缘构件纵筋焊接连接接头
E. ⑦轴 14.370m 标高剪力墙连梁 LL1 的上下部纵筋均配置 3⌀22

58. 关于本工程结施-22 中楼板说法正确的是（　　）。
A. 4 层楼板混凝土强度等级为 C30
B. ③~④轴交Ⓒ轴 LB4 的板面标高为－0.030m
C. ①~②轴交Ⓓ轴 LB1 的 1 号支座负筋为⌀10@200
D. ①/③~④轴交Ⓓ轴 LB3 板面配置双向⌀10@200 通长筋
E. ①~②轴交Ⓑ~Ⓒ轴 LB2 的 3 号支座负筋水平段总长为 4950mm

59. 关于本工程结施-03 及结施-05 中基础说法错误的是（　　）。

A. 结施-03 中①轴交Ⓐ轴桩顶标高为－5.180m
B. 结施-03 中②轴交Ⓐ轴桩径为 600mm
C. 结施-05 中②轴交Ⓒ轴承台 CT4 承台面标高为－4.780m
D. 结施-05 中②轴交Ⓓ轴承台 CT2 承台上部纵筋配置 6⏀14
E. 结施-05 中③轴交Ⓐ轴承台 CT3 承台面底筋三边各配 11⏀20

60. 根据结构施工图、平法构造详图，结施-14 中以下说法正确的有（　　）。
A. ②轴交①/Ⓐ～Ⓐ轴 WKL1（1）下部纵筋在地下室外墙内直锚长度至少 240mm
B. Ⓑ轴 L103（7）在①轴的下部纵筋在①轴处支座内的直锚长度至少 240mm
C. ④轴交Ⓓ轴 XL201 的下部纵筋在Ⓓ轴内的直锚长度至少 210mm
D. ②轴 KL102（2）在Ⓓ轴处的支座负筋在柱内弯锚，弯折竖直段长度为 330mm
E. Ⓑ轴 L103（7）在①轴处的支座负筋从支座边伸入跨内的长度为 2500mm

模块二　结构施工图绘图实训

一、施工图绘图（60 分）

结构施工图绘图要求：

1. 出图比例按题目要求，对图层设置不作要求。
2. 钢筋线采用多段线命令绘制，并设置线宽，出图后粗线线宽为 0.5mm。
3. 本工程图中未明确的结构构造，均按《混凝土结构施工图平面整体表示方法制图规则和构造详图》22G101 系列图集中最经济的构造标准要求。
4. 加密区箍筋范围尺寸按照标准构造要求计算取值，不作人为放大调整，且小数点后数字进位；构造尺寸按最低限值取值，不作人为放大调整，且小数点后数字进位。

例：加密区范围尺寸计算值 935.3，则取值 936；计算值 974.8，则取值 975。

构造尺寸计算值 99 则取值 99，计算值 99.2 则取值 100。

5. 文字标注：采用样板文件中已设置的字体"钢筋注写"。
6. 尺寸标注：根据出图比例要求，选用样板文件中已设置的标注样式进行标注。

试题 1：打开样板图"样板文件试题 1.dwg"，根据提供的结施-06 等工程图纸，请在答案卷中完成③轴处 JL3（3）的构造详图。（注：该基础梁的净跨计算及锚固计算均从竖向构件边缘起算）

绘制要求：

1. 在样板图的"样板文件试题 1.dwg"纵剖面图中补绘基础梁纵筋及箍筋，并标注配筋信息。同时，标注纵剖面中基础梁非通长筋的截断点长度、基础梁纵筋在变截面处及端部的构造长度（水平及竖向投影长度）、第一道箍筋位置、箍筋布置范围。
2. 按指定位置，绘制 1-1 及 2-2 基础梁截面配筋详图，要求绘制基础梁截面轮廓、底板翼缘，并标注基础梁截面尺寸、梁面标高。同时，绘制基础梁截面图中钢筋（纵筋、箍筋、侧向钢筋等），标注配筋信息。
3. 绘制比例 1∶1，纵剖面出图比例 1∶50，横截面出图比例为 1∶25。

保存要求：

绘制完成后，将答案卷单独保存，文件命名为"试题 1.dwg"。

试题 2：打开样板图"样板文件试题 2.dwg"，根据变更通知单、结施-09 及结施-10 等工程图纸，请在答案卷中完成③轴交Ⓐ轴处 KZ-1 从 6.570～8.570m 标高段的构造详图。

绘制要求：

1. 纵筋采用焊接连接，在样板图"样板文件试题 2.dwg"纵剖面图中补绘柱纵筋及箍筋，并标注配筋信息。同时，标注纵剖面中柱连接方式及连接位置截断点长度、箍筋加密区及非加密区范围。

2. 绘制比例 1∶1，柱纵剖面出图比例 1∶50，横截面出图比例为 1∶25。

试题 3：打开样板图"样板文件试题 3.dwg"，根据提供的设计变更及结施-17 等工程图纸，请在答案卷中完成 4 层（楼面标高 10.970m）③轴处 KL403（2A）的构造详图。

设计变更：

结施-17 中，将③轴处 KL403（2A）悬挑处梁截面由 250mm×700mm 修改为 200mm×700mm，上部纵筋由 4⌀22 修改为 4⌀22 2/2。

绘制要求：

1. 在样板图的"样板文件试题 3.dwg"纵剖面图中补绘梁纵筋及箍筋，并标注配筋信息。梁的附加箍筋和吊筋无需绘制。同时，标注纵剖面中梁非通长筋的截断点长度、梁纵筋在支座内的锚固长度（水平及竖向投影长度）、纵筋在悬挑尽端的钢筋构造尺寸、第一道箍筋位置、箍筋加密区及非加密区范围。

2. 绘制比例 1∶1，出图比例 1∶50。

保存要求：

绘制完成后，将答案卷单独保存，文件命名为"试题 3.dwg"。

试题 4：打开样板图"样板文件试题 4.dwg"，根据提供的变更图纸、结施-08、结施-09 等工程图纸，请在答案卷中完成⑫轴交Ⓒ～Ⓓ轴处 Q1 的构造详图。

绘制要求：

在样板图的"样板文件试题 4.dwg"纵剖面图中补绘-1.530～1.470m 标高段剪力墙身 Q1a 水平分布筋、竖向分布筋及拉筋，并标注配筋信息。

同时，标注纵剖面中剪力墙身 Q1a 竖向分布筋在变截面处的构造长度（水平及竖向投影长度）、竖向分布筋的连接构造（采用搭接连接）、板面以上第一道水平分布筋和拉筋的位置。

保存要求：

绘制完成后，将答案卷单独保存，文件命名为"试题 4.dwg"。

试题 5：打开样板图"样板文件试题 5.dwg"，根据变更通知单及结施-22 等工程图纸，请在答案卷中完成四层①轴交Ⓒ～Ⓓ轴处 1-1 剖面配筋构造图。

绘制要求：

1. 在样板图的"样板试题 5.dwg"2-2 纵剖面图中补绘楼板钢筋构造，并标注板厚、钢筋配筋信息。同时，标注纵剖面中板非贯通筋的截断点长度、在支座内的锚固长度（水平及竖向投影长度）及第一根板筋的定位尺寸（距支座边）。

2. 绘制比例 1∶1，板纵剖面出图比例 1∶50。

保存要求：

绘制完成后，将答案卷单独保存，文件命名为"样板试题5.dwg"。

试题6：打开样板图"样板文件试题6.dwg"，根据提供的结施-27及变更图纸等工程图纸，请在答案卷中完成－2.013～－0.030m标高CT1的构造详图。

绘制要求：

在样板图的"样板文件试题6.dwg"纵剖面图中补绘－2.013～－0.030m标高段CT1的上部、下部纵筋、分布筋，并标注配筋信息。

同时，标注纵剖面中纵筋的构造长度（伸出长度、锚固长度等）、第一道分布筋的位置。

保存要求：

绘制完成后，将答案卷单独保存，文件命名为"试题6.dwg"。

二、钢筋工程量计算（10分）

应用平法基本知识，对本工程结施-15二层Ⓐ～Ⓑ轴非框架梁L201进行抽筋计算和算量，并填写钢筋计算表（可另加页）。

钢筋计算表

构件名称（数量）	编号	简图	钢筋直径(mm)	单根长度(m)	数量(根)		质量		备注
					每个构件	合计	每米质量(kg/m)	总质量(kg)	

第三篇　施工图实践

引古喻今——致知力行

　　苏轼《书戴嵩画牛》：蜀中有杜处士，好书画，所宝以百数。有戴嵩《牛》一轴，尤所爱，锦囊玉轴，常以自随。一日曝书画，有一牧童见之，拊掌大笑，曰："此画斗牛也？牛斗，力在角，尾搐入两股间。今乃掉尾而斗，谬矣。"处士笑而然之。古语云："耕当问奴，织当问婢。"不可改也。意思是四川有个杜处士，喜爱书画，他所珍藏的书画有好几百种。其中有一幅是大画家戴嵩画的《斗牛图》，他很是珍爱。他用锦帛缝制了画套，用玉做了画轴，经常随身带着。有一天，他摊开了书画晒太阳，有个牧童看见了戴嵩画的《斗牛图》，拍手大笑道："这张画是画的斗牛啊！斗牛的力气用在角上，尾巴紧紧地夹在两腿中间。现在这幅画上的牛却是摇着尾巴在斗，错了错了！"杜处士笑笑，感到他说得很有道理。有句古话说："耕地应当去问种庄稼的农民，织布应当去问纺纱织布的女织工。"这个道理是不会改变的。

　　这个故事告诉我们实践出真知的重要性。要做到能正确识读施工图内容，了解里面每个数字、符号的含义，不仅需要我们认真读、认真看，还需要参与实践，在建筑模型制作的动手实践过程中加强对图纸的理解，增强图纸与实际建筑之间的三维转换能力。没有实践就不会有认识，认识产生于实践的需要。通过实际动手操作，达到"致知力行，继往开来"，要有丰富的学识，并要努力去行动、实践，继承前人的事业，开辟未来的道路。

任务十八　建筑模型制作实训

1. 任务描述

小别墅图纸

【任务内容】

某业主需要建造一栋别墅，现已委托建筑设计师完成建筑设计图纸。请你根据别墅建筑施工图，通过阅读图纸、理解设计意图，帮助建筑部门完成小别墅实体建筑模型的建造工作。

以小组为单位，选取一整套的图纸，含有平、立、剖面以及细部详图，标有具体的尺寸数值。根据比例（1∶50）制作建筑模型，利用建筑模型所使用的工具正确地表现所选建筑的三维空间，并能做到与平、立、剖面图一致。此外，模型制作尽可能准确细致、简洁美观。并根据建筑总平面图，制作室外道路、铺装、景观小品等配景。

【任务目标】

（1）增强民用建筑中建筑工程图的形成规律和图示内容的认识。

（2）能够根据民用建筑施工图正确地想象出物体的空间形状，掌握各种建模材料的特性和制作方法，按比例制作建筑模型和配景。

（3）养成实事求是、一丝不苟的工作态度和吃苦耐劳的工作作风，追求精益求精的工匠精神。树立正确的劳动观、职业观，提高与人沟通的水平，培养小组合作精神。

2. 任务实施

步骤一：转换图纸

将所选的建筑图的平、立面图按照一定的比例抄绘于图纸之上（1∶50）。并粘结于所选的建筑模型制作板材上。然后用刀子进行轻轻地刻痕，草绘出边缘，之后去掉图纸。

步骤二：模型主体制作

按照图纸尺寸，用工具分别裁割出单面墙体和建筑模型其他构件。根据所绘制的建筑草图，利用建筑模型所使用的工具（泡沫、卡纸、有机板、PVC板、模型刀、刀片模型胶、丁字尺、三角板、剪刀等）正确地表现所选建筑的三维空间，并能做到与平、立、剖面图一致。此外，模型制作尽可能准确细致、简洁美观。

步骤三：细部处理

灰卡纸可以用来表现素混凝土的材质，色卡纸则用来表现不同饰面，橡树皮和胶合板、轻木料木材等材料可表现柔软而粗糙的材质质感。在各个立面粘结前，先将玻璃纸、窗框或幕墙横竖挺等细部构造贴好。

步骤四：室外场地

平面底盘的组成有结构底板（需表示出道路）、硬地（包括人行道、广场）和绿地（主要是草地）三部分。草地如果面积不大，可以选用色纸；面积稍大可以选用草皮或草屑。小景包括很多内容，如雕塑、亭榭、假山、水池、旗杆、栏杆、喷泉、花坛等。这些小景做法多种多样，常根据需要灵活选材。

参 考 文 献

［1］庞毅玲，余连月．快速平法识图与钢筋计算［M］．2版：北京：中国建筑工业出版社，2023．
［2］罗献燕，方宇婷．建筑构造［M］．北京：中国建筑工业出版社，2022．
［3］中国建筑标准设计研究院．混凝土结构施工图平面整体表示方法制图规则和构造详图（现浇混凝土框架、剪力墙、梁、板）：22G101-1［S］．北京：中国标准出版社，2022．
［4］中国建筑标准设计研究院．混凝土结构施工图平面整体表示方法制图规则和构造详图（现浇混凝土板式楼梯）：22G101-2［S］．北京：中国标准出版社，2022．
［5］中国建筑标准设计研究院．混凝土结构施工图平面整体表示方法制图规则和构造详图（独立基础、条形基础、筏形基础、桩基础）：22G101-3［S］．北京：中国标准出版社，2022．
［6］中国建筑标准设计研究院．G101系列图集常见问题答疑图解：23G101-11［S］．北京：中国计划出版社，2024．

职业教育"岗课赛证"融通系列教材

施工图识读与实训配套图集

庞毅玲　罗献燕　周　凯　主编

中国建筑工业出版社

目　　录

1. ××××有限公司办公楼建筑施工图

建施-01	建筑设计说明	2
建施-02	工程做法说明	3
建施-03	门窗表　门窗详图	4
建施-04	地下一层平面图	5
建施-05	一层平面图	6
建施-06	二层平面图	7
建施-07	三层平面图	8
建施-08	四～六层平面图	9
建施-09	七层平面图	10
建施-10	顶层平面图	11
建施-11	顶层构架平面图、坡道详图	12
建施-12	①～⑫立面图	13
建施-13	⑫～①立面图	14
建施-14	Ⓐ～Ⓓ立面图、Ⓓ～Ⓐ立面图	15
建施-15	1—1剖面图、节点详图（一）	16
建施-16	节点详图（二）	17
建施-17	T1楼梯详图（一）	18
建施-18	T1楼梯详图（二）	19
建施-19	T2楼梯详图（一）	20
建施-20	T2楼梯详图（二）	21

2. ××××有限公司办公楼结构施工图

结施-01	结构设计总说明（一）	23
结施-02	结构设计总说明（二）	24
结施-03	桩位平面布置图	25
结施-04	桩基设计说明　基础详图	26
结施-05	承台平面布置图	27
结施-06	地下室底板梁平法施工图	28
结施-07	地下室底板配筋图	29
结施-08	－3.830～－0.030墙柱平法施工图	30
结施-09	－0.030～7.570墙柱平法施工图	31
结施-10	7.570～10.970墙柱平法施工图	32
结施-11	10.970～24.600墙柱平法施工图	33
结施-12	24.600～29.000墙柱平法施工图　29.000梁平法施工图　29.000板平法施工图	34
结施-13	剪力墙柱表　剪力墙梁表　剪力墙身表	35
结施-14	－0.030梁平法施工图	36
结施-15	4.170梁平法施工图	37
结施-16	7.570梁平法施工图	38
结施-17	10.970～21.170梁平法施工图	39
结施-18	24.600梁平法施工图	40
结施-19	－0.030板平法施工图	41
结施-20	4.170板平法施工图	42
结施-21	7.570板平法施工图	43
结施-22	10.970～21.170板平法施工图	44
结施-23	24.600板平法施工图	45
结施-24	T1楼梯详图（一）	46
结施-25	T1楼梯详图（二）	47
结施-26	T2楼梯详图（一）	48
结施-27	T2楼梯详图（二）	49

××××建筑设计有限公司 图纸目录	建设单位	××××有限公司		
	项目名称	××××有限公司办公楼	专业	建筑
	项目编号		阶段	施工图
	编制人		日期	

序号	图别 图号	图纸名称	图幅	备注
1	建施-01	建筑设计说明	A2+1/4	
2	建施-02	工程做法说明	A2	
3	建施-03	门窗表 门窗详图	A2	
4	建施-04	地下一层平面图	A2+1/4	
5	建施-05	一层平面图	A2+1/4	
6	建施-06	二层平面图	A2+1/4	
7	建施-07	三层平面图	A2+1/4	
8	建施-08	四～六层平面图	A2+1/4	
9	建施-09	七层平面图	A2+1/4	
10	建施-10	顶层平面图	A2+1/4	
11	建施-11	顶层构架平面图、坡道详图	A2+1/4	
12	建施-12	①～⑫立面图	A2+1/4	
13	建施-13	⑫～①立面图	A2+1/4	
14	建施-14	Ⓐ～Ⓓ立面图、Ⓓ～Ⓐ立面图	A2+1/4	
15	建施-15	1—1剖面图、节点详图（一）	A2+1/4	
16	建施-16	节点详图（二）	A2+1/4	
17	建施-17	T1楼梯详图（一）	A2	
18	建施-18	T1楼梯详图（二）	A2	
19	建施-19	T2楼梯详图（一）	A2	
20	建施-20	T2楼梯详图（二）	A2	

建筑设计说明

1 设计依据
1.1 经批准的本工程建筑初步设计文件,建设方的意见。
1.2 ××市规划局提供的规划红线图及用地规划条件,××市发展和改革局关于本工程初步设计审查会议纪要。
1.3 相关规范及规定:
1.3.1 《民用建筑设计统一标准》GB 50352—2019。
1.3.2 《建筑设计防火规范(2018年版)》GB 50016—2014。
1.3.3 《民用建筑绿色设计规范》JGJ/T 229—2010。
1.3.4 其他现行的国家及行业有关建筑设计规范、规程和规定。
2 项目概况
2.1 本工程为××××有限公司办公楼,建设地点××省××市,建设单位×××××有限公司。
2.2 本工程建筑占地面积867.90m²,总建筑面积7174.97m²。
2.3 建筑层数:地下1层,地上7层,建筑高度24.9m。
2.4 设计合理使用年限为50年。
2.5 本工程为二类高层建筑,建筑物耐火等级为二级。
2.6 建筑防雷类别为三类。
3 标高及尺寸
3.1 本工程尺寸除标高以米(m)计,总平面尺寸以米(m)计外,其余均以毫米(mm)为单位。
3.2 图中室内外高差300,室内设计标高±0.000相当于黄海高程数值,待当地规划部门现场确认后再定。
3.3 各层标注标高为完成面标高(建筑面标高),屋面标高为结构面标高。
4 通用工程
4.1 本工程室内水、电等管道,务请土建、设备安装单位在施工前仔细对照各专业图中预留孔洞(或预埋)位置及时对位配合施工,避免碰撞交叉,严禁事后打凿。
4.2 从管道间、电缆沟、上下水管网等处引出的穿墙穿楼板孔洞的缝隙应用沥青矿棉填塞密实,再用1:2水泥砂浆封盖。
4.3 所有内墙阳角,门窗立角均做20厚1:2水泥砂浆扩角线,距地高2100,每侧宽50;图中未标注者,内墙口操均为20或贴柱边,墙厚为240,轴线居中。
4.4 凡外墙通窗与垂直内墙交接处,缝隙应用沥青矿棉填实;凡外墙门、窗套、檐口、阳台、装饰等外挑部分下部均做塑料滴水线。
4.5 如发现本工程设计图中有不明或错漏碰缺处,请及时与我院沟通解决。图纸中有未定之外,在施工中应与设计人员联系研究确定,未经设计人员同意,不得随意更改设计。
5 墙体工程
5.1 墙体材料、做法、基础部分及钢筋混凝土构件尺寸详见结施。
5.2 内墙做法详见结构图纸。
5.2.1 所有框架填充墙内砌至结构梁底,最上一层斜砌,并在两侧以4厚钢筋网片,水泥砂浆粉刷加固,应必须由上层到下层。
5.2.2 凡矮墙或砖墙与上部结构脱开者,均应做钢筋混凝土压顶,宽度同墙,高度120,C20混凝土内配3φ8,φ6@250。
5.3 墙身防潮层:在室内地坪下60处做20厚1:2水泥砂浆内加5%防水剂的墙身防潮层,遇有梁处可不设。
5.4 墙体留洞及封堵:砌筑墙留洞待管道设备安装完毕后,用C20细石混凝土填实。
6 楼地面工程
6.1 普通卫生间楼地面标高比相应楼地面低30。
6.2 楼地面防水处理:卫生间等有水房间在浇混凝土梁时四周做120高同强度等级混凝土翻口,地面向地漏找1%坡度,防水层在墙、柱部位翻起250高。
6.3 管道井洞须按图预留钢筋网,与楼板钢筋拉通,除注明外,管道安装好后层层封板,孔周边采取密封隔声措施。
6.4 卫生间内各种落水管施工时需注意管间距要紧凑,以节省空间,如产生管子遮挡门窗的情况,请及时与设计单位协商。
6.5 屋顶水箱基座与结构层相连处,防水层应裹至基底的上部,并在地脚螺栓周围做密封处理。
7 屋面工程
7.1 本工程的屋面防水等级为Ⅱ级,合理使用年限为15年。
7.2 屋面为高分子卷材柔性防水层面。
7.3 平屋面找坡采用1:8焦渣混凝土,最薄处30厚,坡度2%,排水道排汽。
7.4 屋面基层在用水泥砂浆找平后均须用冷底子油或其他防水涂料涂刷二度隔汽层。
7.5 凡通到屋面的雨水管出水口,在其相应位置屋面的40厚混凝土层上均需埋置12厚200×200钢板加φ4铁脚,防止由于雨水长期冲刷造成屋面的损坏。
7.6 屋面防水卷材基层与突出屋面结构交接处,及基层的转角处均做半径为50的圆弧,内部排水的水落口周围做略低的凹坑。
7.7 水落口周围直径500范围内做5%的坡度,并用厚度为2的防水涂料涂封.水落口与基层基础间留宽20,深20的凹槽,嵌填密封材料,落水口上设置拦污栅。
8 门窗工程
8.1 外窗采用03J603-2。
8.2 门窗玻璃的选用应遵照《建筑玻璃应用技术规程》JGJ 113—2015 和《建筑安全玻璃管理规定》及地方主管部门的有关规定门窗玻璃单块面积大于1.5m²和玻璃底面离最终粉刷面高度小于500的门窗均用安全玻璃。
8.3 门窗立面均表示洞口尺寸,门窗加工尺寸要按照装修面厚度由承包予以调整。
8.4 门窗小五金配件、构造大样、安装要求按相关图集由厂家提供;门窗选料、颜色、玻璃根据效果图及建设方单位协商确定。
8.5 门窗立樘、外门窗立樘、详墙身节点图、内门窗立樘.除图中另有注明者外,平开门立樘与开启方向墙面平齐,管道竖井内设门槛高100。
8.6 非标大门窗应由具有相应资质的专业厂家挡当地基本风压作抗风计算,加大框梃断面,并加强锚固措施。
8.7 门窗的气密性不低于《建筑外门窗气密、水密、抗风压性能检测方法》GB/T 7106—2019 规定的4级,水密性为3级,抗风压性能为3级,保温性能为4级,隔声性能为3级。
8.8 透明幕墙的气密性不应低于《建筑幕墙》GB/T 21086—2007 规定的3级。
8.9 根据排排烟需要,建筑外侧腰窗部分的固定玻璃窗采用遇烟后能在楼地面便于手动开启的上悬窗。
8.10 防火墙和公共走廊上疏散用的平开防火门应设置闭器器,双扇平开防火门安装闭门器和顺序器,常开防火门须安装信号控制关闭和反馈装置。
8.11 凡是外窗台低于900,下要设置1000高的金属护栏。
9 外装修工程
9.1 承包商进行二次设计的轻钢结构、装饰物等,经确认后,向建筑设计单位提供预埋件的设置要求。
9.2 外装修选用的各项材料其材质、规格、颜色等,均由施工单位提供样板,经建设和设计单位确认后方可定货,并封样据此验收。
9.3 勒脚:300高勒脚,20厚1:3水泥砂浆打底,10厚1:2水泥防水砂浆抹光,面层见立面。
9.4 室内墙面柱面粉刷阳角处(含窗台),均应在两侧先做宽50厚15,1:2水泥砂浆. 另:外墙保温隔热需做节能设计后综合确定。
10 内装修工程
10.1 内装修工程执行《建筑内部装修设计防火规范》GB 50222—2017。
楼地面部分执行《建筑地面设计规范》GB 50037—2013。
10.2 楼地面构造交接处和地坪高度变化处,除图中另有注明者外均位于齐平门扇开启面处。
10.3 凡设有地漏房间应做防水层,图中未注明整个房间做坡度者,均在地漏周围1m范围内做1%坡度坡向地漏,有水房间的楼地面应低于相邻房间≥30,有大量排水的应设排水沟及集水坑。
10.4 办公部分、公共走廊及楼梯间墙面及天棚面刷涂料。
10.5 室内墙面粉刷隐阳角处,均在两侧先做宽50厚15,高不小于2000的1:2.5水泥砂浆隐护角后再做面层。
10.6 凡混凝土表面抹灰,均应对基层采取凿毛或洒1:0.5水泥砂浆(内掺胶粘剂)。
10.7 卫生间吊顶高度均为2700。
10.8 凡需做吊顶房间顶板均须设φ10吊筋,中距900～1200,龙骨及面板材料除设计注明的外可由使用单位定吊顶与墙交接处加铝合金压条25×25,小吊顶按实际情况设检修孔。
11 楼梯及室内栏杆
11.1 楼梯栏杆须保证扶手高1000,水平栏杆高为1050,水平栏杆下段楼面处做100高素混凝土翻口,楼梯栏杆间距<110。
11.2 各楼梯楼梯段靠梯井侧均做挡水线。
12 油漆涂料工程
12.1 油漆:木门及木制柜橱用白色磁漆一底二度;楼梯木制扶手用本色磁漆一底二度。钢管栏杆所有铁件均用红丹底白色氟碳漆(不锈钢件除外)。
12.2 照明金属构件均应先做环氧富锌防锈底漆三道,再做面漆。所有金属、木材面油漆颜色必须试样,经设计认可后,方可施工、所有木构件、木装修应做防火、防腐及防治白蚁处理。
13 建筑设备,设施工程
13.1 卫生洁具、成品隔断由建设单位与设计单位商定,并应与施工配合。
13.2 灯具、送回风口等影响美观的器具须经建设单位与设计单位确认样品后,方可批量加工,安装。
13.3 本工程电梯按××××有限公司产品样本进行设计,选型见电梯剖面图如需更改电梯型号,请与设计单位联系解决。
14 建筑防火
14.1 本工程建筑防火分区:一层二层为一个防火分区,其余各层各自为一个防火分区。
14.2 本工程建筑防火分区及安全疏散按国家消防规范设计,并满足要求,详见各图纸。
15 其他施工中注意事项
15.1 雨水沟、管井及盖板、道路铺地、绿化覆土等室外工程详见厂区市政工程施工图。
15.2 图中所用选有标准图中有对结构工种的预埋件、预留洞。如楼梯、平台钢栏杆、门窗、建筑配件等,本图所标注的各种留洞与预埋件应与各工种密切配合后,确认无误方可施工。
15.3 两种材料的墙体交接处,应根据饰面材质在做饰面前加钉金属网或在施工中贴玻璃丝网布,防止裂缝。
15.4 楼板留洞的封堵。待设备管线安装完毕后,用C20细石混凝土封堵密实,管道竖井每层进行封堵,耐火等级同墙。
15.5 台阶和散水在主体完工后再施工。
15.6 所有装饰材料及内外墙装饰色彩均需提供样板,或在现场会同设计人员研究同意后施工。
15.7 门窗过梁见结施。
15.8 本工程质量要求一律按国家现行相关施工安装技术质量验收规范执行,隐蔽工程需作记录,分阶段各工程质量验收应经质量部门及建设、设计、监理各方签字认可备查。
15.9 防雷:应严格按照本设计电施要求,在女儿墙及指定部位设避雷带并与地下防雷接地相连通,确保安全。
15.10 凡图纸未提及者请按现行施工及验收规范进行施工。
16 节能设计
16.1 建筑节能设计依据《公共建筑节能设计标准》GB 50189—2015。
16.2 本工程建筑体形系数为0.19,建筑节能分类为甲类建筑。
16.3 建筑外墙采用40厚胶粉聚苯颗粒保温浆料保温措施,屋面采用35厚挤塑聚苯板保温措施。
16.4 本工程所选外窗的气密性等级不低于国家标准《建筑外门窗气密、水密、抗风压性能检测方法》GB/T 7106—2019。
16.5 节能设计各具体数值请参照建筑节能计算书。计算表规定的4级;透明幕墙的气密性不低于《建筑幕墙》GB/T 21086—2007 规定的3级。

审定	审核	工种负责	校对	设计	工程名称	××××有限公司办公楼	比例	图别	图号
					图名	建筑设计说明		建施	01

工程做法说明

分类	编号	名称	工程做法	使用部位	分类	编号	名称	工程做法	使用部位
屋面	屋面1	上人保温屋面	1)现浇钢筋混凝土屋面板 2)1:8焦渣混凝土找坡2%,最薄处30厚 3)20厚1:3水泥砂浆找平层,油毡一层隔汽层 4)35厚挤塑聚苯板保温层 5)20厚1:3水泥砂浆找平层 6)1.5厚高分子防水卷材一道 7)4厚纸筋灰隔离层 8)40厚C20细石混凝土内配φ4@150双向钢筋,随浇随压光	办公楼顶层屋面	楼地面	楼面3	水泥楼面	1)13厚1:2水泥砂浆面层压实抹光 2)12厚1:3水泥砂浆找平层 3)纯水泥浆一道 4)现浇钢筋混凝土楼板	办公室等房间
	屋面2	非上人保温屋面	1)现浇钢筋混凝土屋面板 2)1:8焦渣混凝土找坡2%,最薄处30厚 3)20厚1:3水泥砂浆找平层,油毡一层隔汽层 4)35厚挤塑聚苯板保温层 5)20厚1:3水泥砂浆找平层 6)1.5厚高分子防水卷材一道 7)浅色铝基反光涂料	楼梯间屋面 电梯机房屋面	顶棚	顶棚1	铝合金条板吊顶	1)0.5～0.8厚铝合金条板面层 2)中龙骨中距<1200 3)大龙骨60×30×1.5(吊点附吊挂)中距<1200 4)φ8钢筋吊杆,双向中距900～1200 5)钢筋混凝土板内预留φ6铁环,双向中距900～1200	卫生间
楼地面	屋面1	水泥地面	1)20厚1:2水泥砂浆压光面层 2)纯水泥浆一道 3)70厚C25混凝土垫层 4)80厚压实碎石 5)素土夯实	办公室		顶棚2	板底抹灰平顶	1)刷平顶涂料 2)2厚细纸筋(麻刀)石灰粉面 3)8厚1:0.3:3水泥石灰膏砂浆 4)刷素水泥浆一道(内掺水重3%～5%的108胶) 5)现浇钢筋混凝土板	办公室 楼梯间
	地面2	磨光花岗石地面	1)20厚石材面层,稀水泥浆擦缝(缝宽≤1) 2)纯水泥浆一道 3)15厚1:3干硬性水泥砂浆结合层 4)纯水泥浆一道 5)70厚C15混凝土垫层 6)80厚压实碎石 7)素土夯实	楼梯间 走廊	内墙	内墙1	纸筋灰抹面	1)刷内墙涂料 2)2厚细纸筋灰光面 3)18厚1:2.5粗纸筋灰砂分层抹平	办公室 走廊楼梯间
	楼面1	磨光花岗石楼面	1)20厚石材面层,稀水泥浆擦缝(缝宽≤1) 2)纯水泥浆一道 3)15厚1:3干硬性水泥砂浆结合层 4)纯水泥浆一道 5)现浇钢筋混凝土板	楼梯间 走廊		内墙2	釉面砖墙面	1)5厚釉面砖白水泥擦缝 2)6厚1:2.5水泥石灰膏砂浆结合层 3)12厚1:3水泥砂浆打底	卫生间
					外墙	外墙1	外墙面砖墙面	1)内墙粉刷 2)混凝土多孔砖墙体,界面砂浆 3)40厚胶粉聚苯颗粒保温浆料 4)10厚抗裂砂浆复合热镀锌电焊网一层 5)8厚1:0.2:2水泥石灰膏砂浆粘结层 6)面砖	面砖使用部位及颜色与涂料操作颜色须现场看样板后确定
	楼面2	防滑地砖楼面	1)8～10厚地砖楼面,干水泥擦缝 2)5厚1:1水泥细砂浆结合层 3)15厚1:3水泥砂浆找平层 4)40～50厚C20细石混凝土层,找向地漏 5)JS涂膜防水层,厚2,四周卷起150高 6)20厚1:3水泥砂浆找平层,四周抹小八字角 7)现浇钢筋混凝土楼板	卫生间		外墙2	涂料墙面	1)内墙粉刷 2)混凝土多孔砖墙体,界面砂浆 3)40厚胶粉聚苯颗粒保温浆料 4)5厚抗裂砂浆耐碱玻纤网格布一层 5)弹性底涂,柔性耐水腻子 6)外墙涂料	
					踢脚	踢脚1	水泥踢脚	1)8厚1:2水泥砂浆面层,压实赶光 2)12厚1:3水泥砂浆底层,扫毛	办公室
						踢脚2	花岗石踢脚	1)混凝土多孔砖墙体 2)10厚1:3水泥砂浆打底 3)10厚1:2水泥砂浆灌缝 4)20厚花岗石面层,稀水泥浆擦缝,高150	楼梯间 走廊电梯间

审定	审核	工种负责	校对	设计	工程名称	××××有限公司办公楼	比例	图别	图号
					图名	工程做法说明		建施	02

门窗表

设计编号	洞口尺寸(mm) 宽	洞口尺寸(mm) 高	樘数	采用标准图集及编号 图集代号	采用标准图集及编号 编号	备注
FM1	1500	2100	18	参 12J609	M1FM1521	乙级防火门
FM2	1000	2100	5	参 12J609	M1FM1021	甲级防火门
FM3	600	1800	14	厂家定制	M1FM1021	乙级防火门
M1	1500	2400	2	参 16J607	1524PM	节能门
M2	1500	2100	44	参 2002浙J46	1ZM1521	装饰木门
M3	1000	2100	69	参 2002浙J46	1ZM1021	装饰木门
M4	1500	2100	2	参 16J607	1524PM	节能门
M5	900	2100	14	参浙J2-93	19M0921	带通风百叶胶合板门
MLC1	7200	6900	1	—	尺寸见详图	专业厂家定制
C1	2900	6600	19		尺寸见详图	节能玻璃幕墙，厂家定制
C2	2540	6600	2		尺寸见详图	节能玻璃幕墙，厂家定制
C3	2500	6600	1		尺寸见详图	节能玻璃幕墙，厂家定制
C4	2840	6600	1		尺寸见详图	节能玻璃幕墙，厂家定制
C5	2100	1200	14		尺寸见详图	
C6	2500	2400			尺寸见详图	
C7	2260	2100	13		尺寸见详图	
C8	2620	1800	1		尺寸见详图	
C9	3620	1800	1		尺寸见详图	
C10	3530	1800	1		尺寸见详图	
C11	3270	1800	1		尺寸见详图	
C12	3090	1800	1	参 03J603-2	尺寸见详图	节能窗
C13	3400	1800	15	参 03J603-2	尺寸见详图	节能窗
C14	2970	1800	2		尺寸见详图	
C15	3700	1500	2		尺寸见详图	
C16	3400	1500	2		尺寸见详图	
C17	2100	1800	32		尺寸见详图	
C18	1500	1800	4		尺寸见详图	
C19	7100	1800	4		尺寸见详图	转角节能窗
C20	2400	1800	53		尺寸见详图	
C21	2600	1800	8		尺寸见详图	节能窗
C22	2000	1800	5		尺寸见详图	

注：门窗数量及洞口尺寸均应现场实际测量核对后再行安装。

审定	审核	工种负责	校对	设计	工程名称	××××有限公司办公楼	比例	图别	图号
					图名	门窗表 门窗详图	1:100	建施	03

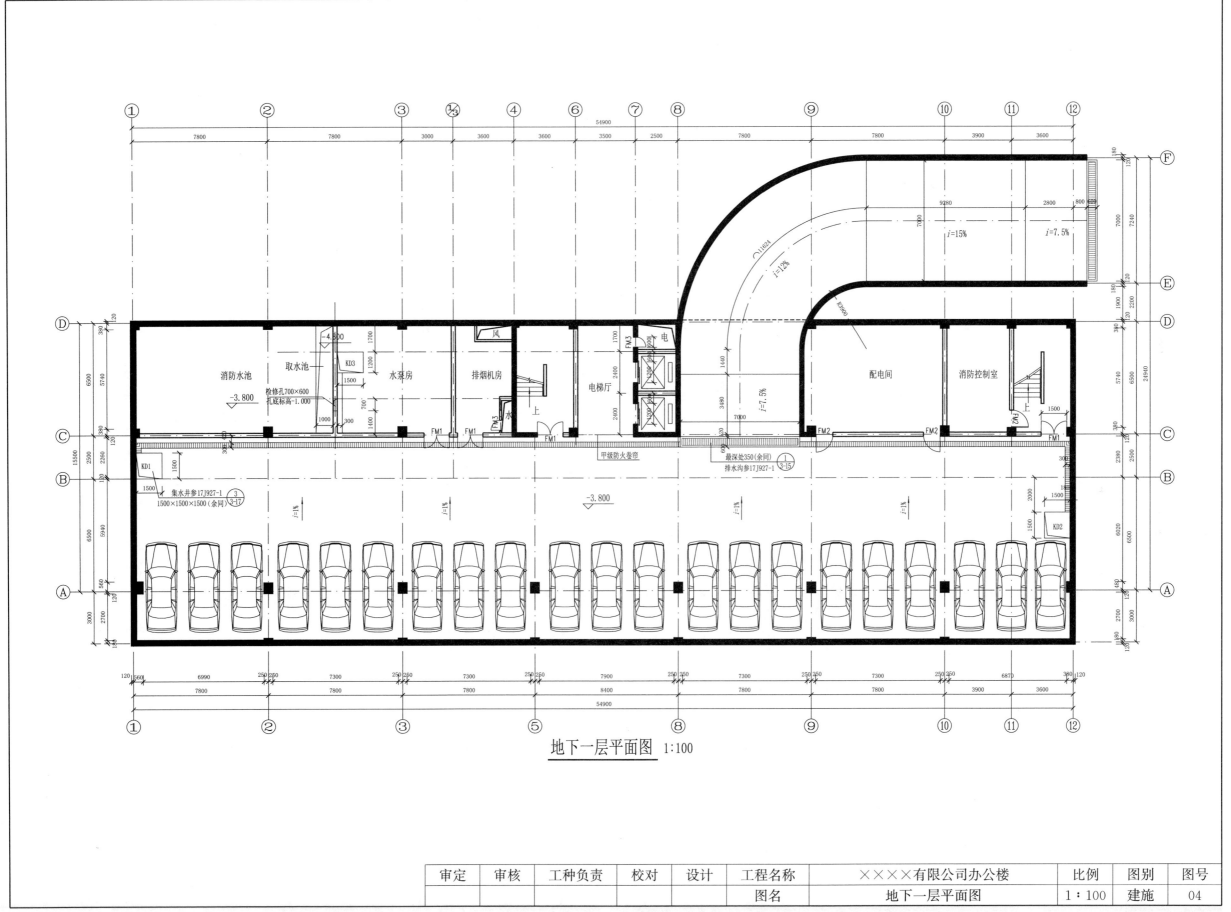

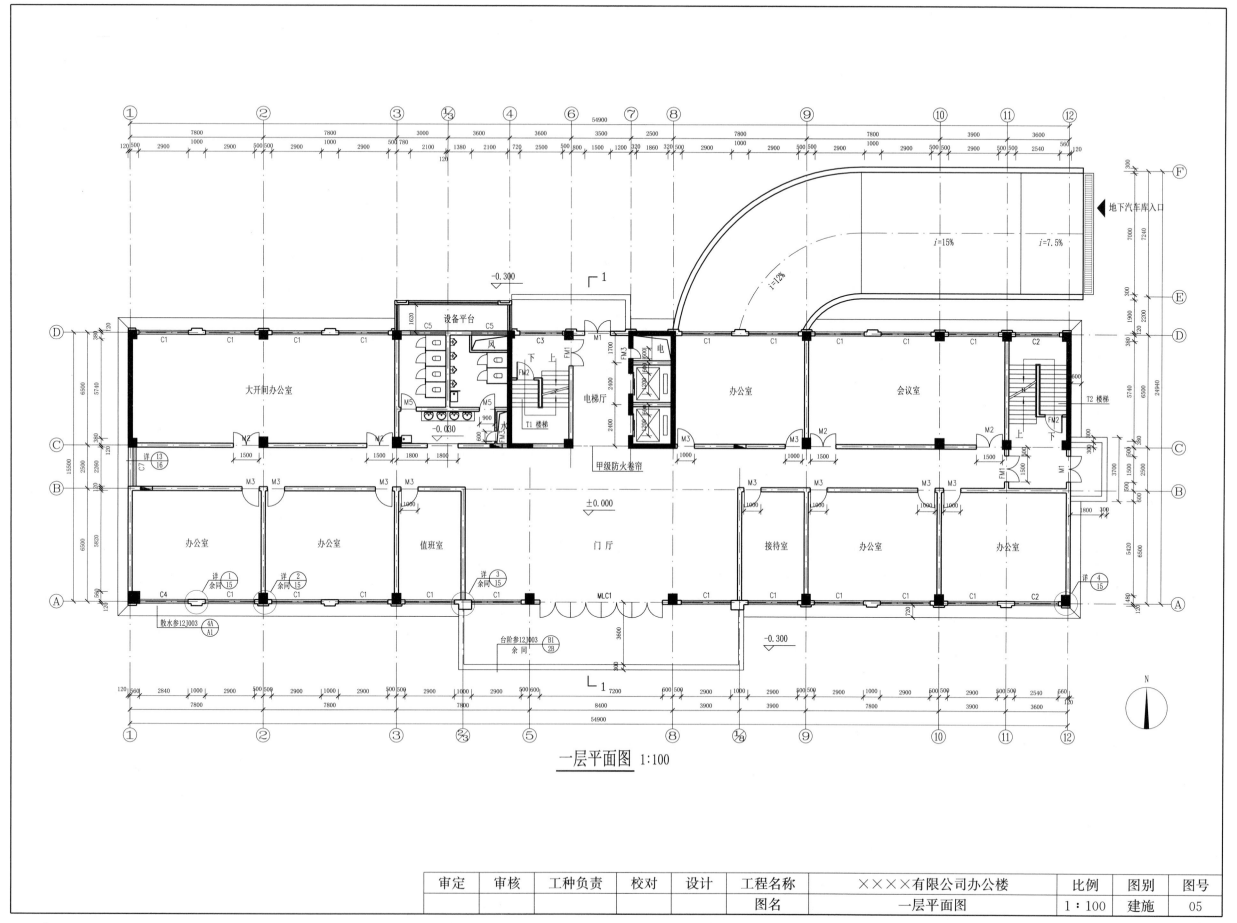

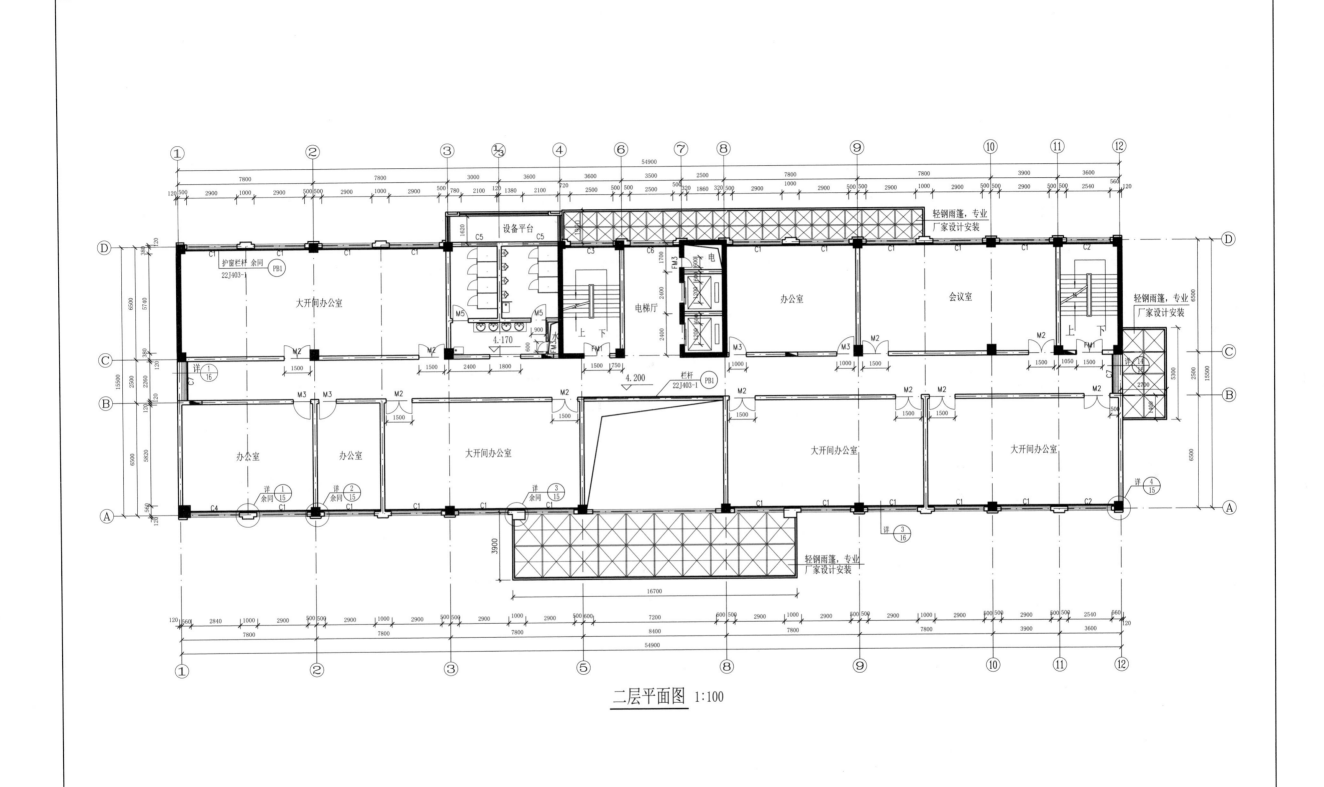

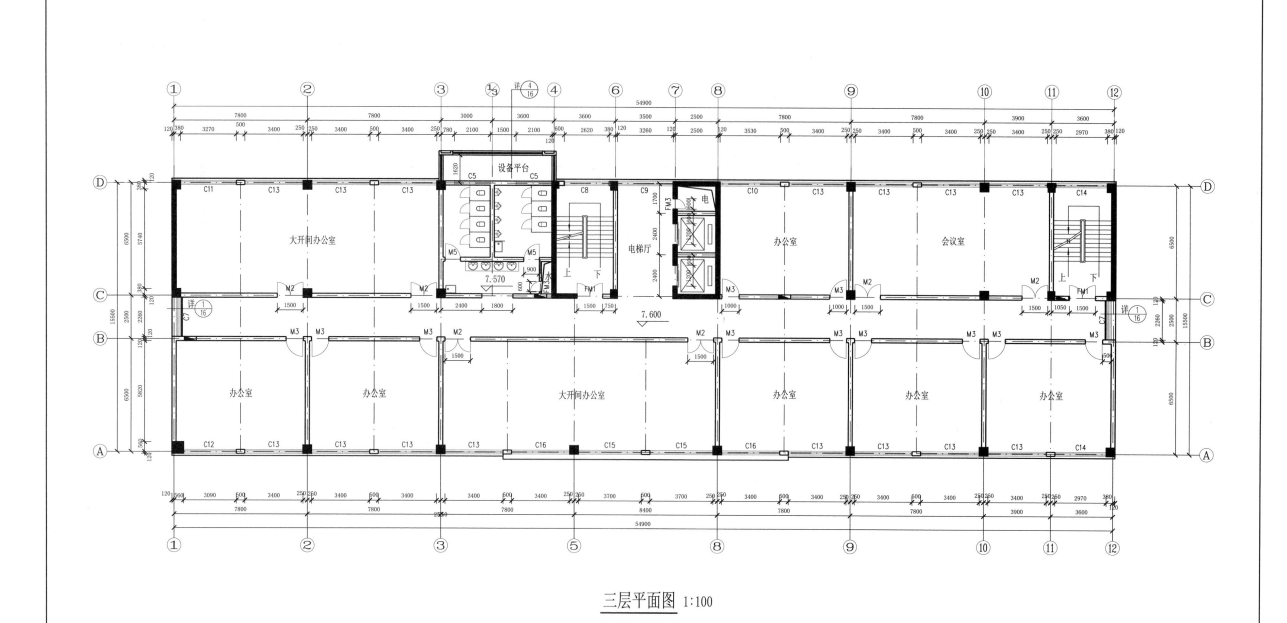

三层平面图 1:100

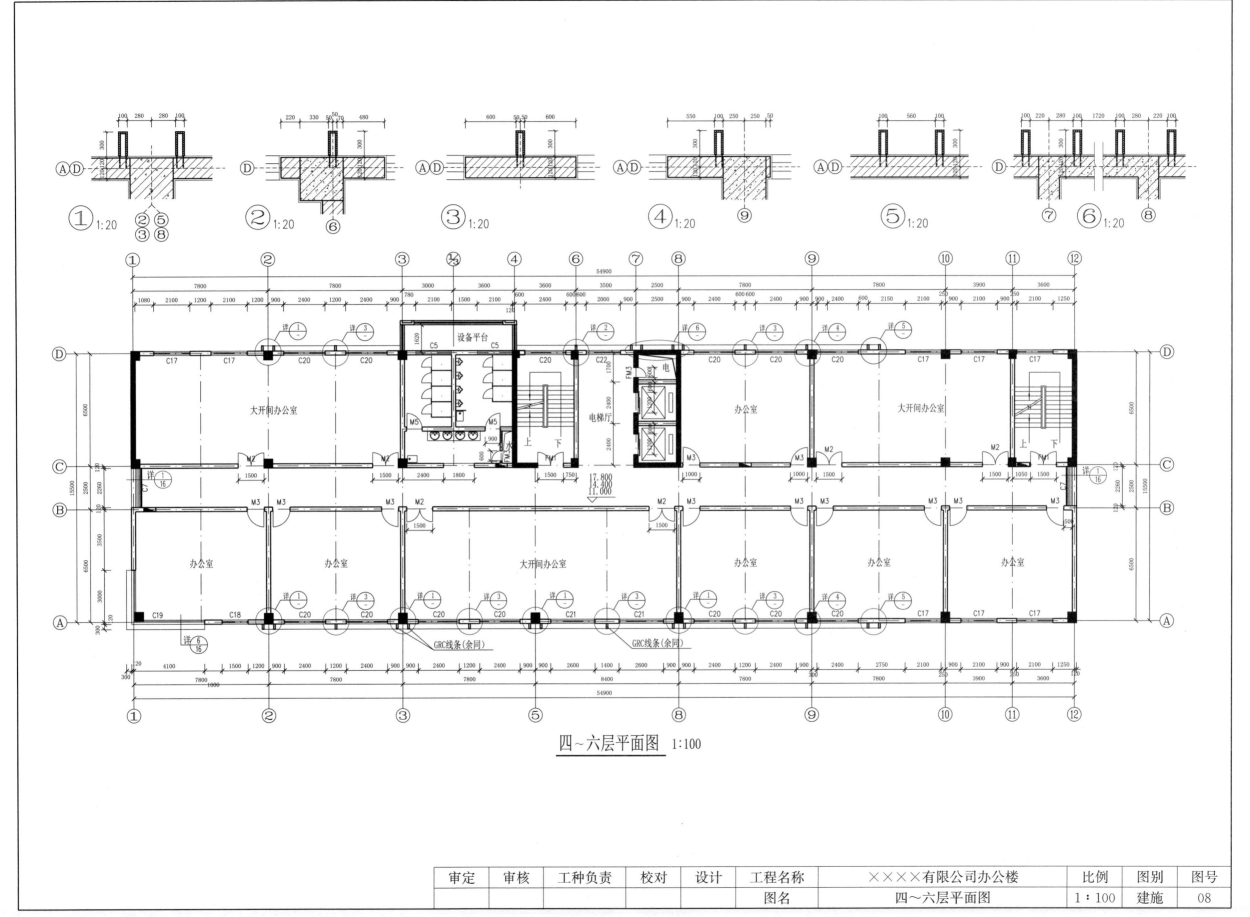

四~六层平面图 1:100

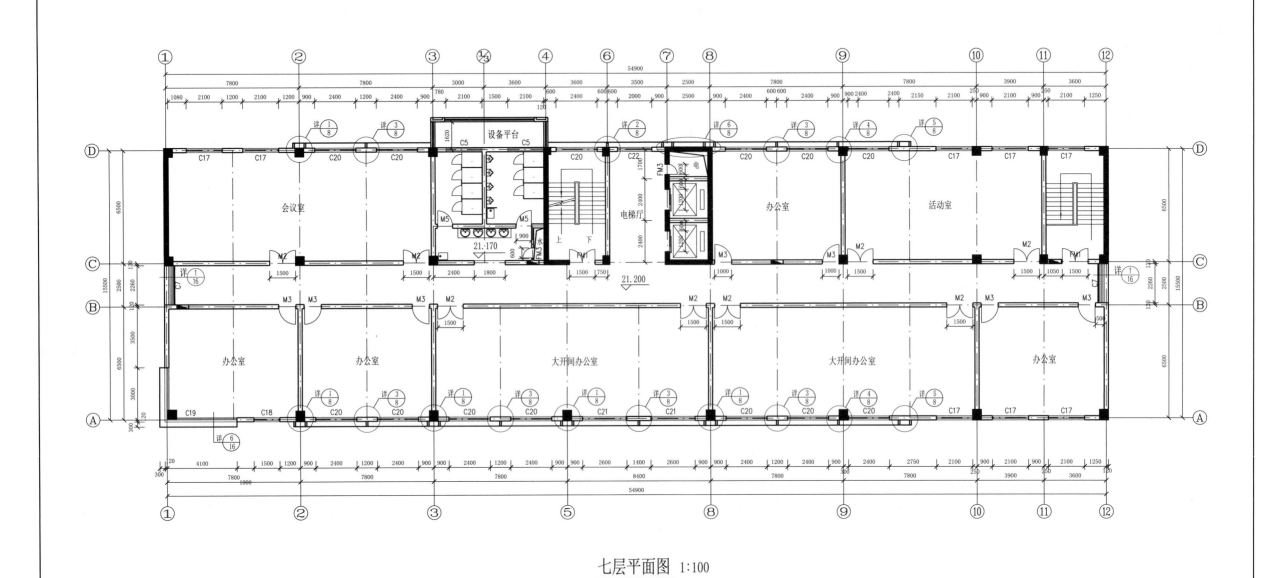

七层平面图 1:100

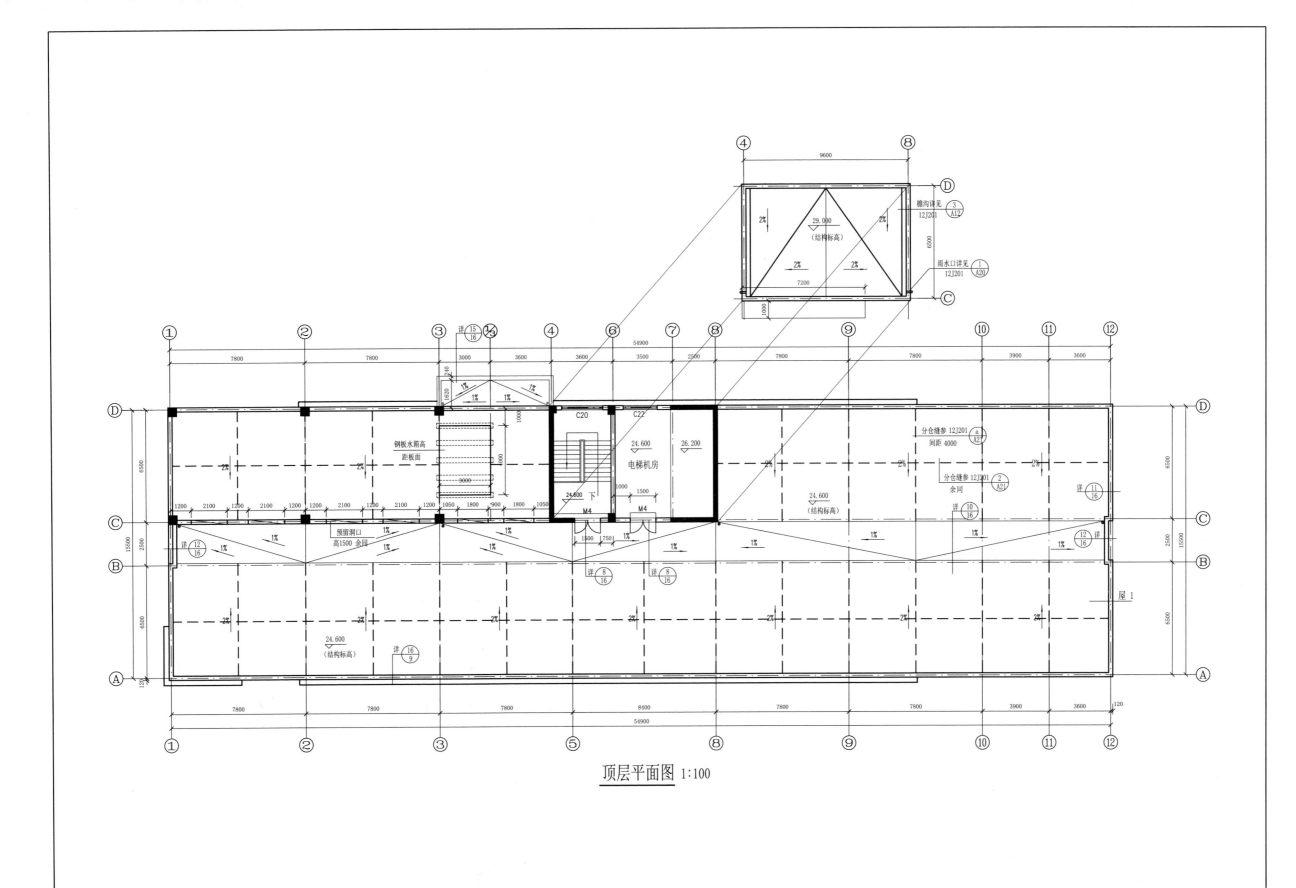

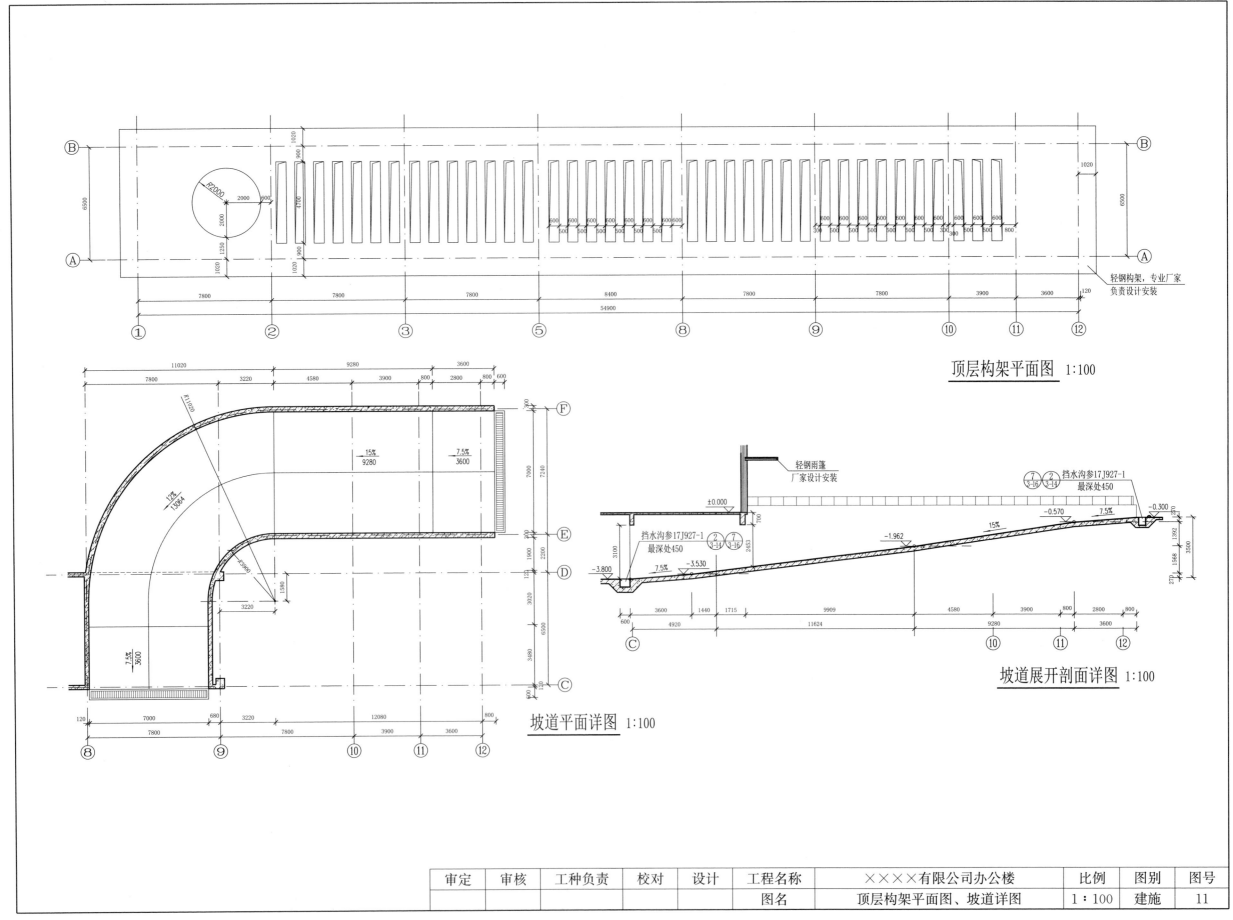

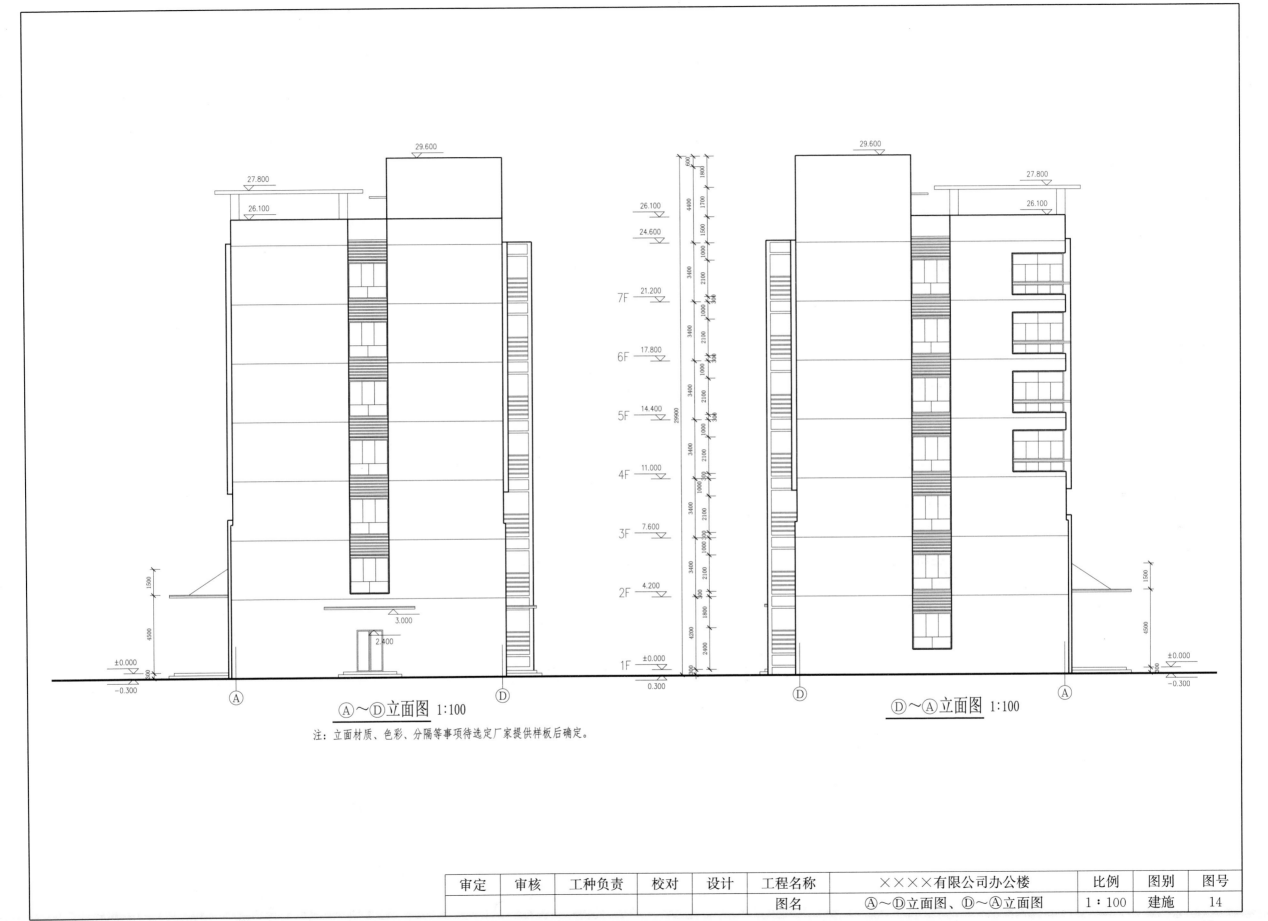

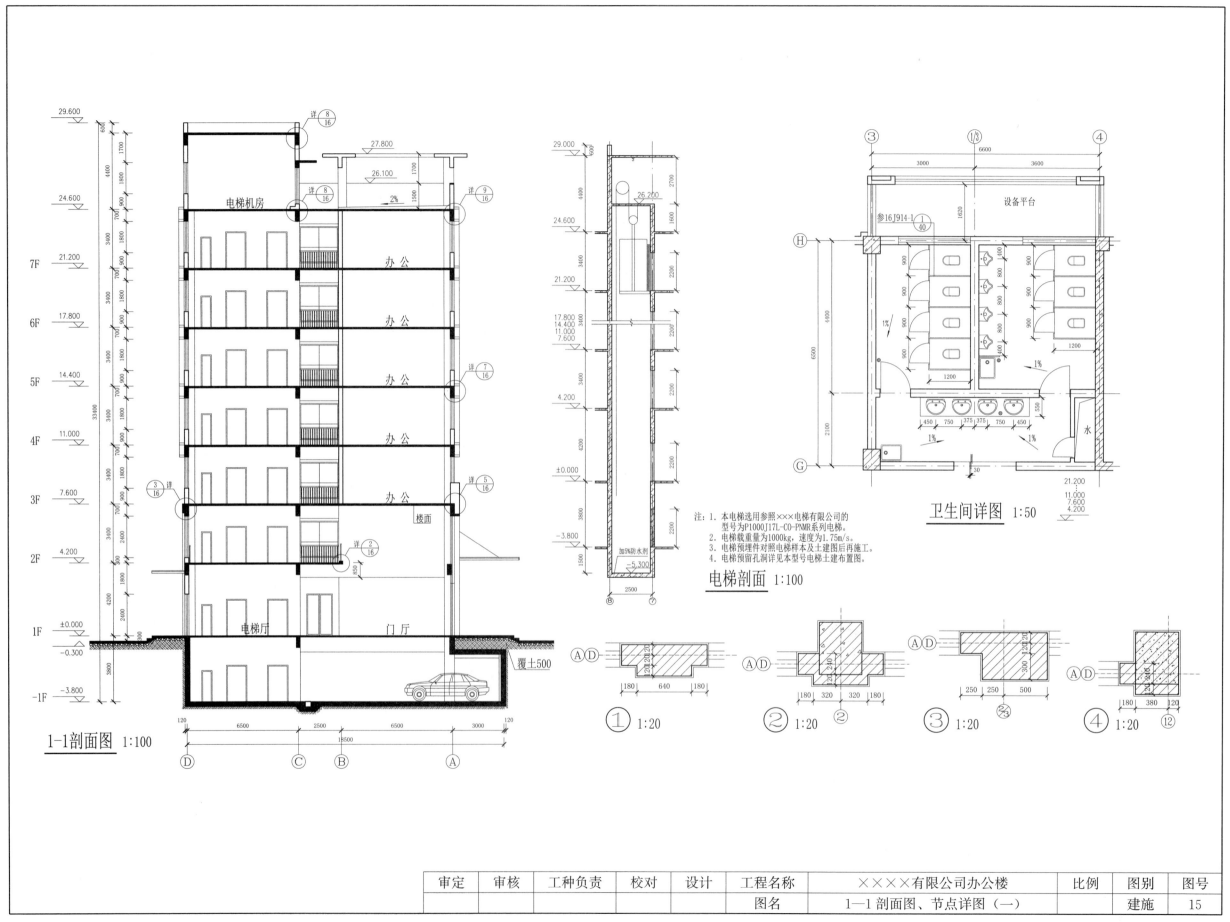

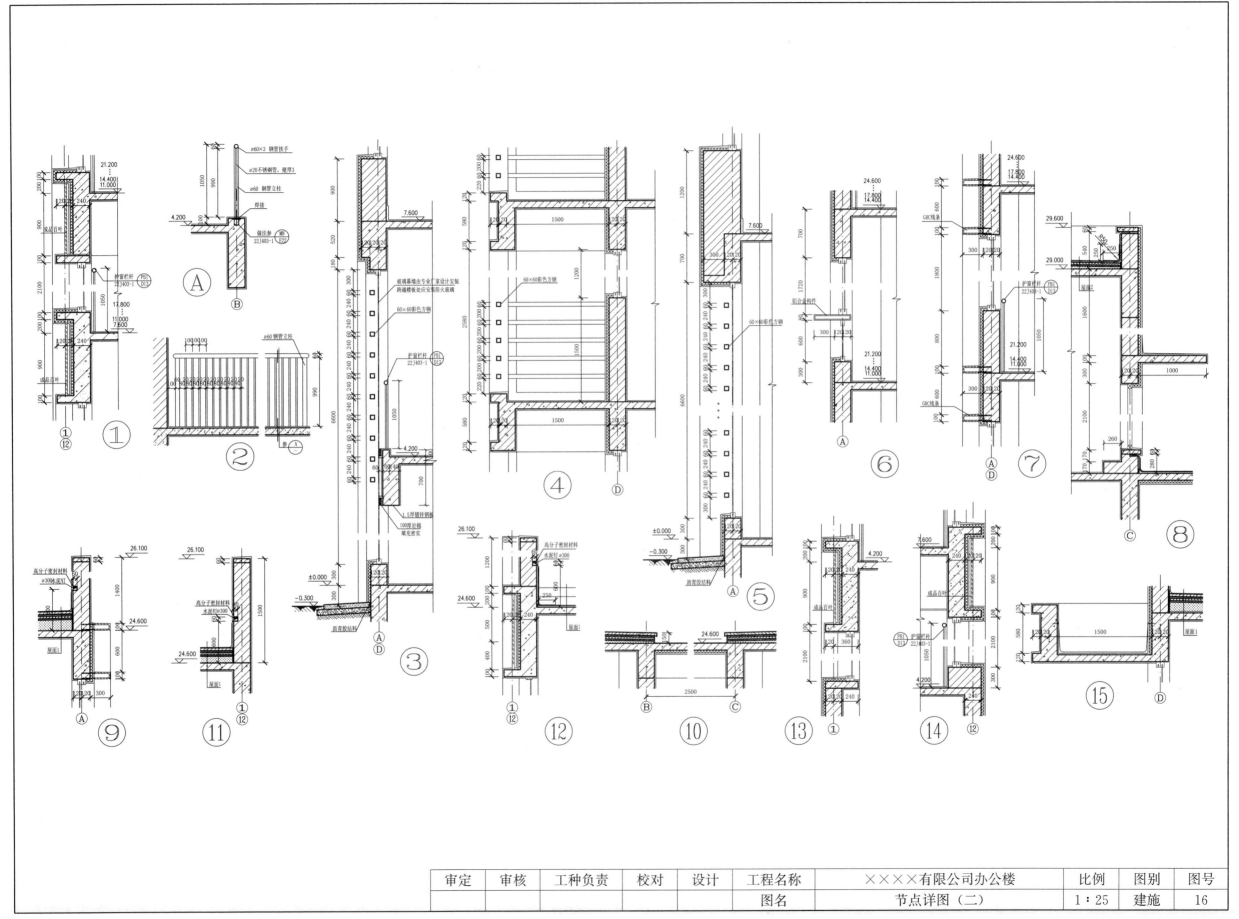

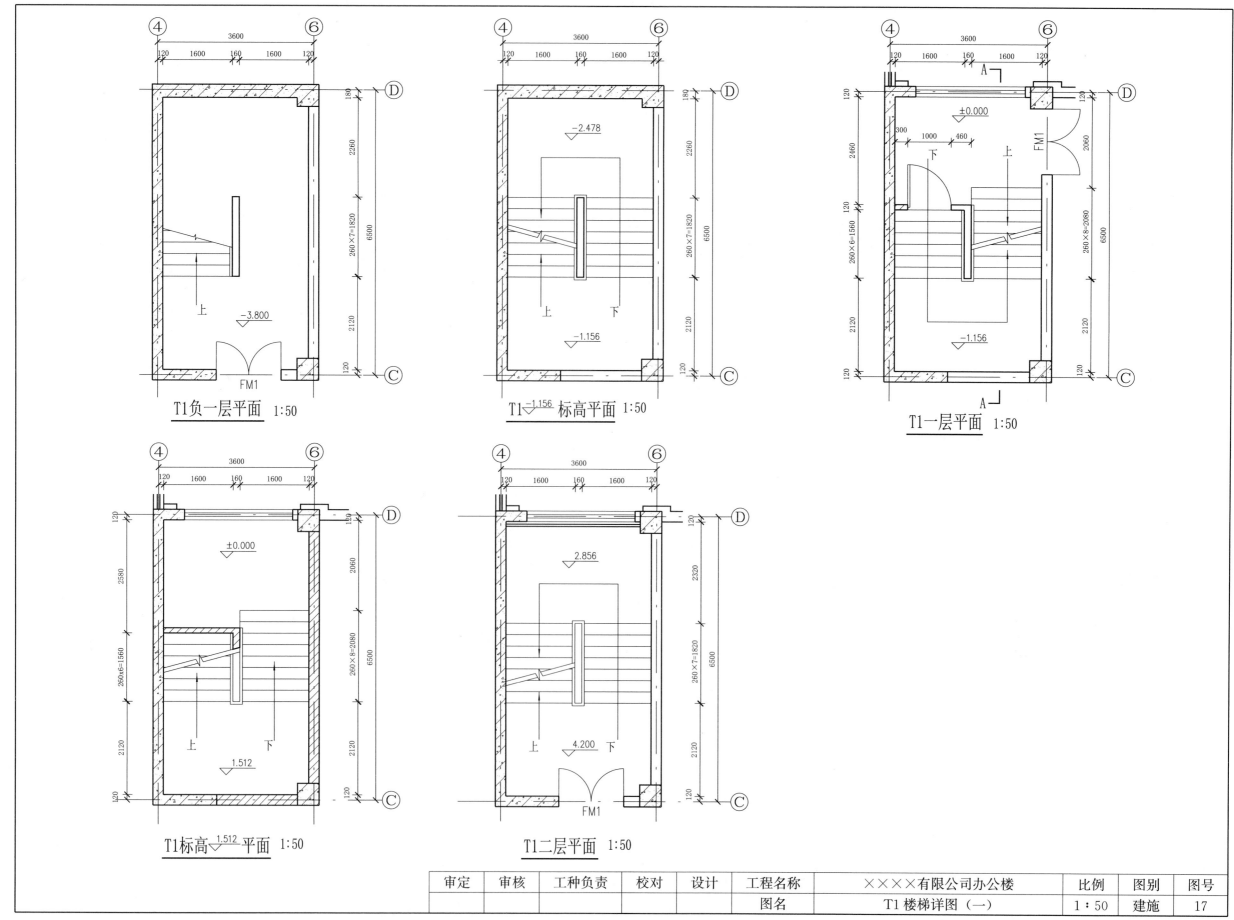

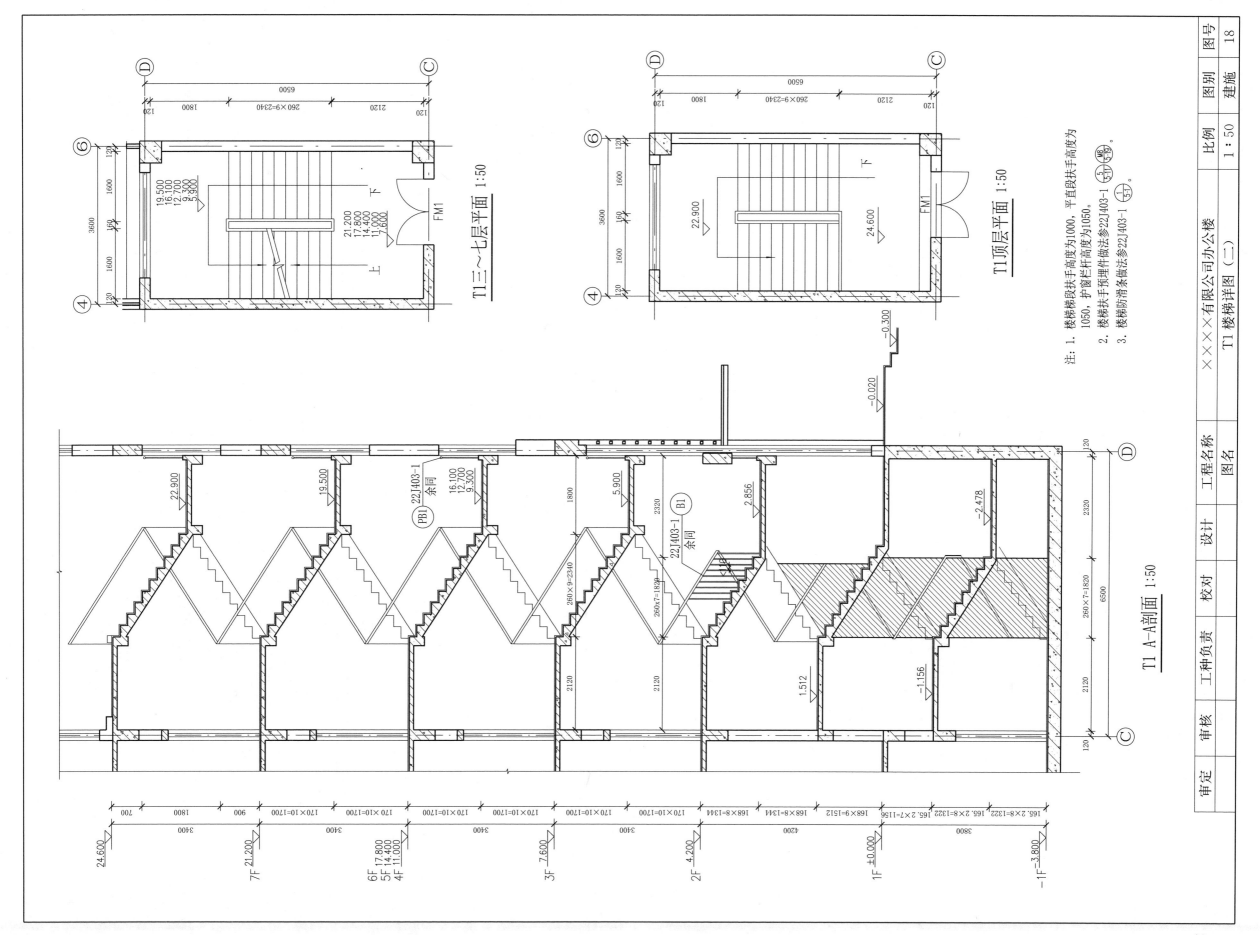

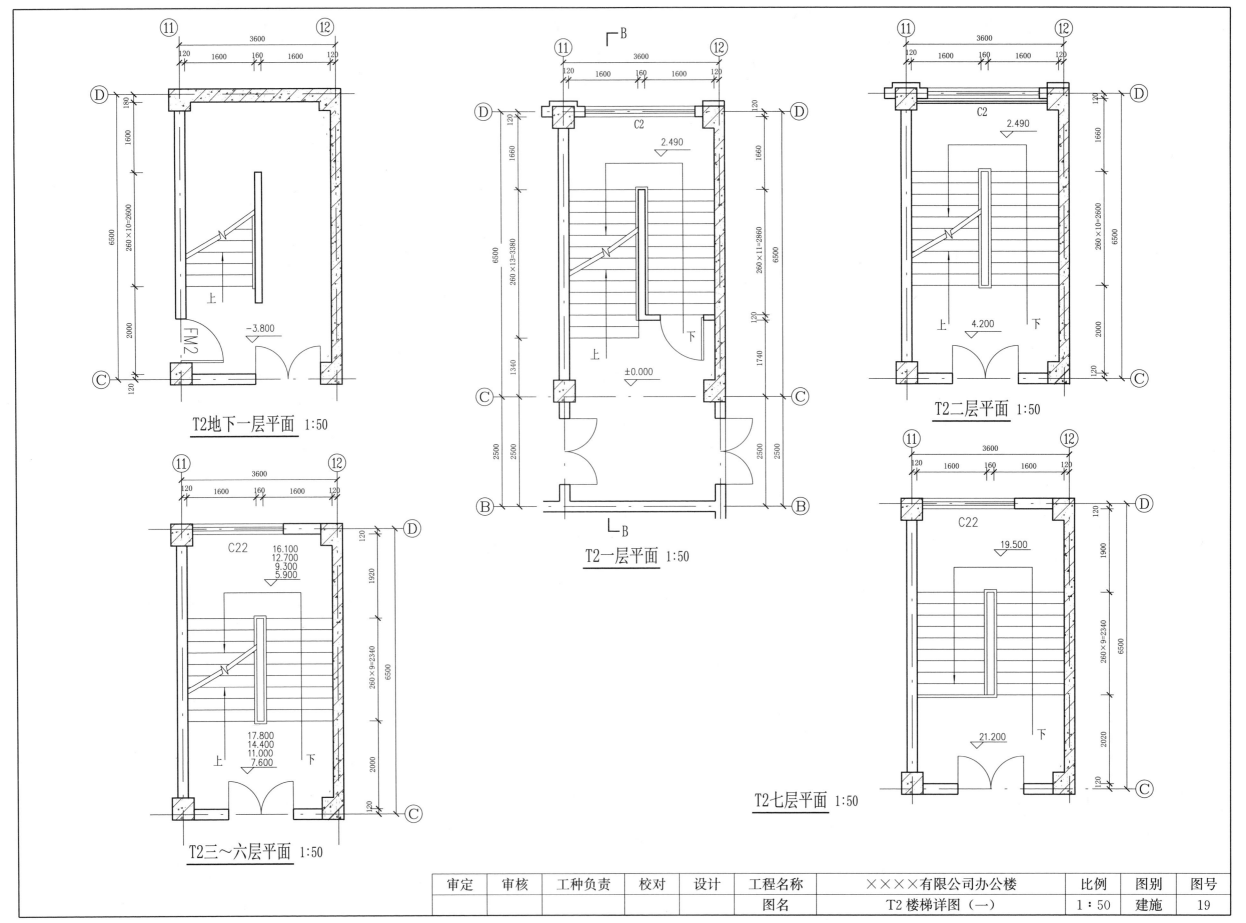

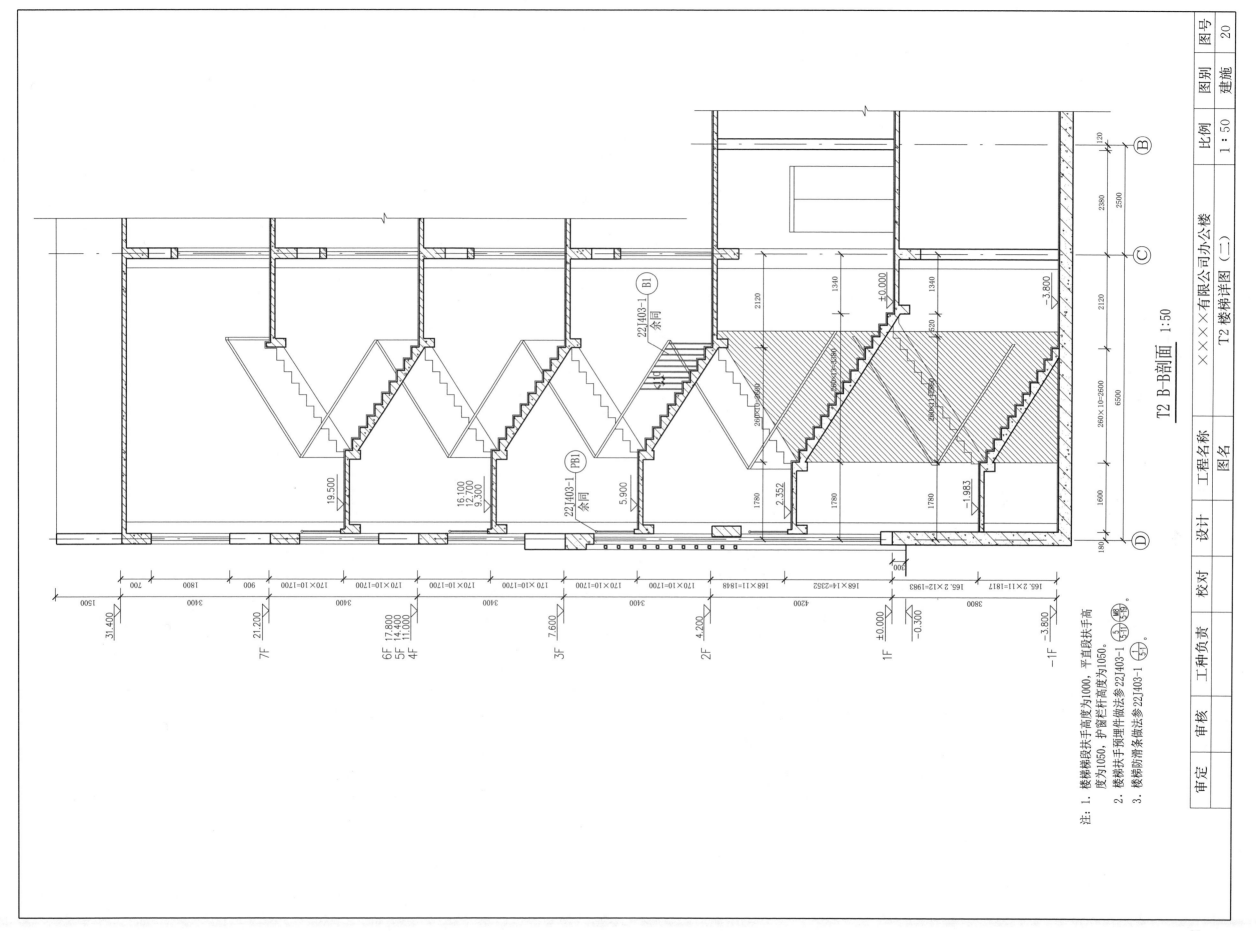

××××建筑设计有限公司 图纸目录			建设单位		×××有限公司		
			项目名称	××××有限公司办公楼		专业	结构
			项目编号			阶段	施工图
			编制人			日期	

序号	图别 图号	图纸名称	图幅	备注
1	结施-01	结构设计总说明（一）	A2	
2	结施-02	结构设计总说明（二）	A2	
3	结施-03	桩位平面布置图	A2+	
4	结施-04	桩基设计说明 基础详图	A2	
5	结施-05	承台平面布置图	A2+	
6	结施-06	地下室底板梁平法施工图	A2+	
7	结施-07	地下室底板配筋图	A2+	
8	结施-08	－3.830～－0.030 墙柱平法施工图	A2+	
9	结施-09	－0.030～7.570 墙柱平法施工图	A2+	
10	结施-10	7.570～10.970 墙柱平法施工图	A2+	
11	结施-11	10.970～24.600 墙柱平法施工图	A2+	
12	结施-12	24.600～29.000 墙柱平法施工图　29.000 梁平法施工图 29.000 板平法施工图	A2	
13	结施-13	剪力墙柱表　剪力墙梁表　剪力墙身表	A2	
14	结施-14	－0.030 梁平法施工图	A2+	
15	结施-15	4.170 梁平法施工图	A2+	
16	结施-16	7.570 梁平法施工图	A2+	
17	结施-17	10.970～21.170 梁平法施工图	A2+	
18	结施-18	24.600 梁平法施工图	A2+	
19	结施-19	－0.030 板平法施工图	A2+	
20	结施-20	4.170 板平法施工图	A2+	
21	结施-21	7.570 板平法施工图	A2+	
22	结施-22	10.970～21.170 板平法施工图	A2+	
23	结施-23	24.600 板平法施工图	A2+	
24	结施-24	T1 楼梯详图（一）	A2	
25	结施-25	T1 楼梯详图（二）	A2	
26	结施-26	T2 楼梯详图（一）	A2	
27	结施-27	T2 楼梯详图（二）	A2	

结构设计总说明（一）

一、工程概况
本工程位于××省××市，为××××有限公司办公楼，地上七层，地下一层，建筑高度 24.600m，框架剪力墙结构基础形式为桩基础。

二、设计依据
1. 本工程设计使用年限为 50 年。
2. 自然条件：
  (1) 基本风压 0.75kN/m²，地面粗糙度 B 类。
  (2) 基本雪压 0.35kN/m²。
  (3) 场地地震基本烈度 6 度，特征周期值 0.45s，抗震设防烈度 6 度，设计基本地震加速度 0.05g，设计地震分组第一组，建筑物场地土类别Ⅲ类。
3. ××工程勘察院提供的《××××有限公司办公楼岩土工程勘察报告》。
4. 政府有关主管部门对本工程的审查批复文件。
5. 本工程设计所执行的规范及规程见下表：

序号	名称	编号和版本号
1	《建筑结构可靠性设计统一标准》	GB 50068—2018
2	《建筑工程抗震设防分类标准》	GB 50223—2008
3	《建筑结构荷载规范》	GB 50009—2012
4	《建筑抗震设计标准（2024 年版）》	GB/T 50011—2010
5	《混凝土结构设计标准（2024 年版）》	GB/T 50010—2010
6	《建筑地基基础设计规范》	GB 50007—2011
7	《砌体结构设计规范》	GB 50003—2011
8	《建筑桩基技术规范》	JGJ 94—2008
9	《高层建筑混凝土结构技术规程》	JGJ 3—2010
10	《地下工程防水技术规范》	GB 50108—2008

三、图纸说明
1. 本工程结构施工图中除注明外，标高以 m 为单位，尺寸以 mm 为单位。
2. 本工程相对标高±0.000 相当于黄海高程 4.850m。
3. 本工程结构施工图采用平面整体表示方法，参照平法 22G101 系列标准图集见下表：

序号	图集名称	图集代号
1	混凝土结构施工图平面整体表示方法制图规则和构造详图	现浇混凝土框架、剪力墙、梁、板	22G101-1
2		现浇混凝土板式楼梯	22G101-2
3		独立基础、条形基础、筏形基础、桩基础	22G101-3

四、建筑分类等级
建筑分类等级见下表：

序号	名称	等级	序号	名称	等级
1	建筑结构安全等级	二级	7	建筑耐火等级	二级
2	地基基础设计等级	乙级	8	砌体施工质量控制等级	B 级
3	桩基设计等级	乙级	9	混凝土结构构件 ±0.000 以上	三级
4	建筑抗震设防类别	丙类		裂缝控制等级 ±0.000 以下	二级
5	框架抗震等级	四级	10	混凝土构件的环境类别	一类 / 二 a 类 / 二 b 类
6	剪力墙抗震等级	三级			

五、主要荷载取值
楼（屋）面活荷载见下表：

部位	一层楼面	汽车通道	水泵房	变配电房	停车库	电梯机房
荷载(kN/m²)	5.0	4.0	10	10	4.0	7.0

部位	卫生间	消防楼梯	合用前室走道	设备平台	办公室	上人屋面（不上人屋面）
荷载(kN/m²)	4.0	3.5	3.5	7.0	2.0	2.0(0.5)

六、主要结构材料
1. 混凝土：
(1) 混凝土强度等级

部位及构件		混凝土强度等级	混凝土抗渗等级
基础垫层		C20	
过梁、构造柱、圈梁、楼梯		C25	
地下室部分承台、地梁、底板、侧墙及顶板		C35	P6
墙、柱	标高 4.170m 及以下	C35	
	标高 4.170～14.370m	C30	
	标高 14.370m 以下	C25	
梁、板	标高 14.370m 及以下	C30	
	标高 14.370m 以上	C25	

(2) 混凝土环境类别及耐久性要求

部位	构件	环境类别	最大水胶比	最低强度等级	最大氯离子含量	最大碱含量
地上	室内正常环境	一类	0.60	C20	0.3%	不限制
	厨房、卫生间、雨篷等潮湿环境基础梁、板侧面顶面	二 a 类	0.55	C25	0.2%	3kg/m³
地下	与土壤接触的构件	二 b 类	0.50 (0.55)	C30 (C25)	0.15%	3kg/m³

2. 钢筋符号、钢材牌号见下表：

热轧钢筋种类	符号	f_y(N/mm²)	钢材牌号	厚度(mm)	f(N/mm²)
HPB300 (Q235)	Φ	270	Q235-B	≤16	215
HRB400	⊕	360	Q345-B	≤16	310
HRB335		300			

3. 焊条：
E43 型：用于 HPB300 钢筋焊接，Q235-B 钢材焊接。
E50 型：用于 HRB400 钢筋焊接，Q345-B 钢材焊接。
钢筋与钢材焊接随钢筋定焊条，焊接应符合有关规定。

4. 墙体材料：

构件部位		砌块材料	砌块强度等级	砂浆材料	砂浆强度等级
±0.000 以下	地下室内	页岩实心砖	MU10	水泥砂浆	M10
	地下室外	混凝土实心砖	MU10	水泥砂浆	M10
±0.000 以上	外墙	页岩空心砖	MU10	混合砂浆	M7.5
	内墙	加气混凝土砌块	A5.0	专用砂浆	Mb5.0

七、地基基础（包括地下室）工程
1. 场地地质条件：详见本工程岩土工程勘察报告
2. 基础类型、围护方案：
  (1) 基础类型：本工程采用桩基础，基础设计说明另详。
  (2) 围护方案：本工程地下室基坑围护的设计与施工要求另详有资质单位的基坑围护专项设计。
3. 基础（地下室）施工：
  (1) 应在完成基槽检验、最终验收并合格后，方可进行承台、地梁和地下室底板的施工。
  (2) 除注明外，承台、地梁和底板的底部均做 C20 素混凝土垫层，垫层厚 150，承台、地梁的侧面采用砖胎模，1:2 水泥砂浆抹面。
  (3) 本工程外墙迎水面应做建筑防水层。
  (4) 防水混凝土拌合物在运输后出现离析，必须进行二次搅拌。当坍落度损失后不能满足施工要求时，应加入原水灰比的水泥砂浆或二次掺加减水剂进行搅拌，严禁直接加水。
  (5) 防水混凝土终凝后应立即进行养护，养护时间不得少于 14 天。切忌施工时模板提早拆除。
  (6) 机械挖土时应按有关规定要求进行，坑底应保留 200 厚土层用人工开挖。
  (7) 地下室施工应有降水措施，待地下室覆土结束，主楼结构至三层以后方可停止降水。

4. 基坑回填：
  (1) 地下室外墙周围 800 范围以内宜用灰土、黏土或粉质黏土回填，其中不得含有石块、碎砖及有机物等，也不得有冻土。回填施工应均匀对称进行，并分层夯实。人工夯实时每层厚度不大于 250，机械夯实时不大于 300。
  (2) 不得使用淤泥、耕土、冻土、膨胀性土、建筑垃圾及有机质含量大于 5% 的土作回填土。
  (3) 基坑回填时，应采取措施防止损伤防水层。
  (4) 回填土压实系数不小于 0.94。采用砂土回填时，干密度应不小于 1.65t/m³。

八、钢筋混凝土部分
本工程采用国家标准图集《混凝土结构施工图平面整体表示方法制图规则和构造详图》22G101 的表示方法，施工图中未注明的构造要求均按照标准图集的相关要求执行。

1. 混凝土保护层厚度：
承台：50 基础梁迎水面/背水面：40/25
地下室外墙、底板迎水面/背水面：40/20
上部结构梁：20 板：15 柱：20 墙：15

2. 钢筋接头形式和要求：
  (1) 梁柱钢筋宜优先采用机械接头，钢筋直径 $d≥28$ 时应采用机械连接；$d=25$ 时宜采用机械连接。
  (2) 接头位置宜设置在受力较小处，在同一根钢筋上宜少设接头。
  (3) 受力钢筋的接头位置应相互错开，当采用焊接接头时，相邻接头之间距离应大于 $35d$。当采用绑扎搭接时，相邻接头中心之间距离应大于 1.3 倍搭接长度。位于同一连接区段内的受力钢筋搭接接头面积百分率应符合下表要求：

接头形式	受拉区接头面积百分率	受压区接头面积百分率
机械连接	≤50%	不限
焊接连接	≤50%	不限
绑扎连接	<25%	≤50%

3. 纵向钢筋的锚固长度、搭接长度：
  (1) 纵向钢筋的锚固长度：
  详见图集 22G101-1 第 2-2、2-3 页。
  注：所有锚固长度均应大于 300，HPB300 钢筋两端必须加弯钩。
  (2) 纵向钢筋的搭接长度

纵向钢筋的搭接接头百分率	≤25	50	100
纵向受拉钢筋的搭接长度	$1.2l_a$	$1.4l_a$	$1.6l_a$
纵向受压钢筋的搭接长度	$0.85l_a$	$1.0l_a$	$1.13l_a$

注：抗震设计时为 l_{abE}；受拉和受压钢筋搭接长度分别不应小于 300 和 200。

4. 现浇钢筋混凝土板：
  (1) 双向板钢筋的放置，短跨方向钢筋置于外层，长跨方向钢筋置于内层。现浇施工时，应采取措施保证钢筋位置正确。
  (2) 现浇板钢筋的锚固、连接等构造详见图集 22G101-1，第 2-50～第 2-54 页。
  (3) 各板角负筋，纵横两个方向必须交叉重叠设置成网格状。
  (4) 单向板受力钢筋、双向板支座负筋必须配置分布筋，图中未注明分布筋均为 Φ8@150。
  (5) 板内钢筋如遇洞口，当 $D≤300$ 时，钢筋绕过洞口不截断（D 为洞口宽度或直径）；当 $D>300$ 且未设边梁时，洞口增设加强筋，具体按平面图示出的要求施工。
  (6) 楼板外墙转角及板短跨≥3.9m 处楼板四角上部配置放射形钢筋见图 1。
  (7) 应设置支撑确保板面负筋位置正确，不得下沉。

结构设计总说明（二）

(8) 对设备的预留孔洞及预埋件与安装单位配合施工，未经设计人员同意，不得随意在板上打洞、剔凿。
(9) 跨度大于 4.0m 的板施工支模时应起拱，起拱高度为跨度的 2/1000。

5. 现浇钢筋混凝土梁：
(1) 楼层（包括屋面）框架梁纵向钢筋构造详见国标图集 22G101-1，第 2-33～第 2-35 页。
(2) 框架梁中间支座纵向钢筋详见国标图集 22G101-1，第 2-37 页。
(3) 框架梁箍筋构造详见国标图集 22G101-1，第 2-39 页。
(4) 非框架梁配筋构造详见国标图集 22G101-1，第 2-40 页。
(5) 不伸入支座的梁下部纵向钢筋断点位置、附加箍筋、附加吊筋、梁侧面构造筋等其他构造要求详见国标图集 22G101-1。
(6) 梁上不允许预留洞口，预埋件需与安装单位配合施工。

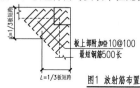
图1 放射筋布置

(7) 跨度大于 4.0m 的梁施工支模时应起拱，起拱高度为跨度的 2/1000。

6. 钢筋混凝土柱：
(1) 框架柱纵向钢筋连接构造详见国标图集 22G101-1，第 2-9、第 2-10 页。
(2) 框架边柱和角柱柱顶纵向钢筋构造详见国标图集 22G101-1，第 2-14、第 2-15 页。
(3) 框架中柱柱顶纵向钢筋构造、框架变截面位置纵向钢筋构造详见国标图集 22G101-1，第 2-16 页。
(4) 框架柱箍筋构造和柱上梁纵向钢筋构造详见国标图集 22G101-3，第 2-11、第 2-12 页。
(5) 柱插筋在基础中的锚固构造详见国标图集 22G101-3。
(6) 柱上不允许预留孔洞，预埋件需与安装单位配合施工。
(7) 柱上节点的其他构造要求详见国标图集 22G101-1。

7. 剪力墙：
(1) 钢筋混凝土墙除特别注明外，水平钢筋在内侧，竖向钢筋在外侧。
(2) 钢筋混凝土墙水平分布构造详图见国标图集 22G101-1，第 2-19、第 2-20 页。
(3) 钢筋混凝土墙竖向分布构造详图见国标图集 22G101-1，第 2-21 页。
(4) 钢筋混凝土墙边缘构件构造详图见国标图集 22G101-1，第 2-24～第 2-26 页。
(5) 钢筋混凝土墙连梁构造详图见国标图集 22G101-1，第 2-27 页。
(6) 钢筋混凝土墙应按模板图及有关专业图留洞，不得后凿，洞口构造详图见国标图集 22G101-1，第 2-28 页。
(7) 钢筋混凝土墙应沿高度分层浇筑、分层振捣，分层振捣高度每次不得超过 1000。只允许留水平施工缝，每次浇筑前必须将接缝处表面清扫干净，确保接缝处混凝土接合良好。

8. 梁柱节点：
(1) 框架柱的梁柱节点区，节点区内的混凝土强度等级相差 1 个等级 (C5) 之内时，梁柱节点处的混凝土可随梁一起浇筑；当相差 2 个等级或以上时，按高等级施工。见下图 2。

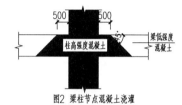
图2 梁柱节点混凝土浇灌

(2) 梁框架梁的截面与墙肢的肢宽相等时，在梁四角上的纵向受力钢筋可在离柱边 150 处向内弯折伸入墙内。见下图 3。

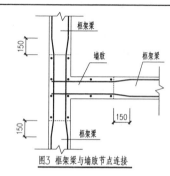
图3 框架梁与墙肢节点连接

九、砌体工程
1. 砌体填充墙平面位置详建筑施工前，不得随意更改。应配合建施图，按要求预留墙体插筋。
2. 砌体填充墙应沿框架柱（包括构造柱）或钢筋混凝土墙全高每隔 500 设置 2Φ(Ф)6 的拉筋，拉筋伸入填充墙内的长度不小于填充墙长的 1/5，且不小于 700，详见图 4。

在框架平面外的填充墙拉筋构造见图 5。

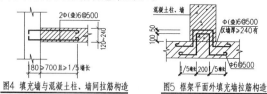
图4 填充墙与混凝土柱、墙间拉筋构造   图5 框架平面外填充墙拉筋构造

3. 当因填充墙转角部位底部无梁而未能设置构造柱时，应沿墙高每隔 500 设置转角拉筋。详见图 6。

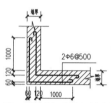
图6 墙体转角处未设构造柱时拉筋构造

4. 砌体填充墙内的构造柱一般不在各楼层结构平面图中画出，一律按以下原则设置：
(1) 填充墙长度＞5m 时，沿长度方向每隔 4m 设置一根构造柱；
(2) 外墙及楼梯间墙转角处设置构造柱；
(3) 填充墙端部无翼墙或混凝土柱（墙）时，在端部增设构造柱；
(4) 超过 2m 的门窗洞口两侧。
构造柱尺寸：墙宽×240，配筋为 4Φ12，Φ6@200。

5. 砌体填充墙高度大于 4m 时，墙体半高处或门洞上皮设与柱连接且沿全墙贯通的钢筋混凝土水平圈梁，圈梁高 200，宽同墙宽，配筋为 4Φ12，Φ6@200。若水平圈梁遇过梁，则兼作过梁并按过梁要求配钢筋，柱（墙）施工时，应在相应位置预留Φ12 与圈梁纵筋连接。

6. 填充墙不砌至梁、板底时，墙顶必须增设一道通长圈梁。圈梁高 200、宽同墙宽，配筋为 4Φ12，Φ6@200。

7. 填充墙内的构造柱应先砌墙后浇混凝土，施工主体结构时，应在上下楼层梁的相应位置预留相同直径和数量的插筋与构造柱纵筋连接。

8. 框架柱（或构造柱）边墙垛长度不大于 120 时，可采用素混凝土整浇。

9. 砌体内门窗洞口顶部无梁时，均按图 7 的要求设置钢筋混凝土过梁。

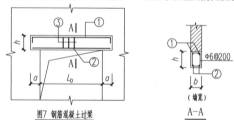
图7 钢筋混凝土过梁

钢筋混凝土过梁截面配筋表

净跨L_0	$L_0 \leq 1000$	$1000 < L_0 \leq 1500$	$1500 < L_0 \leq 2000$	$2000 < L_0 \leq 2500$	$2500 < L_0 \leq 3000$	$3000 < L_0 \leq 3500$	$3500 < L_0$
梁高 h	120	150	180	240	300	350	另详施工图
支承长度 a	180	240	240	360	360	360	
面筋①	2Φ10	2Φ10	2Φ10	2Φ12	2Φ12	2Φ12	
底筋②	2Φ10	2Φ12	2Φ14	2Φ16	2Φ16	2Φ16	

10. 在填充墙与混凝土构造周边接缝处，应固定地设置镀锌钢丝网，其宽度不小于 200。

11. 砌块墙体开设管线槽时应使用开槽机，严禁敲击成槽。管线埋设后，小孔和小槽用水泥砂浆填补，大孔和大槽用细石混凝土填满。

十、沉降观测要求

本工程要求进行沉降观测：沉降观测点位置详见结施-08 地下室墙柱施工图。沉降观测自完成±0.000 层开始，每施工一层观测一次，结顶后每月观测一次，竣工验收后第一年观测次数不少于 4 次，第二年不少于 2 次，以后每年不少于 1 次，直至建筑沉降稳定。如发现沉降异常，应及时通知设计单位。沉降观测做法见下图 8。

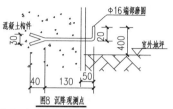
图8 沉降观测点

十一、其他施工注意事项

1. 卫生间、开水间、室外楼地面及屋面交界处墙体，靠外侧做 250 高、120 宽素混凝土翻边。
2. 电梯定货必须符合本施工图预留的洞口尺寸。定货后应提供电梯施工详图给设计单位，以便进行尺寸复核。预留机房孔洞及设置吊钩等。
3. 所有预留孔洞、预埋套管，应根据各专业图纸，由各工种施工人员核对无误后方可施工。结构图纸中标注的预留孔洞等与各专业图纸不符时，应事先通知设计人员处理。
4. 预埋件的设置：建筑幕墙、吊顶、门窗、楼梯栏杆，电缆桥架、管道支架以及电梯导轨等与主体结构连接时，各工种应密切配合进行预埋件的埋设，不得随意采用膨胀螺栓固定。建筑幕墙与主体结构的连接必须采用预埋件连接。
5. 施工中混凝土强度达到 70％时方可拆除底模和浇筑上层混凝土；在悬挑梁、板等结构上的支撑，必须在混凝土强度达到设计强度的 100％时方可拆除。
6. 屋面天沟及雨篷等应设置必要的过水管（孔），施工完毕后必须清扫干净，保持排水畅通。过水管（孔）设置的标高应考虑建筑面层的厚度。
7. 施工楼面堆载不得超过设计使用荷载。未经结构工程师允许不得改变使用环境及原功能的使用功能。
8. 防雷接地做法详见电气施工图。
9. 钢筋混凝土栏板每隔 12m 设置 20 宽温度缝。
10. 本总说明未做详尽规定或未及之处按现行有关规范、规程执行。

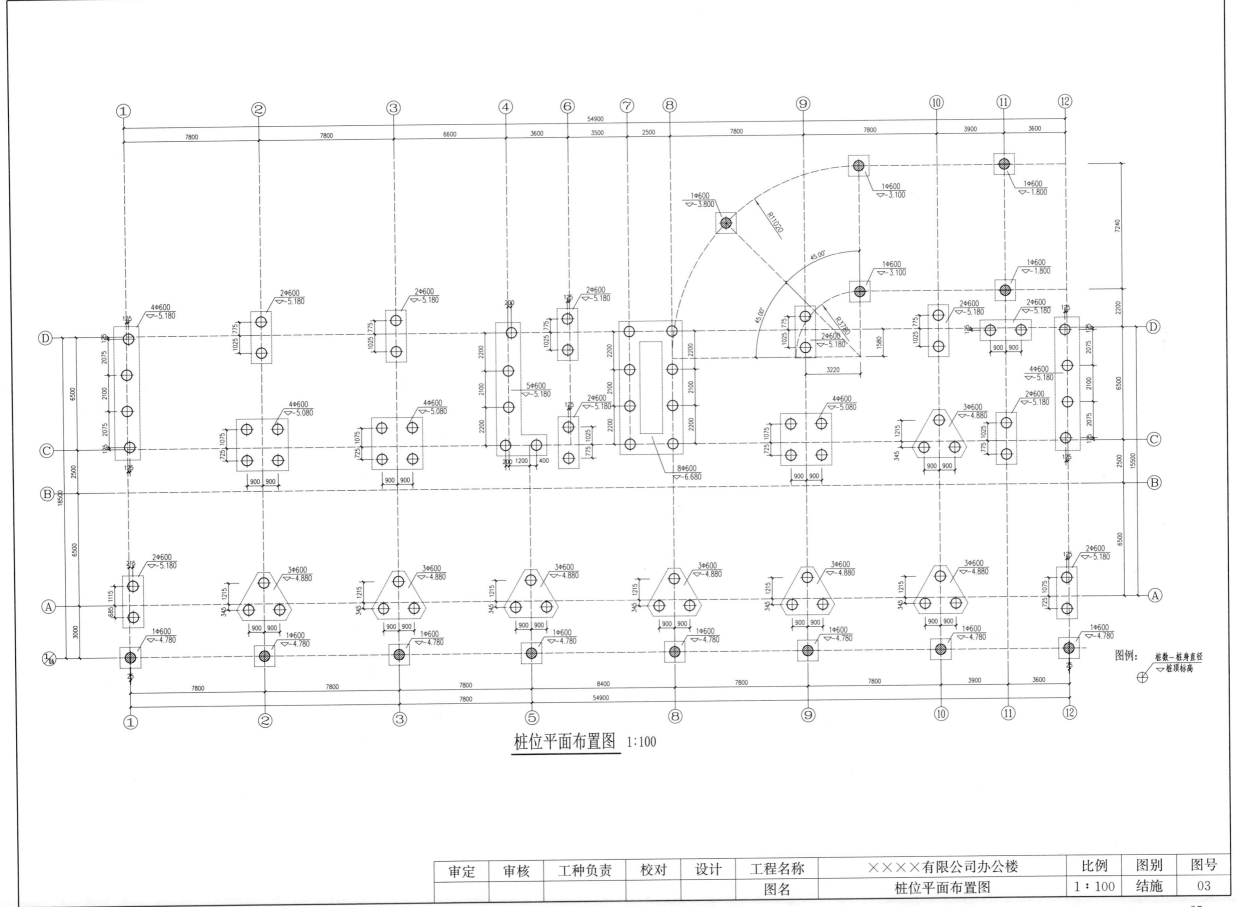

桩基设计说明：

一、工程概况

1. 根据本工程场地地质情况及上部结构特点，本工程采用Φ600钻孔灌注桩，详见桩位平面布置图。

2. 桩基设计依据
（1）《××××有限公司办公楼岩土工程勘察报告》
（2）《建筑桩基技术规范》JGJ 94—2008
（3）《建筑地基基础设计规范》GB 50007—2011
（4）《混凝土结构设计标准（2024年版）》GB/T 50010—2010
（5）《高层建筑筏形与箱形基础技术规范》JGJ 6—2011

3. 本工程建筑桩基设计等级为乙级，施工前应采用静荷载试验确定单桩竖向承载力特征值。

4. 本工程±0.000，相当于黄海高程4.850m，桩顶标高见图示。

5. 桩基施工后，亦应采用可靠的动测法对成桩质量进行检测。测试数量不少于总桩数的30%，单桩单柱承台应逐根检测，其他承台抽检桩数不少于50%，且不少于2根。并应按规范要求对总桩数的1%且不少于3根做单桩竖向抗压及抗拔静荷载试验。试桩视工程情况，由质检、勘察、设计、监理、施工及建设等有关部门协商确定。

二、钻孔灌注桩

1. 本工程采用Φ600钻孔灌注桩，以1～7层圆砾层为桩端持力层，有效桩长约为38m，桩端全断面进入持力层≥1.5m；钻孔灌注桩参数详见附表1。

2. 本工程钻孔灌注桩桩身为水下浇筑混凝土，桩身混凝土保护层厚度为50，混凝土强度与桩身配筋根据钻孔灌注桩参数表中编号，参见22G813。

3. 成孔至设计深度后，应会同工程有关各方对成孔深度、质量等进行检查，确定符合要求后，方可进行下一道工序施工。浇筑混凝土前，应清除孔底沉渣，孔底沉渣小于50，同时应采取有效措施以确保桩身质量，防止颈缩、断桩，偏位现象的出现。

4. 为确保桩顶混凝土的设计强度，浇筑后的混凝土面应高出桩顶设计标高1200，待施工垫层及承台前再凿去浮浆至桩顶设计标高。

三、施工注意事项

1. 施工前应与规划、城建、质监、水电、邮电、消防等有关部门和建筑、水、电等专业密切配合，校核绝对标高，总平面尺寸等有关数据、资料和图纸无误后，方可施工。

2. 桩基施工过程中，应采取必要措施，避免对周围建筑、市政管线等产生不良影响。

3. 本工程桩基施工应严格遵守《建筑桩基技术规范》JGJ 94—2008中有关灌注桩的施工要求及《钢筋混凝土灌注桩》22G813中施工要求执行。

4. 本说明未详之处，参照结构设计总说明、相关国家规范规程及地方规定执行。

钻孔灌注桩参数表 附表1

图例	桩径	有效桩长	估算单桩竖向承载力特征值	估算单桩抗拔承载力特征值	编号	桩数	备注
⊕	Φ600	38m	2100kN		YZ600-38-2,38/E-C30	74	
⊕	Φ600	38m	2100kN	400kN	BZ600-38-2,38/D-C30	13	抗拔桩

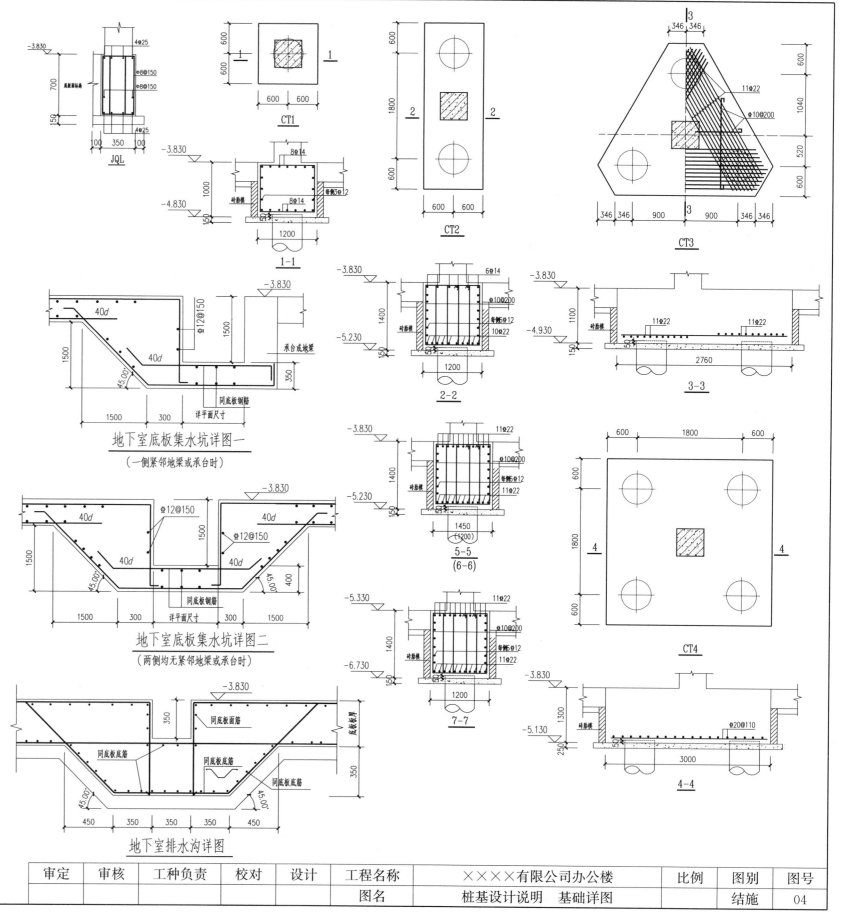

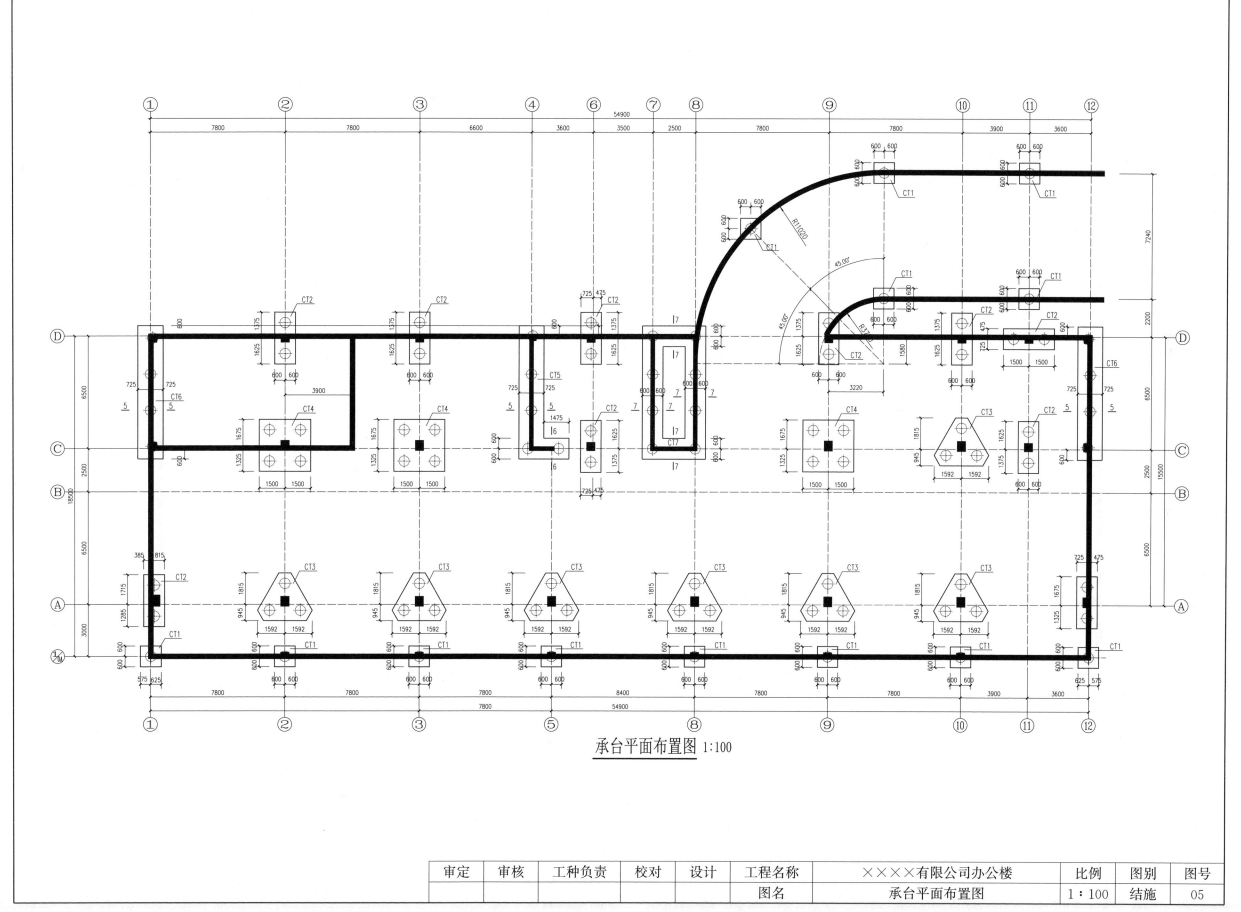

承台平面布置图 1:100

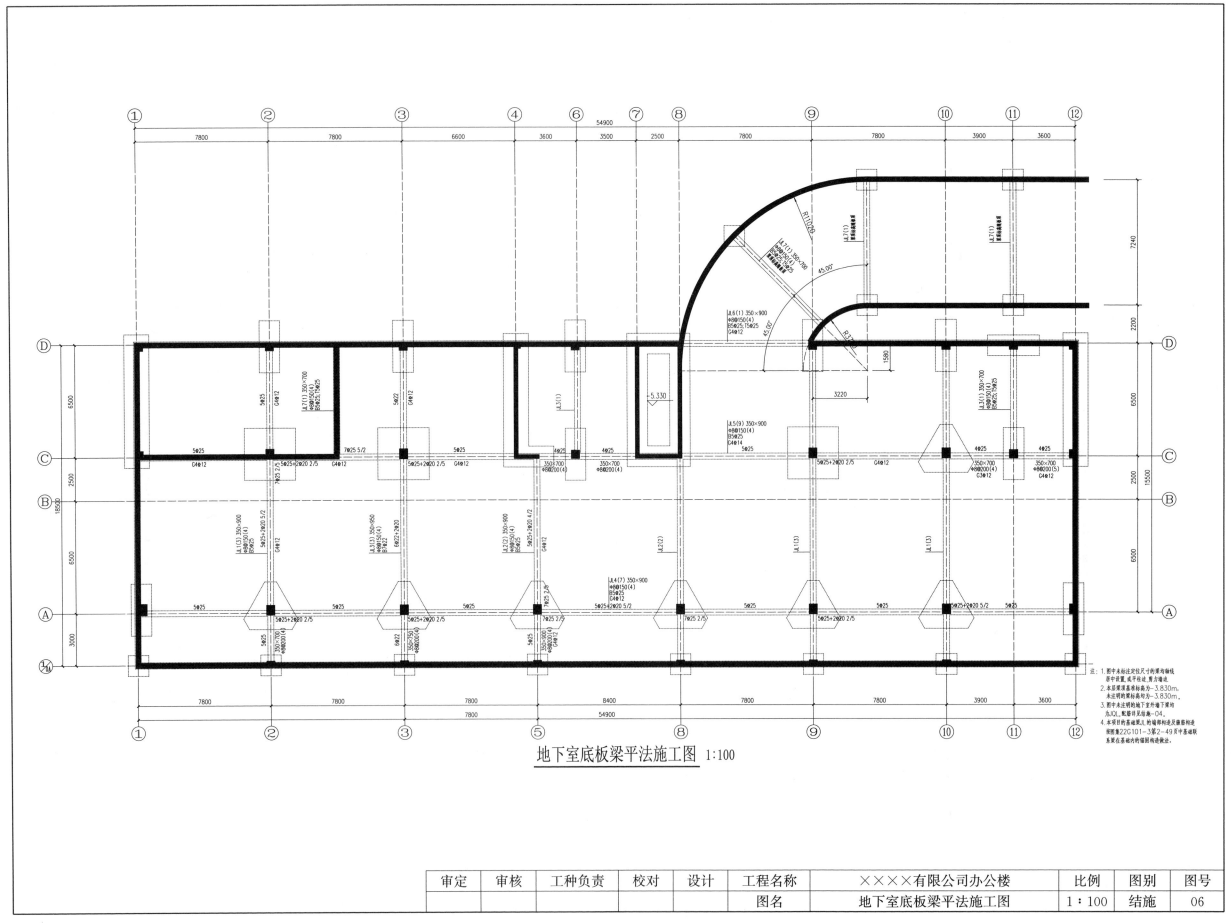

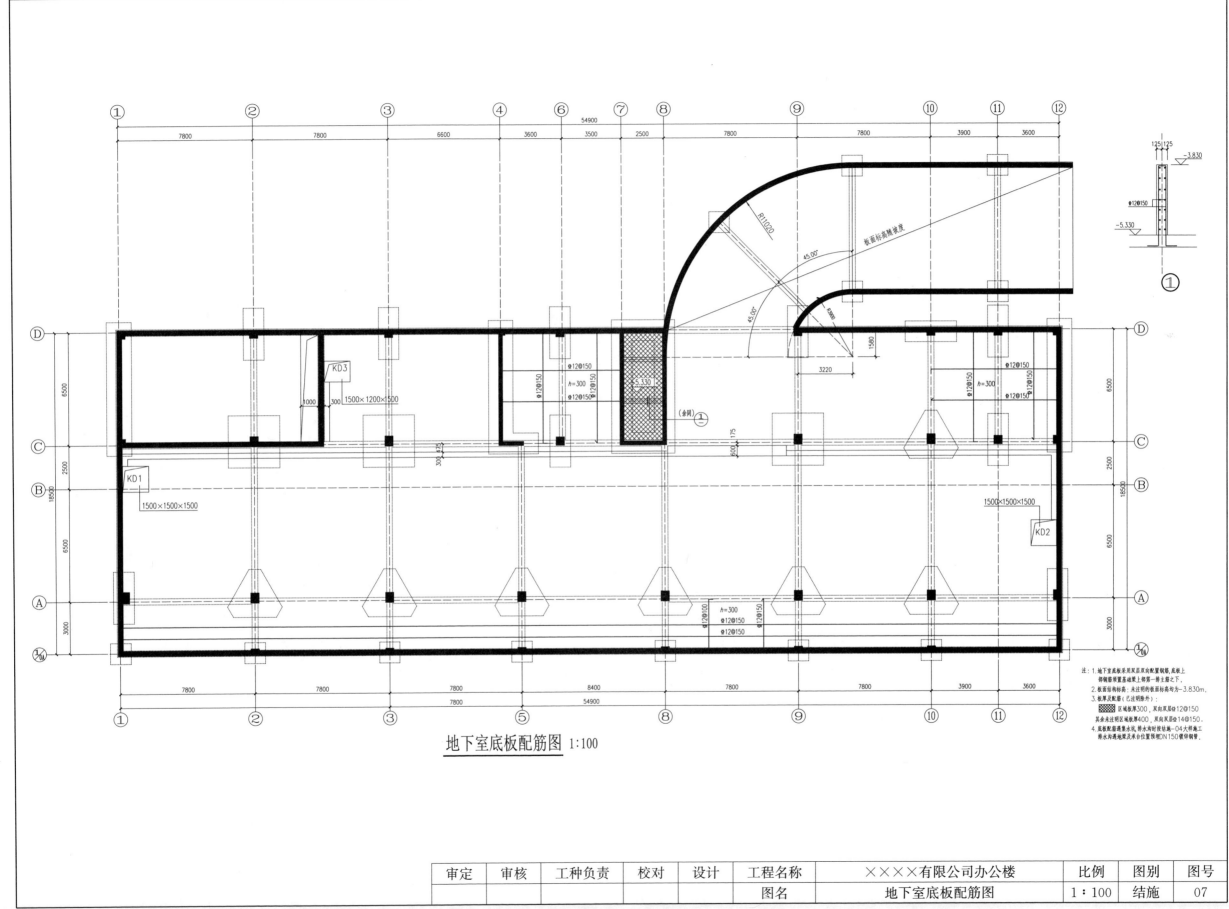

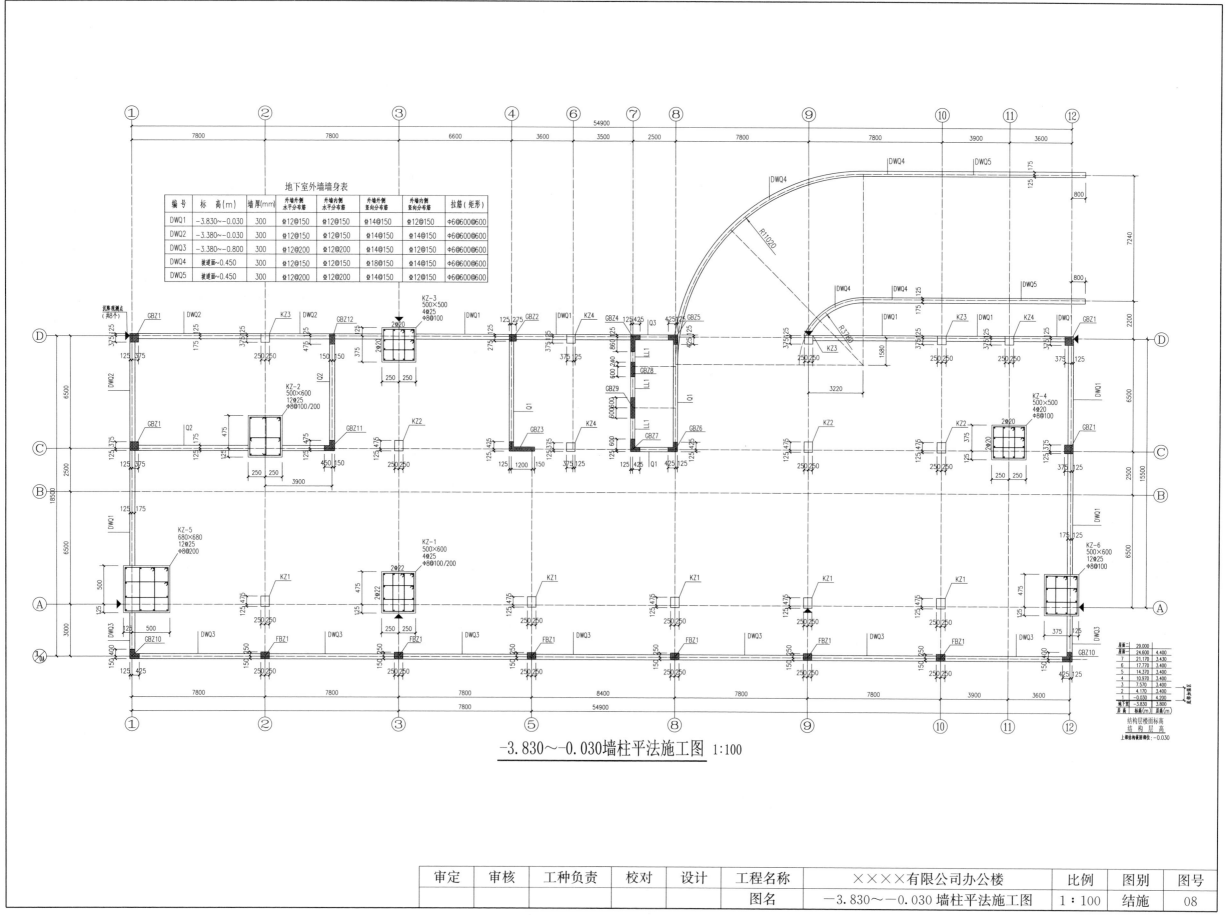

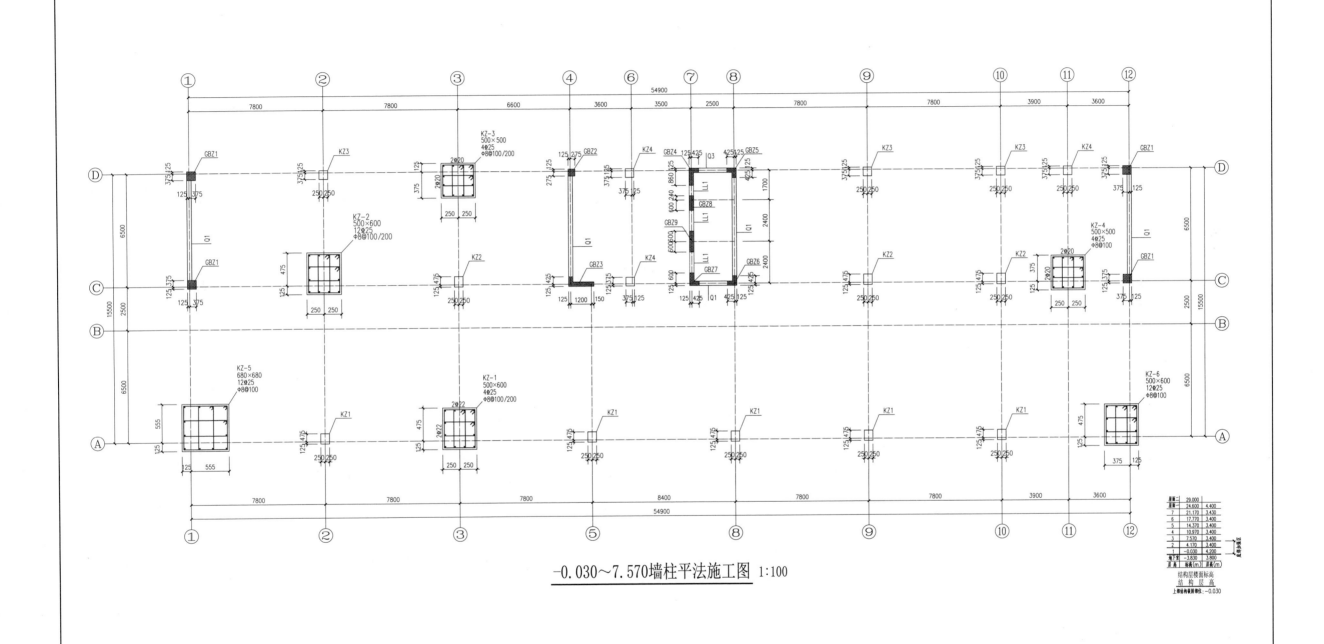

−0.030～7.570墙柱平法施工图 1:100

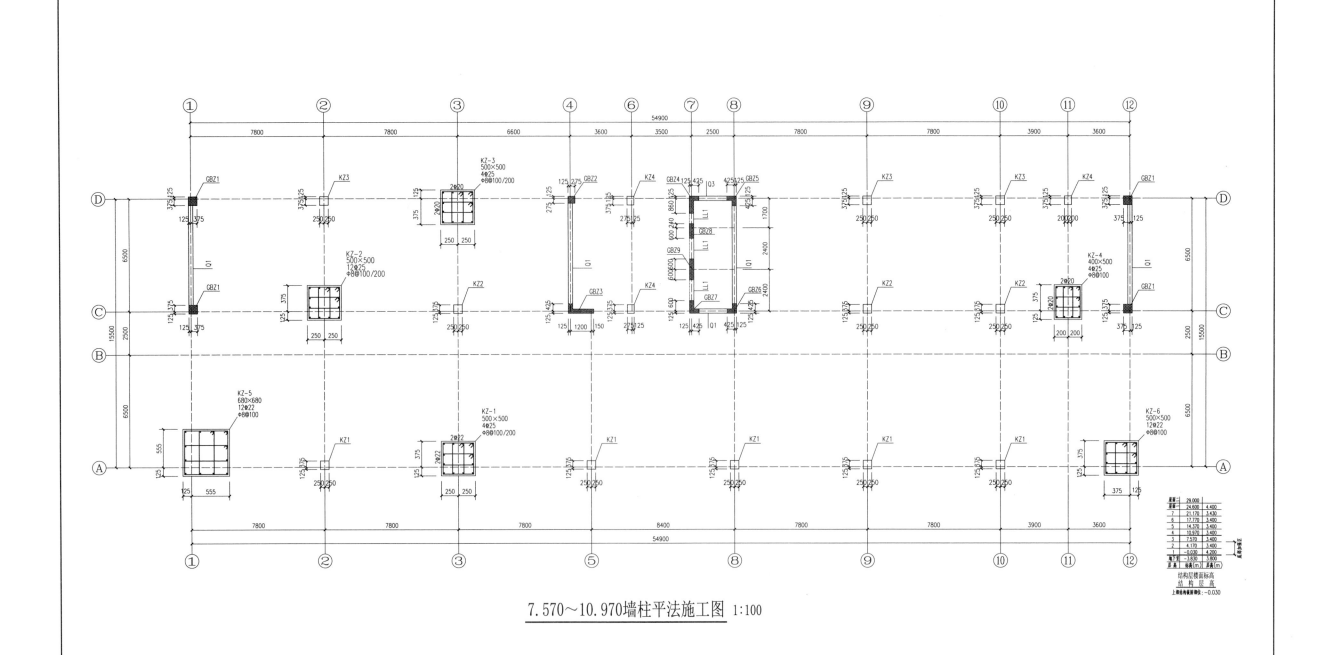

7.570~10.970墙柱平法施工图 1:100

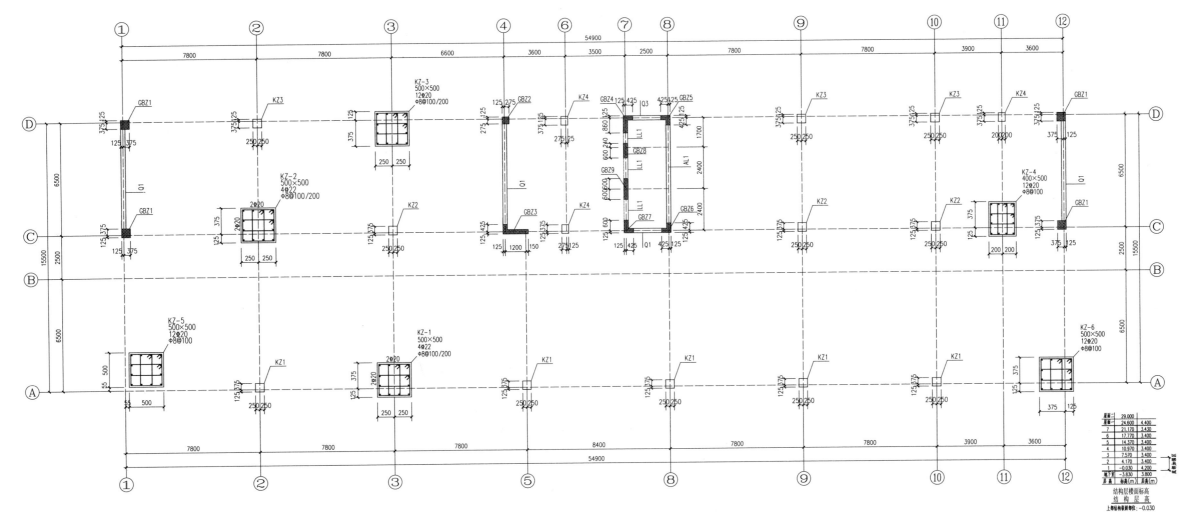

10.970～24.600墙柱平法施工图 1:100

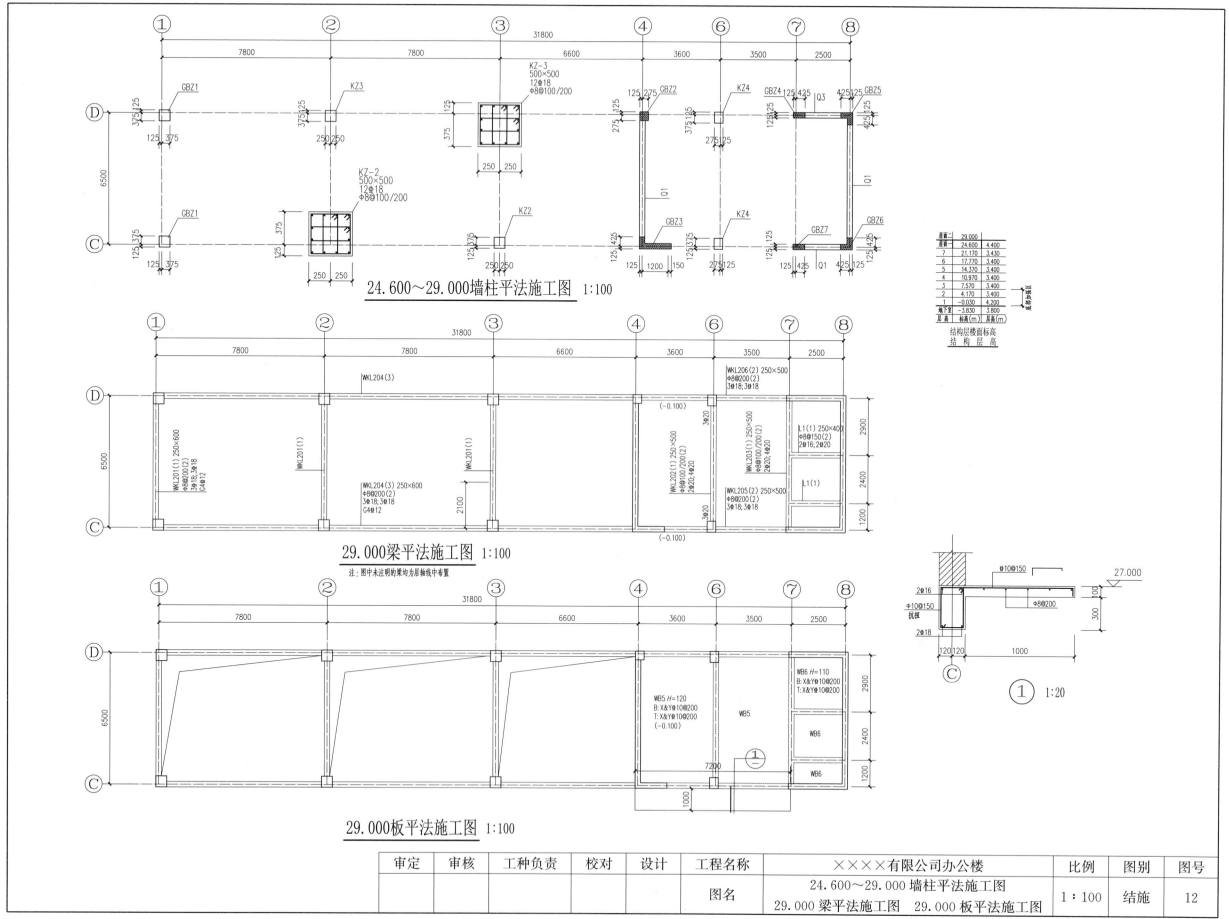

剪力墙柱表

截面					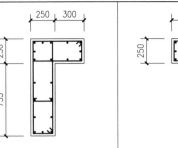	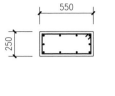	
编号	GBZ1	GBZ2		GBZ3	GBZ4		
标高(m)	-3.830~29.000	-3.830~14.370	14.370~29.000	-3.830~29.000	-3.830~-0.030	-0.030~26.200	26.200~29.000
纵筋	12⊕20	8⊕20	6⊕18	28⊕16	20⊕14	18⊕14	10⊕14
箍筋	Φ8@150	Φ8@100	Φ8@100	Φ8@150	Φ8@150	Φ8@150	Φ8@150

截面	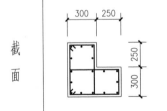	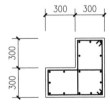		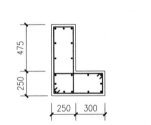	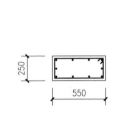	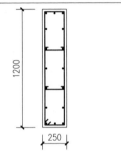	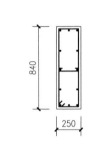
编号	GBZ5	GBZ6		GBZ7		GBZ8	GBZ9
标高(m)	-3.830~-0.030	-0.030~29.000	-3.830~29.000	-3.830~26.200	26.200~29.000	-3.830~26.200	-3.830~26.200
纵筋	16⊕14	16⊕14	16⊕18	18⊕14	10⊕14	16⊕14	12⊕14
箍筋	Φ8@150	Φ8@150	Φ8@100	Φ8@150	Φ8@150	Φ8@150	Φ8@150

截面				
编号	GBZ10	GBZ11	GBZ12	FBZ1
标高(m)	-3.830~-0.800	-3.830~-0.030	-3.830~-0.030	-3.830~-0.800
纵筋	16⊕14	16⊕14	10⊕14	8⊕14
箍筋	Φ8@150	Φ8@150	Φ8@150	Φ8@150

剪力墙梁表

编号	所在楼层号	梁顶相对标高高差(m)	梁截面 b×h(mm×mm)	上部纵筋	下部纵筋	箍筋
LL1	1		250×1600	3⊕22	3⊕22	⊕8@150(2)
	2		250×1800	3⊕22	3⊕22	⊕8@150(2)
	3~7		250×1200	3⊕20	3⊕20	⊕8@150(2)
	屋面一	1.600	250×2800	3⊕22	3⊕22	⊕8@150(2)

剪力墙身表

编号	标高(m)	墙厚(mm)	水平分布筋	竖向分布筋	拉筋(矩形)
Q1	-3.830~10.970	250	⊕10@200	⊕10@200	Φ6@300@600
	10.970~29.000	250	⊕8@200	⊕10@200	Φ6@600@600
Q2	-3.830~-0.030	300	⊕12@200	⊕14@200	Φ6@600@600
Q3	-3.830~-0.030	300	⊕10@200	⊕10@200	Φ6@300@600
	-0.030~29.000	250	⊕8@200	⊕10@200	Φ6@600@600

审定	审核	工种负责	校对	设计	工程名称	××××有限公司办公楼	比例	图别	图号
					图名	剪力墙柱表 剪力墙梁表 剪力墙身表		结施	13

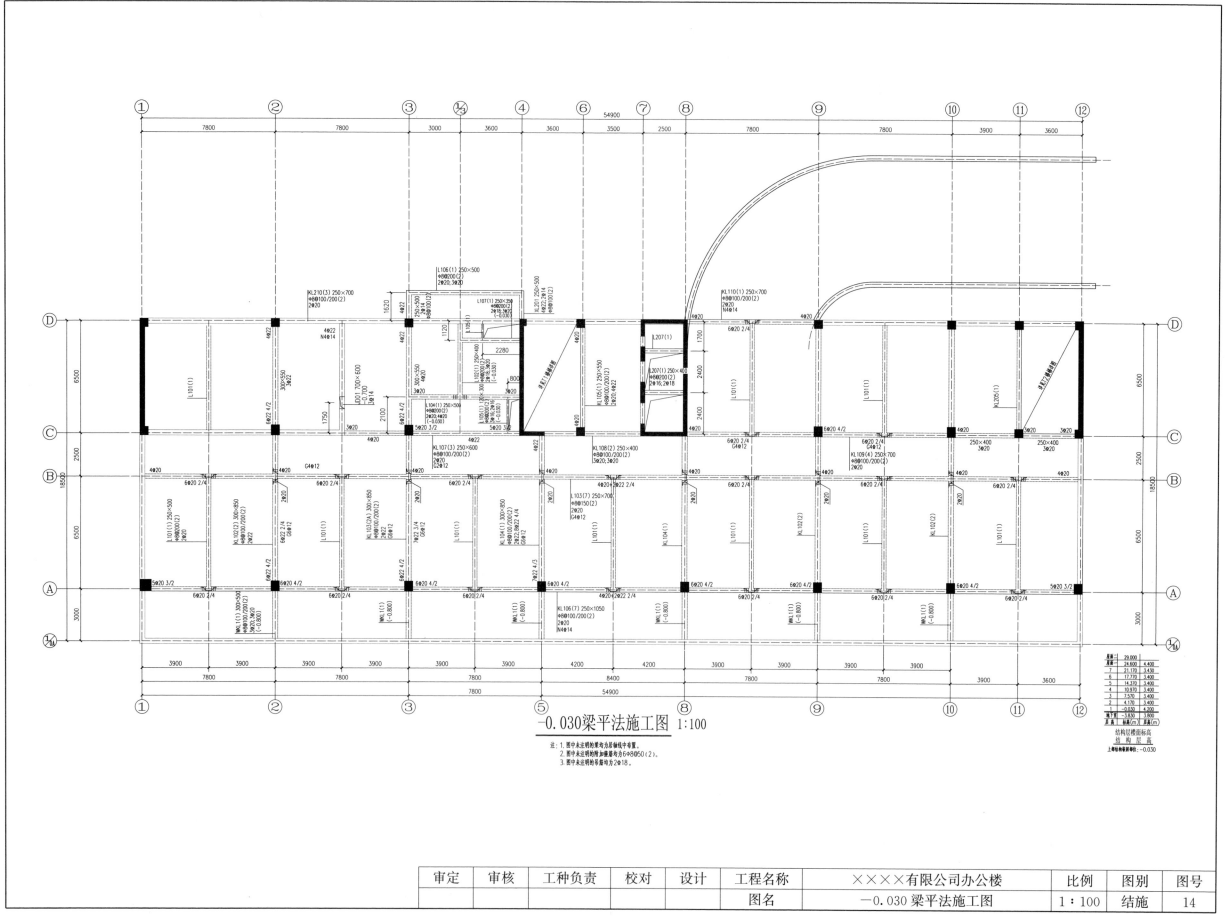

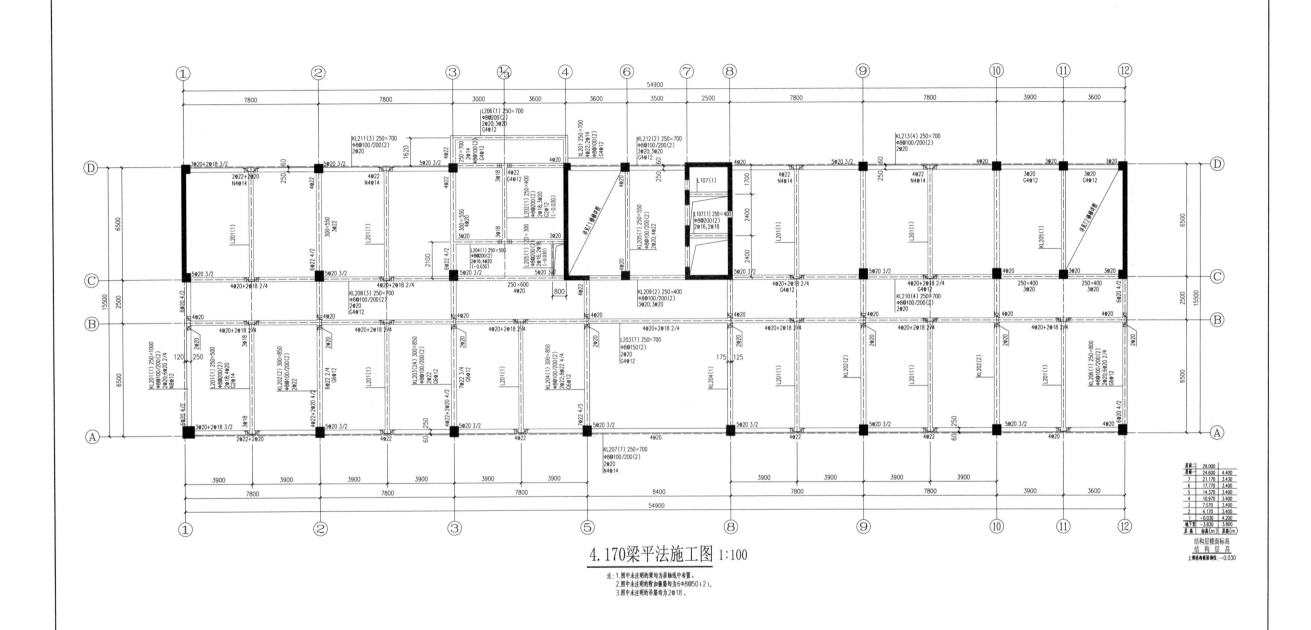

4.170梁平法施工图 1:100

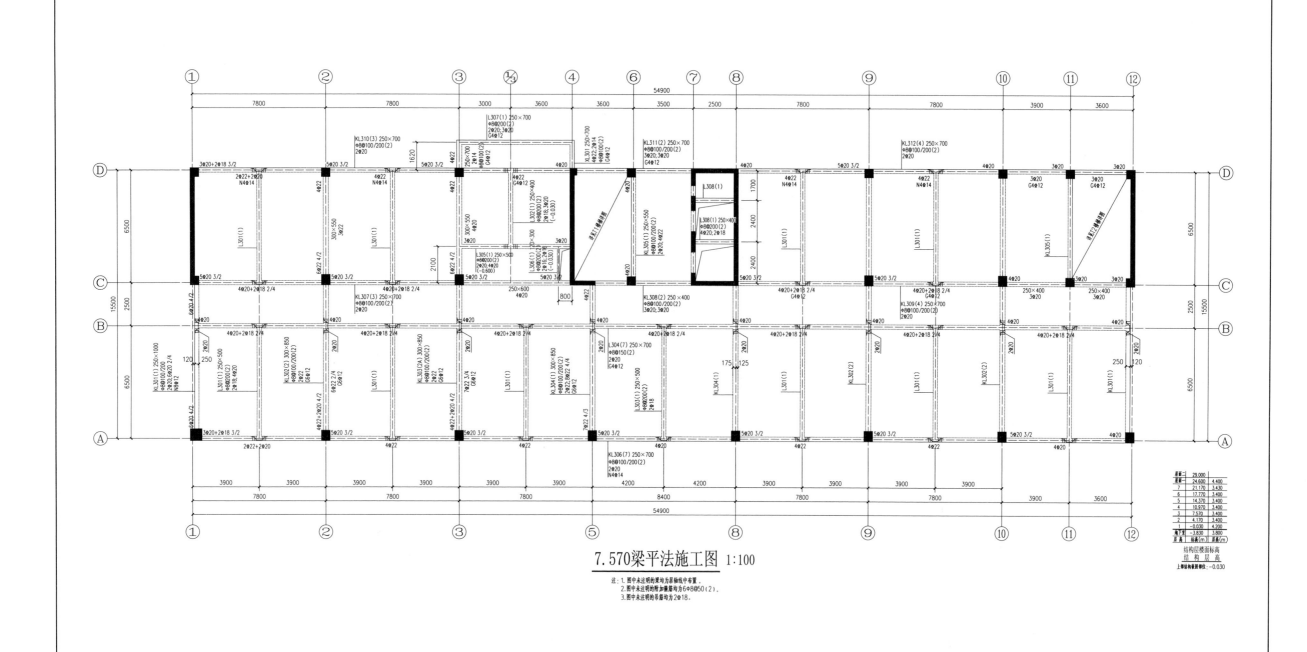

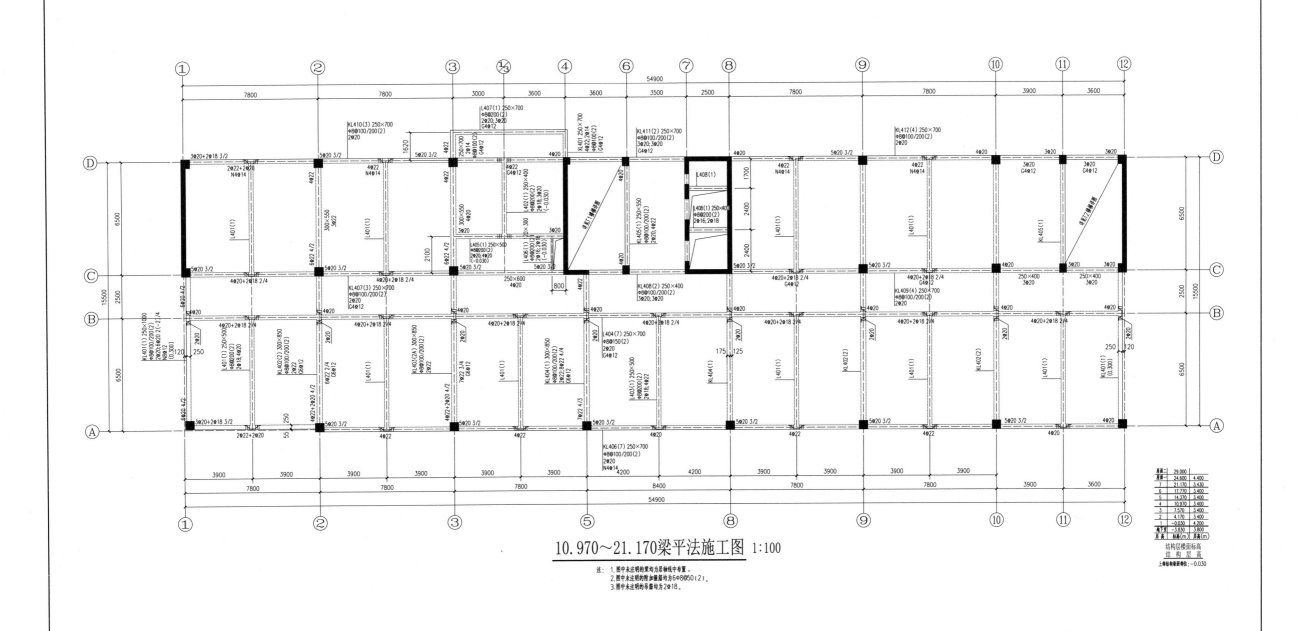

10.970~21.170梁平法施工图 1:100

注：
1. 图中未注明的梁均为层轴线中布置。
2. 图中未注明的附加箍筋均为6Φ8@50(2)。
3. 图中未注明的吊筋均为2Φ18。

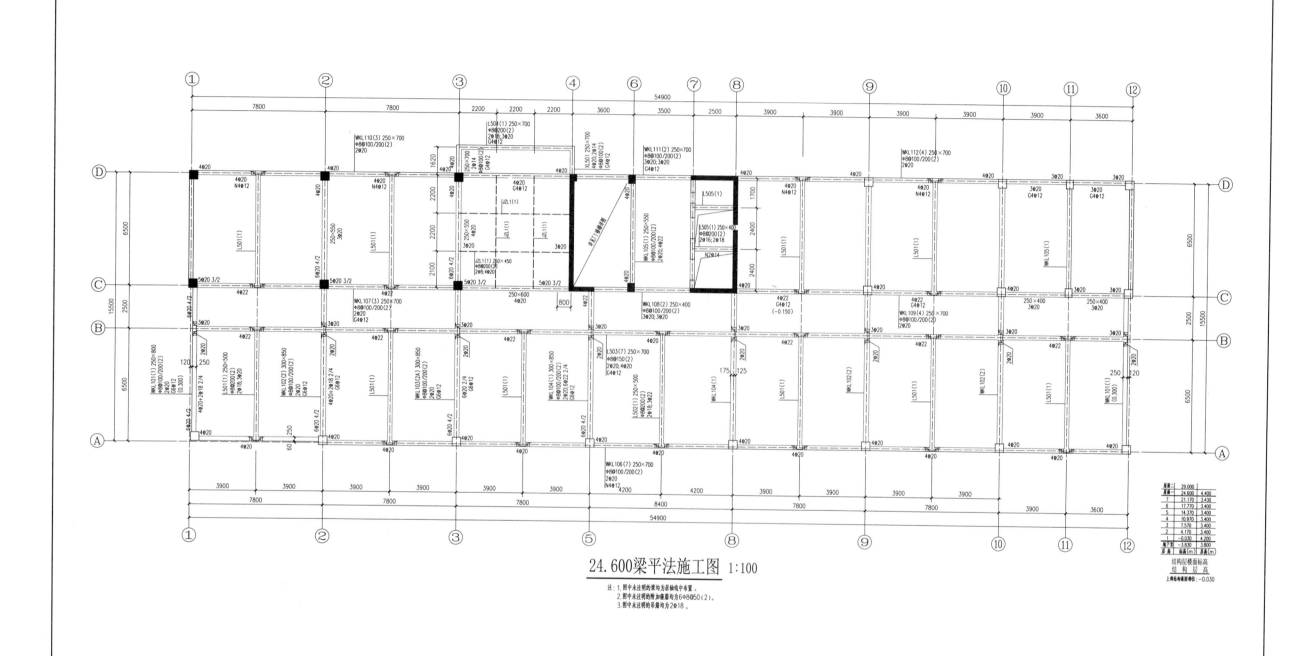

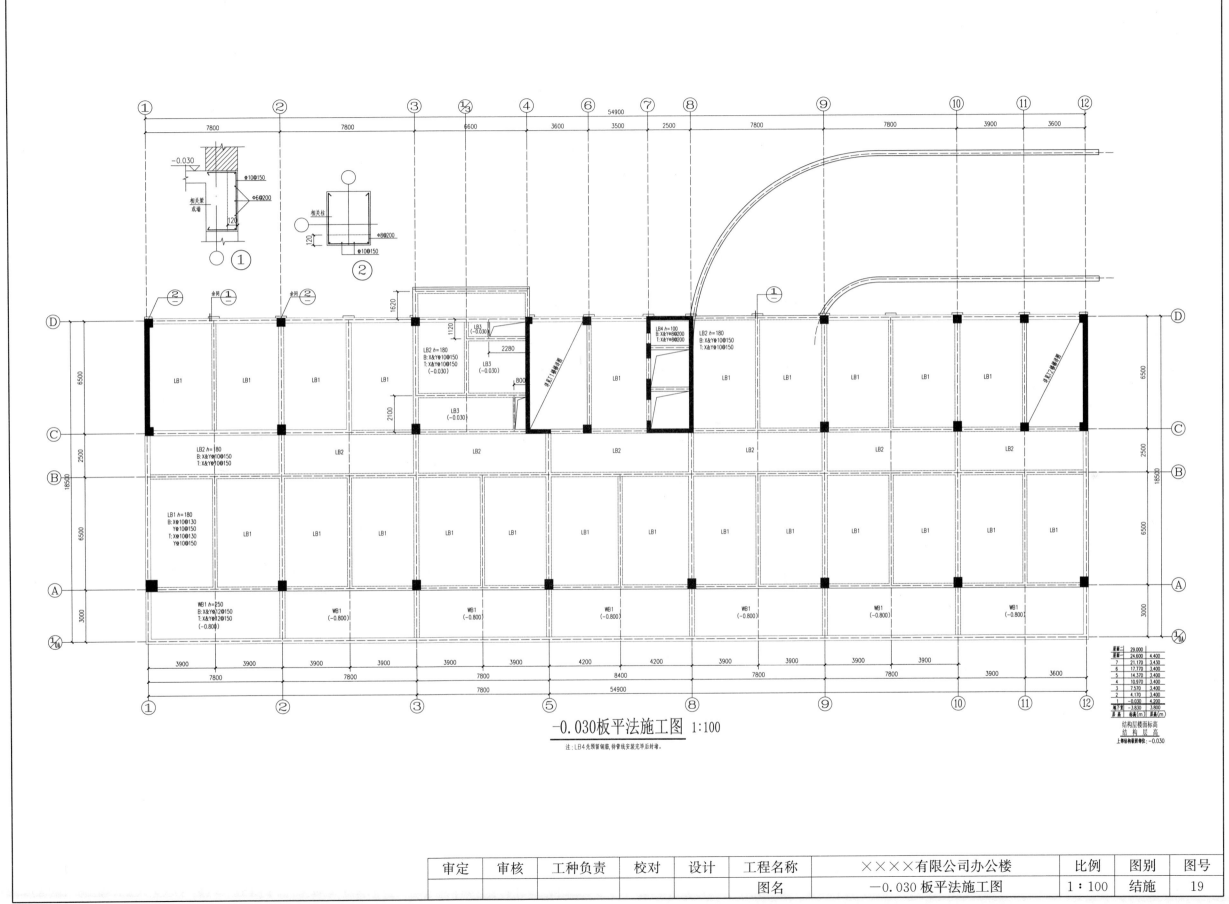

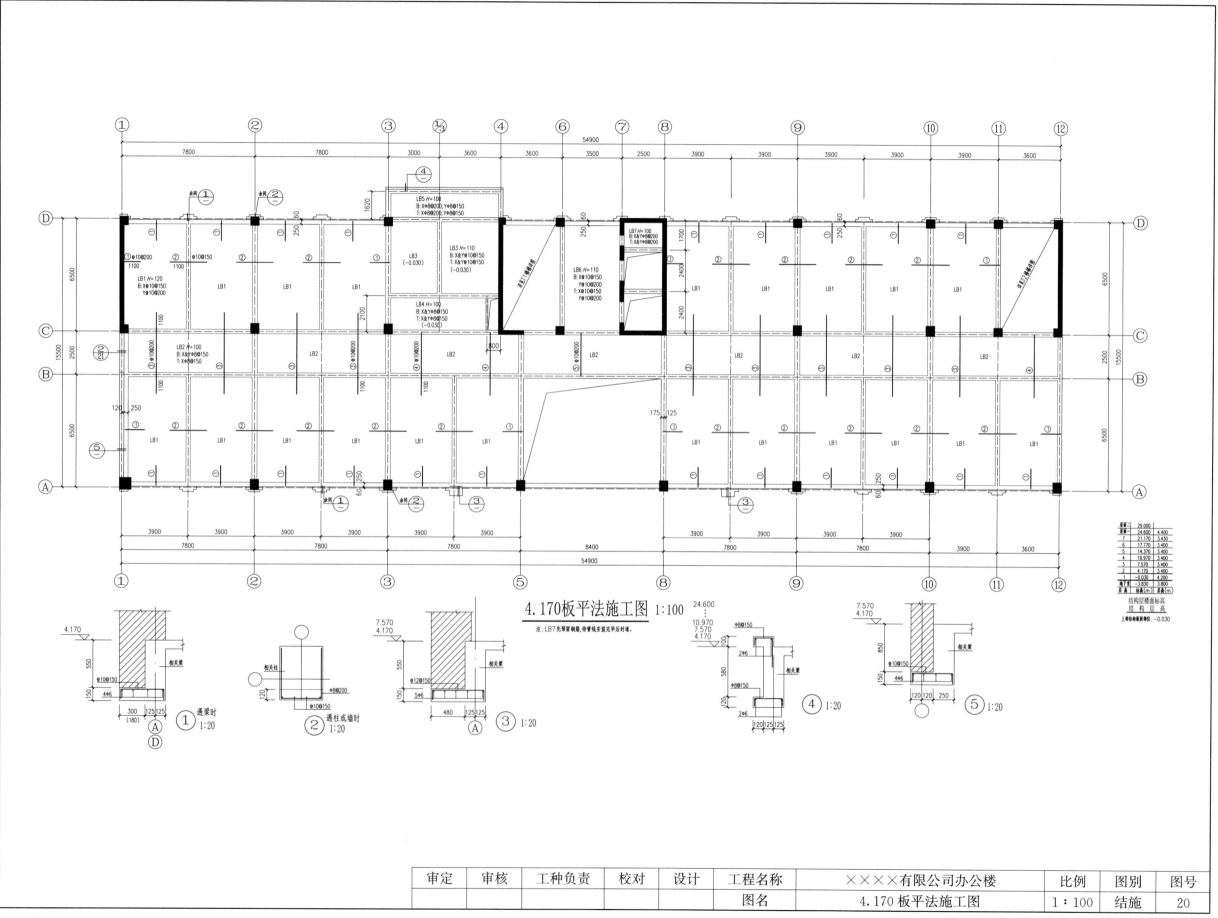

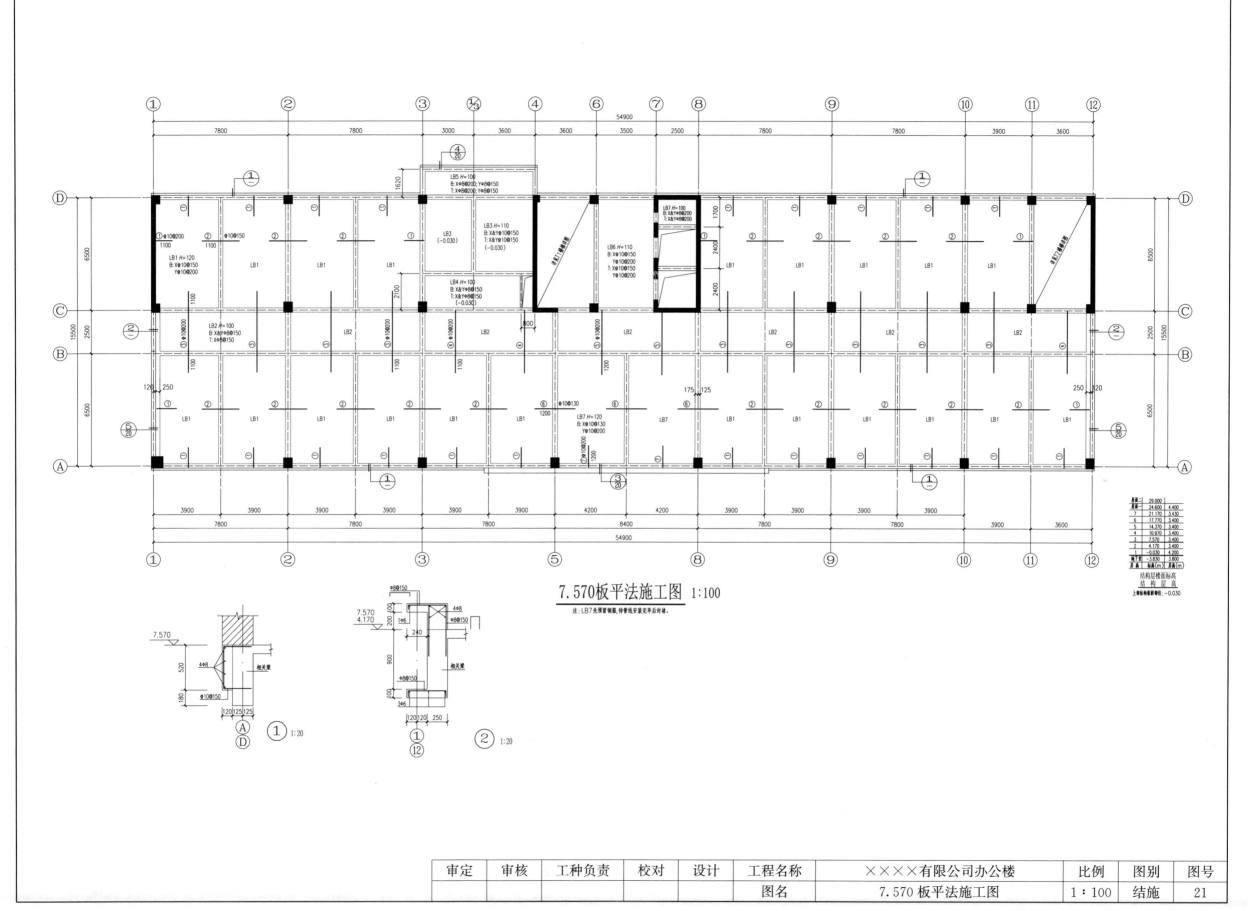

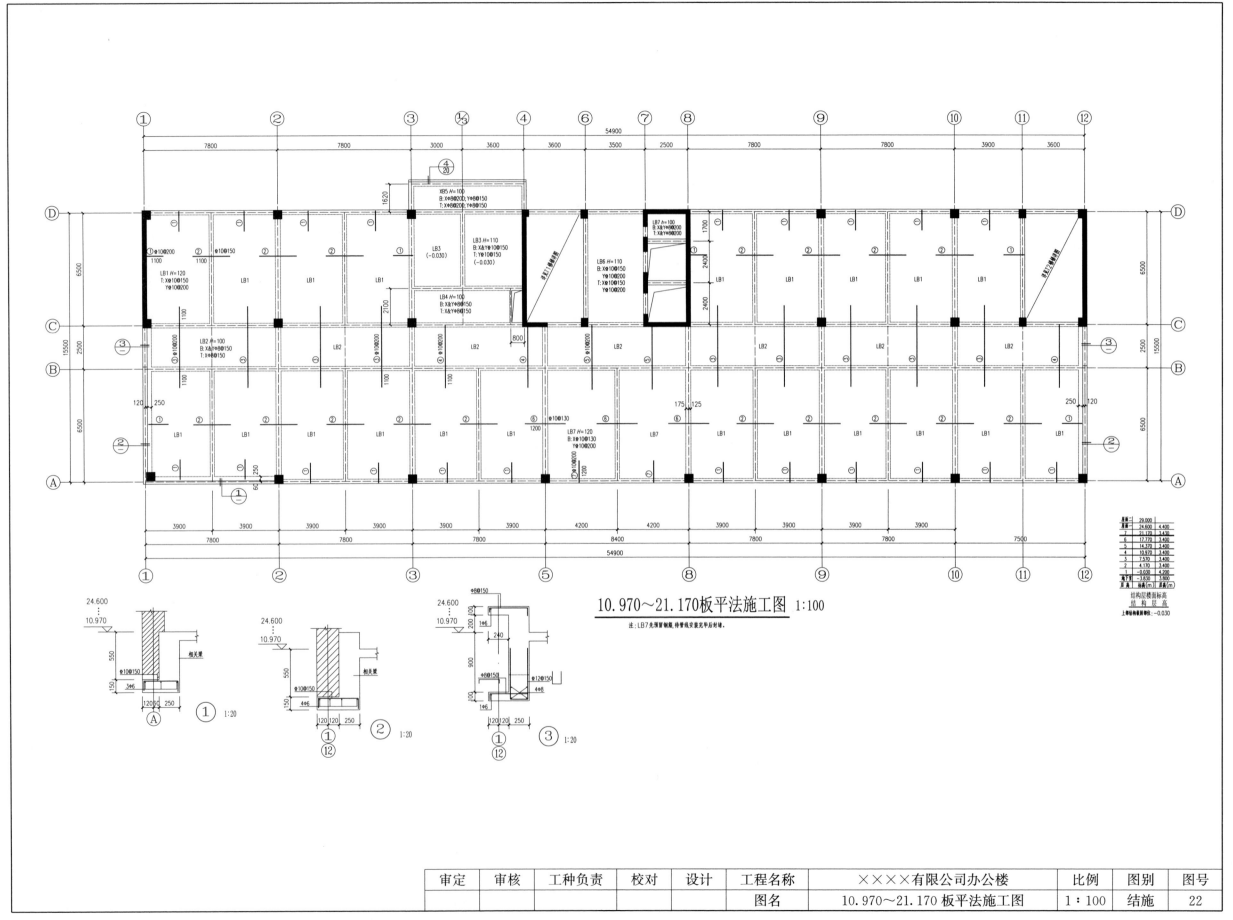

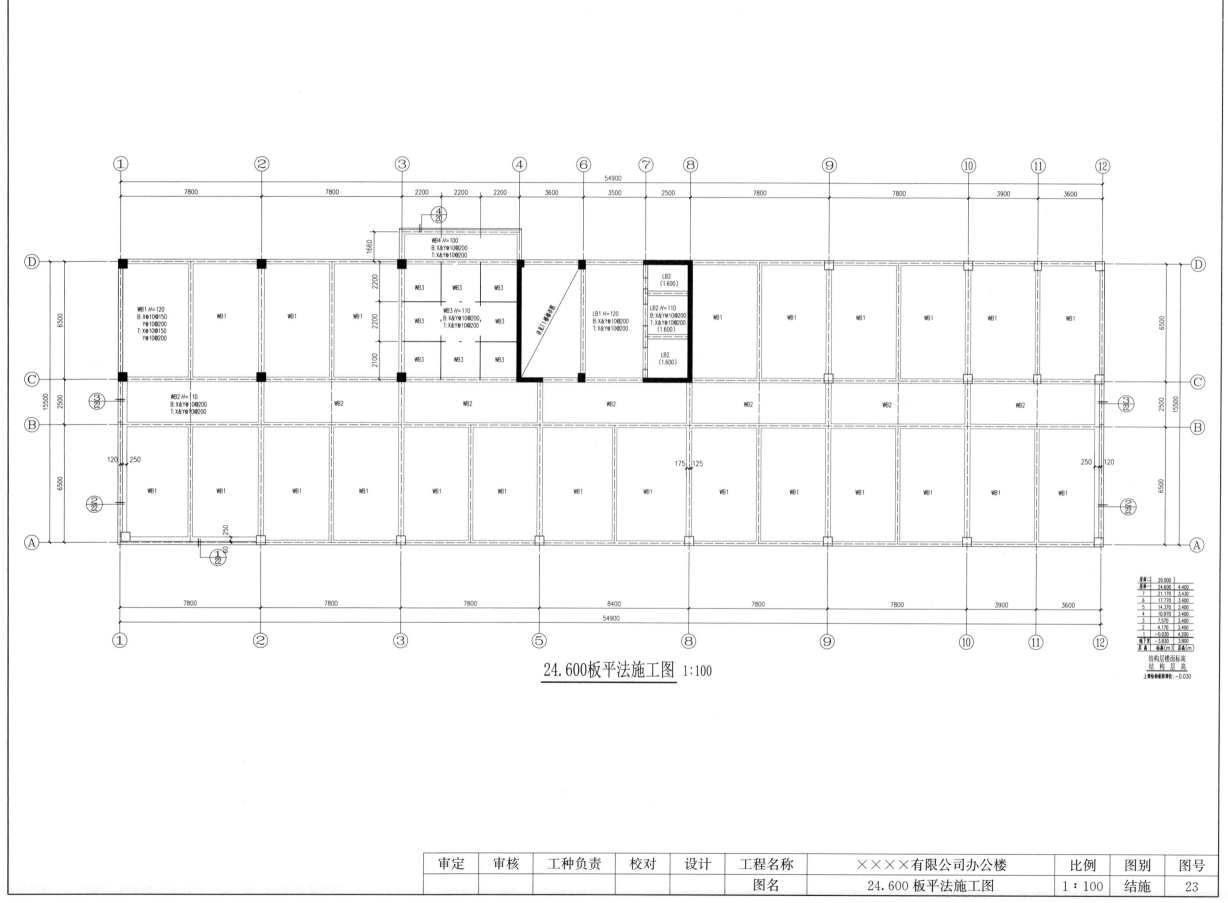

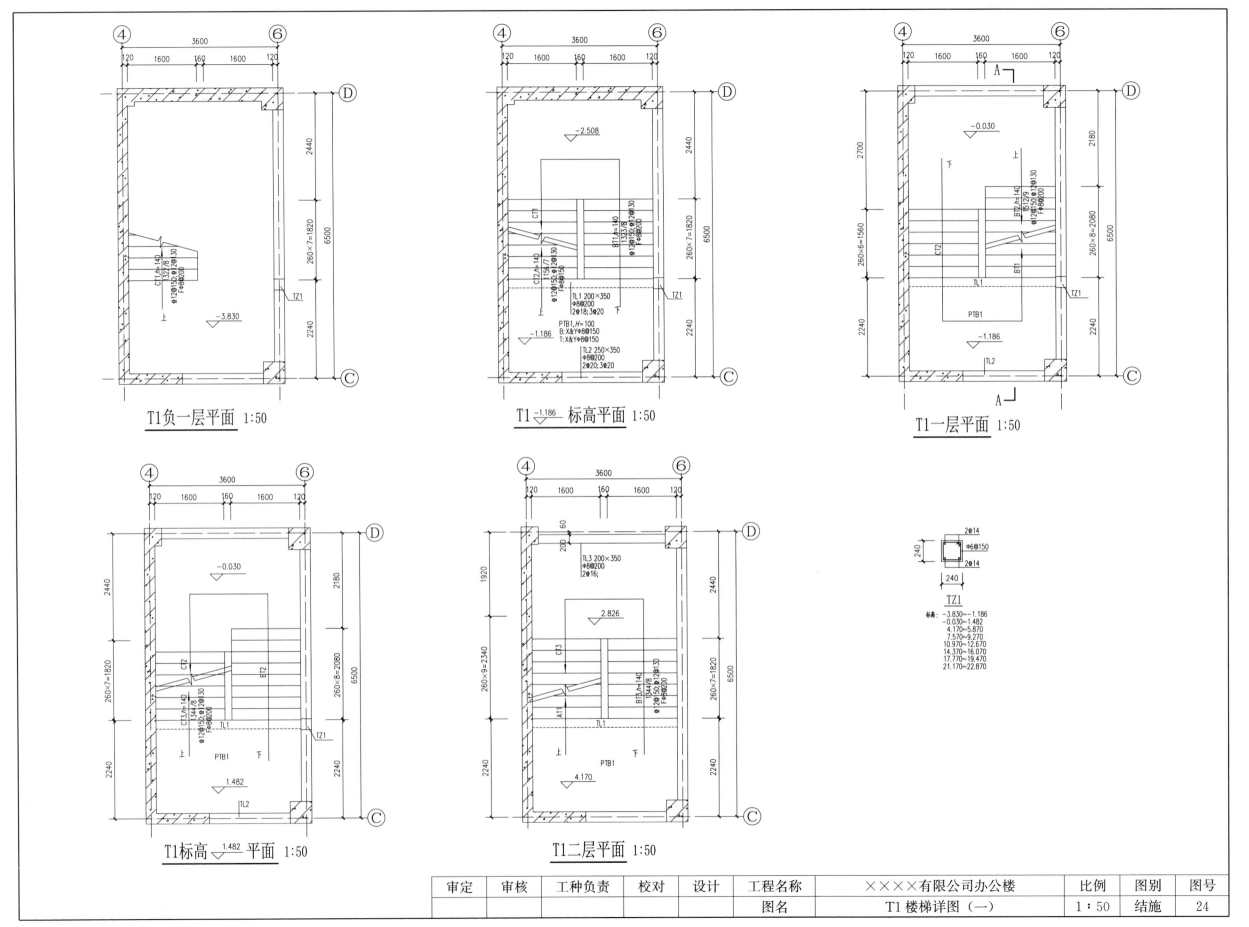

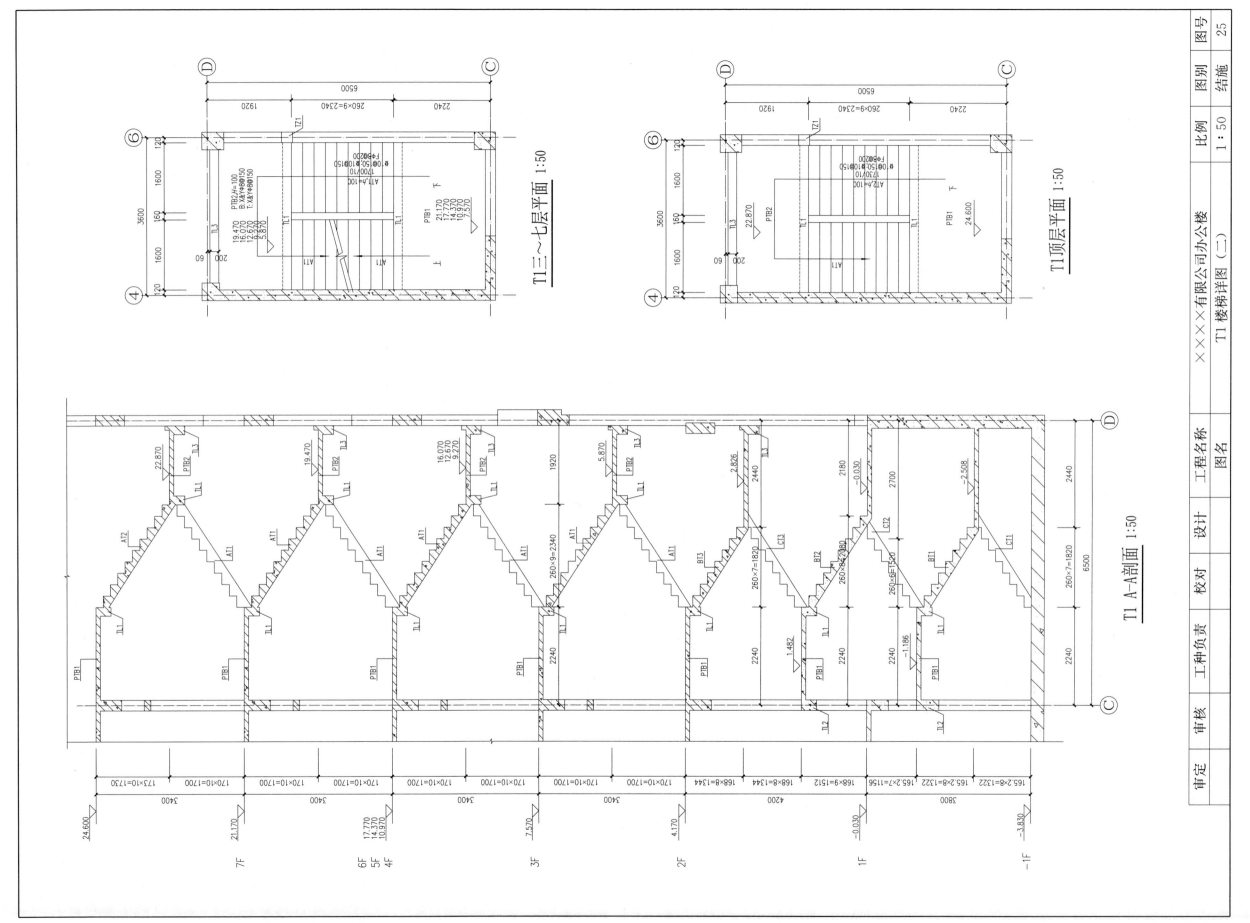

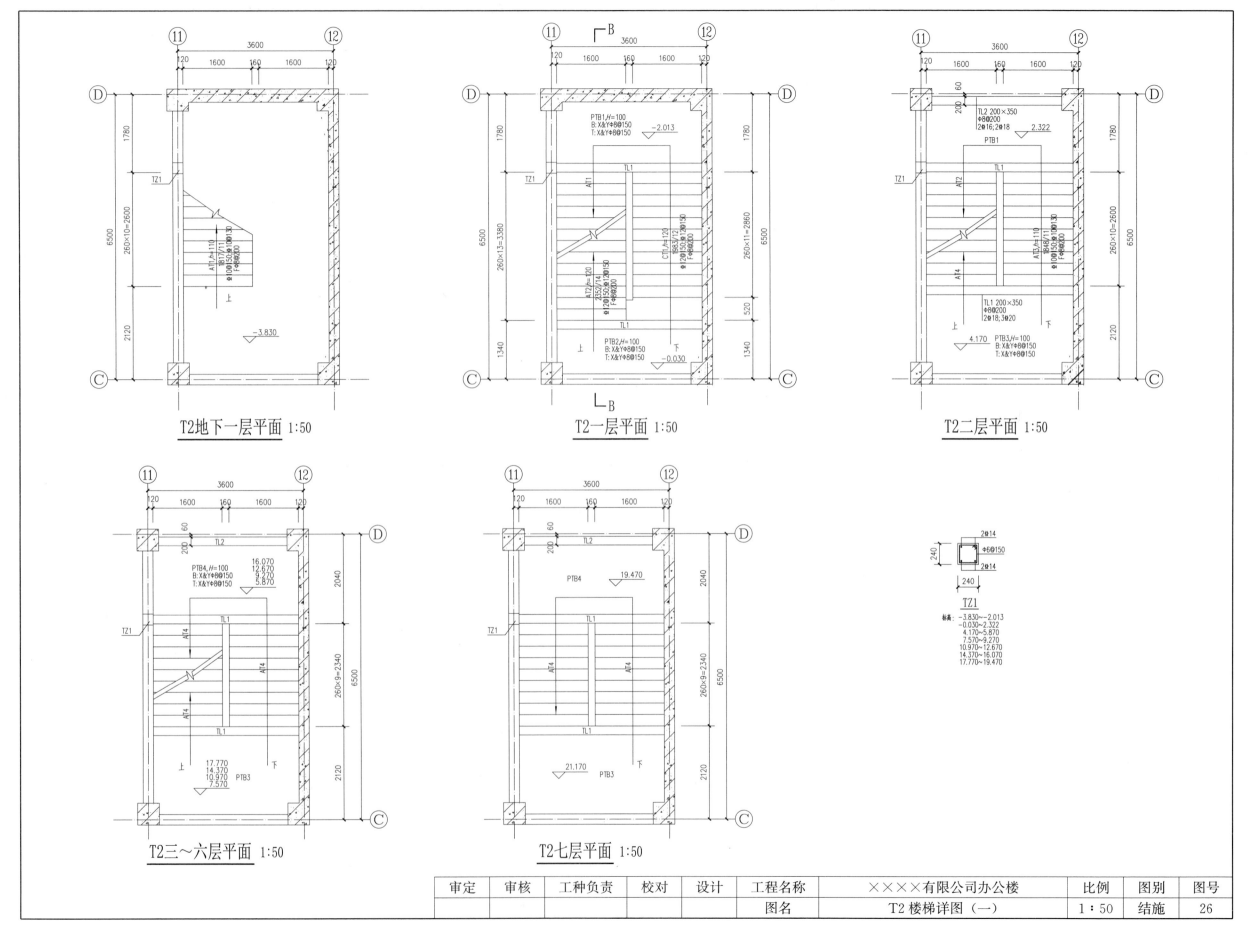

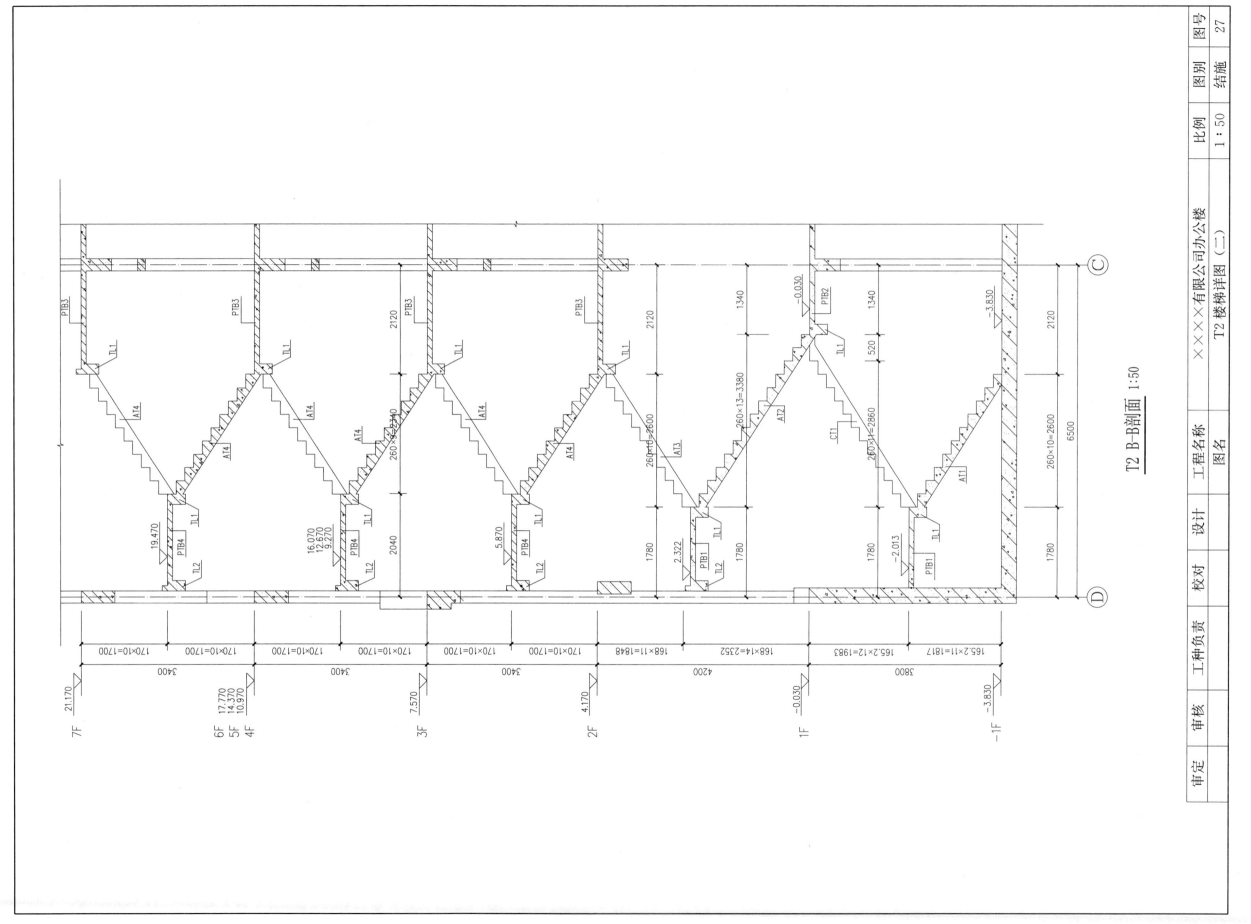